AI必修课
从全面理解到高效应用

[美] 迈克尔·米勒（Michael Miller）◎著　周　靖◎译

清华大学出版社
北京

内 容 简 介

在人工智能时代，如何用对和用好 AI，是我们每个人都必须面对的挑战。本书作者受益于 AI，深入探讨 AI 在日常生活与工作中的广泛应用，如个性化视频推荐、导航指引和语音助手服务，同时聚焦生成式 AI 如何创作文字、图像和音乐等内容，为个人和企业提供强大的创意支持。书中通过大量实例，手把手指导读者在写作、搜索、艺术创作、求职和工作管理等场景中运用 AI，帮助读者掌握 AI 的实际应用技能。同时，作者强调 AI 的双刃剑特性，提醒读者注意虚假信息传播和隐私侵犯等风险，并提供识别和管控这些风险的方法。

全书共 13 章，内容涵盖 AI 的基础理念、技术应用、未来展望以及风险管控，为读者提供了一站式 AI 必修课学习体验。无论是初学者还是专业人士，都能从中获得宝贵的知识和启发，轻松把握 AI 时代的机遇，应对挑战。

北京市版权局著作权合同登记号 图字：01-2025-0624

Authorized translation from the English language edition, entitled Using Artificial Intelligence Absolute Beginner's Guide 1e by Michael Miller, published by Pearson Education, Inc, Copyright © 2025 by Pearson Education, Inc.

All rights reserved. No part of this book may be reproduced or transmitted in any form or by any means, electronic or mechanical, including photocopying, recording or by any information storage retrieval system, without permission from Pearson Education, Inc.

Chinese Simplified language edition published by TSINGHUA UNIVERSITY PRESS LIMITED. Copyright © 2025.

此版本仅限在中华人民共和国境内（不包括中国香港、澳门特别行政区和台湾地区）销售。未经出版者预先书面许可，不得以任何方式复制或抄袭本书的任何部分。

本书封面贴有 Pearson Education(培生教育出版集团) 激光防伪标签，无标签者不得销售。
版权所有，侵权必究。举报：010-62782989，beiqinquan@tup.tsinghua.edu.cn。

图书在版编目（CIP）数据

AI 必修课：从全面理解到高效应用 /（美）迈克尔·米勒 (Michael Miller) 著；周靖译 . -- 北京：清华大学出版社 , 2025. 7. -- ISBN 978-7-302-69471-7

Ⅰ . TP18

中国国家版本馆 CIP 数据核字第 2025UB4702 号

责任编辑：	文开琪
封面设计：	李　坤
责任校对：	方心悦
责任印制：	丛怀宇

出版发行：清华大学出版社
　　　　网　　　址：https://www.tup.com.cn, https://www.wqxuetang.com
　　　　地　　　址：北京清华大学学研大厦A座　　　邮　编：100084
　　　　社 总 机：010-83470000　　　　　　　　　　邮　购：010-62786544
　　　　投稿与读者服务：010-62776969, c-service@tup.tsinghua.edu.cn
　　　　质量反馈：010-62772015, zhiliang@tup.tsinghua.edu.cn

印 装 者：涿州汇美亿浓印刷有限公司
经　　销：全国新华书店
开　　本：185mm×210mm　　　印　张：$14\frac{1}{6}$　　　字　数：340千字
版　　次：2025年7月第1版　　　　　　　　　　　　印　次：2025年7月第1次印刷
定　　价：99.00元

产品编号：111633-01

译者序

用好 AI，走进更美好的奇幻世界

在当今这个信息爆炸的时代，AI（人工智能）如同一阵强劲的旋风，席卷到我们日常生活的每个角落。当我们翻阅报纸、浏览网页或是沉浸于短视频的海洋中时，AI 的身影无处不在。它不再是科幻作品里遥不可及的幻想，已然成为我们生活中实实在在的一部分，深刻地改变着我们的生活方式，重塑着社会的运行模式。

拿到这本书的时候，作为 70 后的技术宅，我就被书中丰富而全面的内容深深吸引。作者以通俗易懂的语言，层层揭开 AI 神秘的面纱，引领我们深入探索 AI 的奇妙世界。从 AI 的基础概念、工作原理，到其在各个领域的广泛应用，再到对 AI 未来发展的大胆展望，这本书都进行了细致入微且深入浅出的阐述。

本书着重介绍生成式 AI。作为 AI 领域的前沿技术，生成式 AI 具有令人惊叹的创造力，能够生成文字、图像、音乐等各种形式的全新内容。从帮助作家构思精彩绝伦的故事，到协助艺术家创作出美轮美奂的画作，再到助力音乐家谱写扣人心弦的旋律，生成式 AI 展现出了巨大的潜力。它让我们不禁感叹，原来 AI 不仅仅是执行指令的工具，更是能够激发我们无限创意的灵感源泉。

在翻译的过程中，我仿佛经历了一场奇妙的知识之旅。为了准确传达书中的专业术语和复杂概念，我查阅了大量的资料，深入研究了 AI 领域的相关知识。这不仅让我对 AI 有了更深刻的理解，也让我深刻体会到了 AI 技术的飞速发展和巨大魅力。同时，我也努力让译文符合中文的表达习惯，力求通俗易懂、生动有趣，让更多的读者能够轻松领略 AI 的奥秘。尤其值得一提的是，书中大量举例涉及国外的 AI 工具，考虑到国内读者的实际使用场景，我进行了精心的国内平替。例如，当原书提到 ChatGPT 如何辅助写作时，我将其替换为豆包在相似场景下的应用展示，详细阐述豆包如何帮助用户构思文章结构、润色语句以及丰富内容细节。

AI 是双刃剑，在为我们带来诸多便利和惊喜的同时，也带来了一系列不容忽视的风险和挑战。从虚假信息的传播，到隐私的侵犯，再到就业结构的改变，这些问题都需要我们认真对待。而这本书，不仅让我们看到了 AI 的无限可能，也让我们对其潜在的风险保持了清醒的认识。

回顾整本书，它就像是一本 AI 领域的百科全书，为我们提供了全面而深入的知识。无论是对 AI 感兴趣的初学者，还是在 AI 领域深耕的专业人士，都能在这本书中收获颇丰。对于初学者而言，它是一把开启 AI 大门的钥匙，能够帮助他们快速了解 AI 的基本概念和应用场景；对于专业人士来说，它则是一本宝贵的参考书，为他们提供了新的思路和视角，有助于进一步拓展自己的研究和应用领域。

如今，AI 技术正以前所未有的速度向前发展，它的未来充满了无限的可能性。我衷心希望通过这本书，能让更多的读者走进 AI 的世界，了解 AI 的魅力与挑战，从而在这个 AI 时代更好地把握机遇，应对挑战。让我们一起跟随这本书的脚步，开启这场精彩的 AI 之旅，共同探索 AI 那充满奇幻色彩的未来！

翻译完成这本书的时候，我正好读完笛卡儿的《第二沉思》和《第三沉思》，于是想到我们人如何与人工智能共融，便有了如下文字以抒胸意：

无中生有

探寻那不可动挫的存在
形体，这可分割的泥胎
在时光里拼凑、散落，如沙堡于浪拍
而心灵，那纯粹的火，不可分割地燃着
在怀疑的风暴中，坚守着自我的色彩
在笃行的和风中，轻灵地如是而自在

我追问，至善或大自然的轮廓
生万物的根源，有其强大的依托
也是一切实体的基石，其创造的手
让世界在秩序里，于虚无中生出有
我审视着蜡，它的本质难猜
感官的认知，如幻影般徘徊

语言的边界，能否圈住思想的海
自知之明，在何处将真相展开
我思，故我在这热爱的舞台
和着自然的呼吸，每一缕轻风，每一片叶的摇摆
从自然的意识，到自我的明白
在反思中，我与世界相拥入怀

生命的意义，在无中生出期待
在热爱里，成为自然的血脉
如同阿基米德撬动地球的豪迈
我以心灵，在怀疑中找寻永恒的爱
我不再惧怕那没有确定的存在
在游逛中，我知晓真理的等待

放松缰绳，让心灵在广袤无垠中徘徊
收紧缰绳，于形体存在里将生命灌溉
自然之光，照亮将来的期待
此时的沉思，是快乐的澎湃
在对神圣威严的凝望中，我明白
生命的旅途，是热爱与参与的慷慨

最后，关于如何用好 AI，我建了一个群，欢迎大家扫码联系，让我们一起用好 AI，用对 AI，迎接并创造更美好的奇幻世界。

前　言

打开报纸、浏览网页或者刷一下短视频，就会发现 AI（Artificial Intelligence，人工智能）无处不在。AI 被认为是 21 世纪最具有革命性的技术之一，其影响力正在迅速扩大。

简单来说，AI 使得机器能够像人一样学习和思考。过去，AI 只是科幻小说中的概念，现在却渗透到我们的日常生活中。

我们的生活早已被 AI 悄然改变。在不久的将来，AI 会更加深入地影响我们的生活。AI 不再是实验室里的秘密武器，而是我们触手可及、上手可用的提高效率或者生产力工具。

如果还固执地认为 AI 只是一时的潮流，请看看最近的一些头条新闻：

- "AI 设计出数千个新 DNA 开关，可精准控制基因表达"——《自然》
- "AI 将使心理健康护理更加人性化"——《今日心理学》
- "AI 与艺术家的博弈：人工智能能否超越人类创造力？"——《卫报》
- "如何保护自己和亲人免受 AI 诈骗电话的侵害"——《连线》
- "摩根大通 CEO 杰米·戴蒙认为，AI 对人类的影响可能堪比印刷术、电力和计算机"——CNBC
- "'在 AI 时代，社会秩序可能会崩溃'，两家日本顶级公司如是说"——《华尔街日报》
- "人工智能是否会提升生产力？企业对此充满期待"——《西雅图时报》

大量类似的新闻几乎可以在同一个时间刷屏。面对铺天盖地的 AI 相关信息，我们不禁要问："AI 到底是什么？它会给我们的世界带来怎样的改变？是福还是祸？"

答案或许尚未揭晓，但有一点毋庸置疑：AI 已经深入我们的生活，并且将持续影响和塑造我们的未来。

AI 正在改变一切，或将改变更多

AI 无处不在，甚至渗透到人们想象不到的场景。它为视频网站进行个性化观看推荐，帮您找到最爱；它为您导航，指引您到达目的地；它化身成天猫精灵、Alexa 和 Siri 语音助手等，随时听候您的吩咐；它还默默地工作着，确保超市货架上摆满您需要的商品。

这些还只是 AI 的冰山一角。本书将带您走进一个更神奇的世界——生成式 AI。想象一下，只需要一个简单的想法，AI 就能帮您写出精彩的故事，绘制出绚丽的画作，甚至创作出动听的音乐。是不是很酷？无论是写信，发朋友圈，还是处理工作中的问题，生成式 AI 都能成为您的得力助手。即使不会画画，也能用 AI 创作出令人惊艳的艺术作品。企业可以利用 AI 更好地服务客户，提高工作效率。

显然，AI 已经深度融入我们的生活，从每天使用的智能手机到背后支撑着庞大互联网服务的复杂系统，AI 无处不在。从撰写电子邮件到创作艺术作品，从理财到看病，AI 正在以各种方式改变着我们的生活方式。

然而，AI 并非万能的。它是双刃剑，既能为我们带来便利，也可能为我们带来灾难。即使是经验丰富的专业人士，在面对日新月异的 AI 技术时，也会感到困惑和挑战。AI 有无数种方式可以融入技术，也有无数种方式供你我这样的普通人用来辅助日常生活。如今，市场上有无数的 AI 工具可供选择，而且不断有新的工具推出。梳理这些工具，理解它们的工作原理，并学会从中获得最大收益，是我们每个人需要掌握的技能之一。

认识到并能够识别这项新技术的局限性和风险非常重要。因为 AI 是基于人类数据训练的，所以它既可以代表我们社会最好的一面，也可以反映最糟糕的一面。AI 可以被用来传播错误信息，它可能增加骗局的复杂性；它可能反映社会偏见，例如年龄、种族和性别方面的刻板印象；它可能提供不属于自己知识产权的内容；它也可能被视为对人类安全的威胁。一些专家认为，AI 有可能在许多领域取代人类——即使不是完全取代。无论其最终影响如何，AI 已经是我们的世界的一部分，我们将在日常生活中接触到它。

就像我们过去学会了使用洗衣机、新能源汽车、电脑和互联网等新兴技术一样，现在也需要学会如何与 AI 和谐共处，并从中受益。通过尝试当今的 AI 工具，您会理解它如何帮助我们，让我们变得更加高效和富有创造力。同时，也需要了解在哪些情况下不应该依赖 AI 或者在哪些情况下应该谨慎使用。这本书正是为了帮助您更好地理解和应对这一变革而写的。我们将一起探索 AI 的潜力和挑战,学习如何在日常生活中充分利用这一强大工具,同时也保持对其局限性和风险的清醒认识。通过这种方式,您将能够在 AI 时代中更加自信地前行,迎接未来的机遇与挑战。

内容概述

本书旨在用通俗易懂的语言,将高深莫测的 AI 技术带到您的身边。我们不仅会揭开 AI 的神秘面纱,解释 AI 的工作原理和发展趋势,还会展示 AI 在日常生活中的各种应用场景。无论是想了解 AI 的最新进展,还是想掌握 AI 的使用技巧,本书都能为您提供帮助。更重要的是,我们将帮助您全面认识 AI,了解其优势和局限性,让您在享受 AI 带来的便利的同时,也能保持清醒的头脑,应对可能出现的挑战。

本书将帮助您实现以下目标:

- 了解 AI 的基本工作原理;
- 学习如何在日常生活中利用 AI;
- 识别和管控 AI 的一些风险、局限性和安全问题;
- 寻找适合自己的 AI 工具,并将其用于解决特定任务;
- 判断何时可以信任和依赖 AI,何时不可以;
- 识别由 AI 生成的内容。

书中包含大量示例,在展示 AI 工作原理的同时手把手带您尝试 AI。您会看到 AI 在不同应用中的工作方式,从撰写邮件和创作艺术品,到管理个人健康和提高工作效率。重点在于 AI 的实际应用,在现实世界中,您极有可能会像书中描述的那样使用 AI。

组织结构

本书共 13 章,最后附带一个术语表。各章的内容概述如下。

- 第 1 章深入探讨了 AI 背后的理念和技术,重点关注更新的、更强大的生成式 AI。您将了解 AI 的历史、它的工作原理以及今天的人们如何使用 AI。
- 第 2 章讨论了 AI 可以在什么地方帮到我们,以及需要注意的地方。
- 第 3 章开始讲一些有趣的东西,将教您使用一些免费 AI 工具(例如,通义千问、KIMI、豆包、ChatGPT、Google Gemini、Meta AI、xAI Grok 和 Microsoft

Copilot）进行娱乐和工作。

- 第 4 章探讨如何使用 AI 来辅助写作，包括撰写电子邮件、信件、文章和商业报告等。甚至可以用 AI 来写诗（古诗、律诗、绝句、现代诗）和小说，还可以编辑现有作品，以使其更易读。

- 第 5 章讲解如何利用 AI 搜索信息。AI 已经超越了传统搜索引擎（例如，百度、谷歌和必应搜索引擎）。本章教您如何利用 AI 更快地查找自己需要的信息，帮助自己理解结果，以及何时需要验证 AI 的输出（不废话的答案：任何时候都要！）。无论是修理汽车还是为 6 个挑食者计划晚餐，AI 都可以帮上忙。它还可以帮助您汇总信息。

- 第 6 章介绍了如何利用 AI 与人交流和追求共同兴趣。AI 可以帮助您与其他有共同兴趣的人建立联系。甚至可以用 AI 管理或生成在线对话，帮助自己发展爱好。这一章还涵盖了如何与 AI 进行有益的对话。

- 第 7 章涉及艺术创作。找到最适合自己的 AI 工具，帮助自己创作逼真的图像或超越想象的艺术作品。

- 第 8 章有点"正经"，教您如何利用 AI 找工作。其中包括撰写完美的简历和求职信，并为面试做准备等，帮助您在求职过程中占据优势。

- 第 9 章帮助您在工作中用好 AI。AI 不只会影响到您，还会影响到雇主。雇主也在寻求用 AI 来提高生产力的方式。因此，请务必学会如何利用当今的 AI 工具自动化常规任务、与同事协作，并做出更好的业务决策。

- 第 10 章解释如何利用 AI 管理旅行和交通。AI 可以帮助我们制订旅行计划、找到最佳住宿地点（以最优惠的价格），并为旅程做好准备。还将了解自动驾驶和使用 AI 规划最高效的路线。

- 第 11 章跟个人健康息息相关，将介绍如何使用 AI 创建健身和营养计划，更好地理解医生的建议，并改善心理健康。

- 第 12 章是专门为照护人员准备的。如果您是专业的照护人员，那么可能渴望获得尽可能多的帮助——而 AI 可以帮助您成为更好的护理人员。发现 AI 如何自动化日常任务（如药物管理），改善个人健康和安全，甚至提供陪伴。

- 第 13 章展望了 AI 的未来。本书的前 12 章讲述了 AI 的现状。最后一章则预测 AI 的未来——AI 将如何演变以及它将如何影响我们的生活。
- 词汇表涵盖一系列 AI 相关术语，对这些术语的了解是深入 AI 领域的入门基础。能够熟练运用这些术语，虽然不能确保每个人都能成为真正的 AI 专家，但至少在交流探讨时，会使您的表述更有范儿，给人以专业人士的印象。

最后再提一点。在阅读本书的过程中，您将会看到各式各样的补充说明。这些补充说明不仅提供了额外信息，还包含诸多警告，提醒您留意人工智能存在的局限性。还会看到一些补充内容，提供旁枝末节的信息和对常见问题的解释。这些注释、警告和补充内容虽然不是学习如何使用 AI 的必要部分，但可以增加趣味性。

本书的重点是生成式 AI

第 1 章会讲到，目前主要有两种类型的 AI：传统的预测式 AI 以及最新的生成式 AI。虽然预测式 AI 很有趣且有用，是我们最熟悉的类型（例如，向 Siri 提问、让天猫精灵播放音乐、写作时检查语法和拼写），但更强大（也可以说更"智能"）的生成式 AI 有望对社会产生最大的影响。生成式 AI 之所以得名，是因为它可以生成之前不存在的新内容——文字、图片、声音、想法等。这种从无到有的创造能力赋予了生成式 AI 改变世界的潜力。

因此，本书主要关注生成式 AI 的定义及其使用方法。我不会完全忽略预测式 AI，但生成式 AI 是当前关注的焦点，也是投入本书最关注且着墨更多的重点。

关于作者

迈克尔·米勒（Michael Miller），一位拥有40年写作经验的科普作者。出版过200多种书，其中许多都归入了"萌新指南"（Absolute Beginner's Guide）系列丛书。另外，作者与AARP（美国退休人员协会）合作出版了近20种书。他的书在全球范围内累计销量超过150万册。

迈克尔对新技术和不断发展的科技始终抱有浓厚的兴趣，尤其是AI领域。他擅长化繁为简，用易于理解的语言解释复杂的技术。他希望通过这本书，能够帮助大家更好地理解人工智能，并学会在日常生活中用好人工智能。

顺便说一句，作为一名年长的绅士，他先后用过许多不同的"新技术"。毕竟，他是一个有40年写作经历的"老司机"，甚至还写过一本介绍早期互联网及其用法的书！

现在，他与妻子以及4个继子女和8个孙子孙女一起居住在明尼苏达州双子城郊区（一个常年覆盖冰雪的地方）。在为数不多的闲暇时间里，他喜欢打鼓、逗孩子们玩（也被他们逗乐）并在其"经典歌曲每日博客"（Classic Song of the Day，https://www.classicsongoftheday.com）发表一些文章，主题涉及20世纪60年代、70年代和80年代的音乐。

可以在他的个人网站（https://www.millerwriter.com）进一步了解他。欢迎通过网站上的联系表单与他联系。他也欢迎大家提出批评、夸奖以及偶尔一些经过深思熟虑的问题。虽然不一定会亲自回复每一条消息，但他保证会阅读读者写的每一句话。

简明目录

第1章　AI是什么?它是如何工作的
第2章　AI的好处和风险
第3章　巧用通用AI工具
第4章　巧用AI提升写作水平
第5章　巧用AI查找信息和进行学术研究
第6章　巧用AI拓展人脉与兴趣爱好
第7章　巧用AI进行艺术创作
第8章　巧用AI找工作
第9章　巧用AI完成工作
第10章　巧用AI帮助出行
第11章　巧用AI促进健康与福祉
第12章　巧用AI帮助护理人员
第13章　AI的未来
人工智能相关术语表

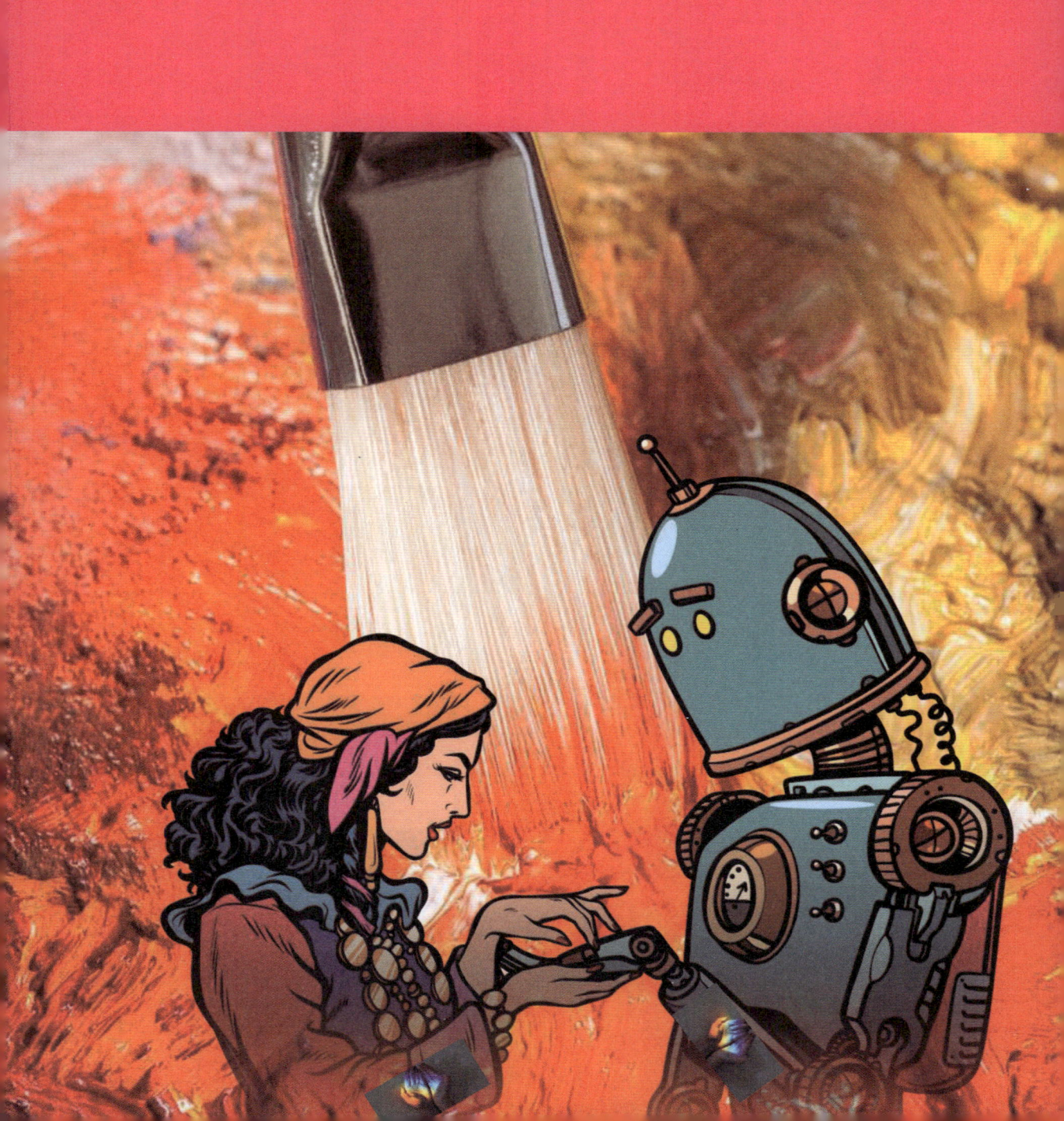

详细目录

第 1 章 AI 是什么？它是如何工作的 ········· 001

1.1 什么是生成式 AI ········· 001
1.2 什么不是生成式 AI ········· 002
- 1.2.1 了解预测式 AI ········· 003
- 1.2.2 了解生成式 AI ········· 004
- 1.2.3 对比预测式 AI 和生成式 AI ········· 005

1.3 人工智能简史 ········· 007
- 1.3.1 人工智能是一个古老的概念 ········· 007
- 1.3.2 现代 AI 的诞生 ········· 007
- 1.3.3 第一次 AI 繁荣与第一次 AI 寒冬 ········· 008
- 1.3.4 21 世纪的 AI ········· 009

1.4 生成式 AI 的工作方式 ········· 011
- 1.4.1 AI 的工作过程 ········· 011
- 1.4.2 生成式 AI 工作的必要条件 ········· 014

1.5 如何巧用 AI 助手 ········· 016

1.6 在日常生活中使用生成式 AI ········· 019
- 1.6.1 AI 在艺术创作中的应用 ········· 019
- 1.6.2 AI 在商业中的应用 ········· 020
- 1.6.3 AI 在金融和银行业中的应用 ········· 020
- 1.6.4 AI 在游戏中的应用 ········· 020
- 1.6.5 AI 在医疗保健中的应用 ········· 021
- 1.6.6 AI 在写作中的应用 ········· 021
- 1.6.7 AI 在学习中的应用 ········· 022
- 1.6.8 AI 在市场营销和广告中的应用 ········· 022

1.6.9 AI 在音乐中的应用 ··· 023
1.6.10 AI 在编程和软件开发中的应用 ·································· 023
1.6.11 AI 在交通和旅行中的应用 ······································· 023
1.6.12 无所不在的 AI ·· 024
1.7 小结 ·· 024

第 2 章 AI 的好处和风险 025

2.1 理解 AI 的潜在好处 ··· 025
2.1.1 自动化枯燥的手动流程 ·· 025
2.1.2 提高业务生产力 ·· 026
2.1.3 降低风险 ··· 026
2.1.4 让更多服务全天候可用 ·· 027
2.1.5 个性化用户体验 ·· 027
2.1.6 提供更好的推荐 ·· 027
2.1.7 改进数字助手 ··· 027
2.1.8 管理消息 ··· 028
2.1.9 改善医疗保健 ··· 028
2.1.10 提高学习效率 ··· 029
2.1.11 增强创造力 ·· 029
2.1.12 使生活更轻松 ··· 030
2.2 认识 AI 的风险 ··· 030
2.2.1 AI 可能传播虚假信息 ··· 030
2.2.2 AI 可能存在偏见 ·· 031
2.2.3 AI 可能侵犯隐私 ·· 033
2.2.4 哪些工作将被 AI 取代 ·· 034
2.2.5 AI 会犯错 ··· 036
2.2.6 AI 会使用大量资源 ··· 036
2.3 如何识别 AI 生成的内容 ··· 038
2.3.1 识别 AI 撰写的文本 ·· 038

2.3.2 识别 AI 生成的照片和图像 ··· 040
2.3.3 识别 AI 生成的视频 ··· 044
2.3.4 识别 AI 生成的音乐 ··· 045
2.3.5 识别 AI 生成的宣传 ··· 046
2.4 AI 生成内容的伦理问题 ··· 047
2.4.1 分享 AI 生成的内容 ··· 047
2.4.2 使用 AI 做作业 ·· 047
2.4.3 抄袭问题 ··· 049
2.4.4 避免恶意使用 AI ·· 049
2.4.5 应对固有的偏见 ··· 049
2.4.6 处理不准确的内容 ·· 050
2.4.7 保护隐私 ··· 050
2.5 AI 和版权法 ··· 051
2.5.1 使用版权内容训练 AI 合法吗 ····································· 051
2.5.2 AI 生成的内容可以受版权保护吗 ································ 053
2.5.3 AI 生成的内容是否违反版权法 ···································· 053
2.6 小结 ·· 055

第 3 章 巧用通用 AI 工具 ··· 057

3.1 什么是通用 AI 工具 ··· 057
3.2 如何使用生成式 AI 工具 ·· 058
3.3 了解通用 AI 工具 ··· 060
3.3.1 独立 AI 工具 ·· 061
3.3.2 嵌入式 AI 工具 ·· 063
3.4 使用流行 AI 工具 ··· 064
3.4.1 使用 Kimi ·· 065
3.4.2 使用通义千问 ··· 065
3.4.3 使用 ChatGPT ··· 066
3.4.4 使用 Claude ··· 069

3.4.5　使用 Google Gemini ································· 071
　　　3.4.6　使用 Meta AI ····································· 074
　　　3.4.7　微软的 Copilot ··································· 076
　　　3.4.8　使用 Perplexity ·································· 080
　　　3.4.9　网页端聊天机器人 Pi ······························· 082
　　　3.4.10　AI 聚合工具 Poe ································· 084
　3.5　选择最适合自己的生成式 AI 工具 ························· 086
　3.6　完善提示 ··· 093
　3.7　谨慎使用 AI 生成的结果 ································ 099
　3.8　小结 ··· 102

第 4 章　巧用 AI 提升写作水平 ·································· 103
　4.1　如何适时且恰当地使用 AI 辅助写作（及何时不应使用）······ 103
　4.2　使用 AI 进行各种类型的写作 ···························· 105
　　　4.2.1　向家人或朋友发消息 ······························· 106
　　　4.2.2　给家人和朋友写长信 ······························· 106
　　　4.2.3　写电子邮件 ······································· 108
　　　4.2.4　写感谢信 ··· 109
　　　4.2.5　写商务信函 ······································· 110
　　　4.2.6　写社交媒体帖子 ··································· 111
　　　4.2.7　写回忆录 ··· 111
　　　4.2.8　写短篇小说 ······································· 112
　　　4.2.9　创作诗歌 ··· 113
　4.3　巧用 AI 提升写作水平 ·································· 115
　　　4.3.1　利用 AI 获得创作灵感 ······························ 115
　　　4.3.2　使用 AI 制定大纲 ·································· 117
　　　4.3.3　使用 AI 进行正式写作和改写 ························ 118
　　　4.3.4　使用 AI 编辑内容 ·································· 119
　4.4　流行的 AI 写作和编辑工具 ······························ 121

- 4.4.1 Grammarly ········· 121
- 4.4.2 文章写作校对工具 Hemingway Editor ········· 123
- 4.4.3 AI 写作助手 HyperWrite ········· 125
- 4.4.4 英文写作优化大师 ProWritingAid ········· 126
- 4.4.5 英文论文改写 AI 助理 QuillBot ········· 128
- 4.4.6 全能 AI 写作助手 Sudowrite ········· 130
- 4.4.7 英文写作调色网站 Wordtune ········· 131
- 4.5 小结 ········· 134

第 5 章 巧用 AI 查找信息和进行学术研究 ········· 135
- 5.1 AI 与传统 Web 搜索的区别 ········· 135
- 5.2 AI 是一种有用的搜索和研究工具 ········· 139
- 5.3 使用 AI 进行搜索和研究时的注意事项 ········· 140
- 5.4 评估流行的 AI 信息搜索和研究工具 ········· 142
  - 5.4.1 使用通用 AI 工具 ········· 142
  - 5.4.2 使用专业学术研究工具 ········· 146
- 5.5 精准引导 AI 获取所需信息 ········· 152
  - 5.5.1 打造高效研究的黄金钥匙：优化 AI 提示 ········· 152
  - 5.5.2 巧用 AI 进行研究 ········· 154
  - 5.5.3 调整 AI 结果 ········· 156
- 5.6 巧用 AI 总结和理解信息 ········· 156
- 5.7 小结 ········· 158

第 6 章 巧用 AI 拓展人脉与兴趣爱好 ········· 159
- 6.1 巧用 AI 与亲友保持联系 ········· 159
  - 6.1.1 巧用 AI 与亲友联络感情 ········· 159
  - 6.1.2 巧用 AI 分享回忆 ········· 160
  - 6.1.3 使用 AI 更好地理解他人 ········· 161
- 6.2 巧用 AI 来培养和探索兴趣爱好 ········· 165
  - 6.2.1 探索新的爱好 ········· 165

6.2.2 发展现有爱好 ··· 168

6.2.3 寻找在线社区 ··· 171

6.3 巧用 AI 改进社交媒体互动 ·· 172

6.4 通过文本或语音与 AI 对话 ·· 174

6.4.1 通过文本与 AI 对话 ··· 174

6.4.2 通过语音与 AI 对话 ··· 175

6.5 小结 ·· 178

第 7 章 巧用 AI 进行艺术创作 ·· 179

7.1 AI 如何生成图像 ·· 179

7.2 如何实现文生图 ·· 180

7.3 AI 生成的图像类型 ·· 182

7.3.1 卡通和漫画 ··· 182

7.3.2 拼贴画 ··· 184

7.3.3 奇幻作品 ··· 184

7.3.4 艺术品 ··· 185

7.3.5 贺卡 ··· 186

7.3.6 虚拟现实 ··· 187

7.3.7 肖像 ··· 187

7.4 伦理与 AI 图像生成器 ·· 189

7.5 流行的 AI 图像创作工具 ·· 191

7.5.1 Adobe Firefly ··· 193

7.5.2 ChatGPT 集成的 DALL-E ·· 195

7.5.3 DeepAI 的 AI Image Generator ··································· 196

7.5.4 Deep Dream Generator ·· 198

7.5.5 Stability AI 的 DreamStudio ····································· 199

7.5.6 谷歌的 Gemini ··· 201

7.5.7 Hotpot AI Art Generator ··· 202

7.5.8 微软的 AI 绘画工具 Image Creator ································ 204

   7.5.9 AI 图像生成工具 Midjourney ········· 205
   7.5.10 NightCafe ········· 209
   7.5.11 OpenArt ········· 211
  7.6 撰写完美提示以生成完美图像 ········· 213
  7.7 小结 ········· 215

第 8 章 巧用 AI 找工作 ········· 217

  8.1 巧用 AI 寻找理想的工作 ········· 217
   8.1.1 确定适合自己的工作类型 ········· 217
   8.1.2 研究潜在的雇主 ········· 219
  8.2 巧用 AI 写简历 ········· 220
   8.2.1 巧用通用 AI 工具写简历 ········· 220
   8.2.2 巧用简历生成工具撰写和调整简历 ········· 222
  8.3 巧用 AI 写求职信 ········· 226
  8.4 巧用 AI 准备面试 ········· 228
  8.5 小结 ········· 230

第 9 章 巧用 AI 完成工作 ········· 231

  9.1 巧用 AI 提高生产力 ········· 231
   9.1.1 生成内容 ········· 231
   9.1.2 管理项目 ········· 232
   9.1.3 沟通与协作 ········· 234
   9.1.4 制作 PPT ········· 236
  9.2 巧用 AI 管理会议 ········· 238
   9.2.1 安排会议 ········· 239
   9.2.2 会议记录和总结 ········· 240
  9.3 小结 ········· 242

第 10 章 巧用 AI 帮助出行 ········· 243

  10.1 巧用 AI 规划旅行 ········· 243
   10.1.1 获取个性化旅行推荐 ········· 243

10.1.2 预订航班和住宿 244
10.1.3 创建行程 244
10.1.4 作为虚拟旅行助手 245

10.2 主流的 AI 旅行规划工具 245
10.2.1 AI 旅行助手 GuideGeek 246
10.2.2 旅行发现平台 Layla 247
10.2.3 AI 驱动的旅行规划工具 Roam Around 248
10.2.4 旅行智能助手 Trip Planner AI 250
10.2.5 旅行智能规划网站 Wonderplan 251

10.3 巧用 AI 准备旅行 252
10.3.1 研究证件需求 253
10.3.2 学一点当地语言 255
10.3.3 收拾行李 255
10.3.4 天气预报 256
10.3.5 出门在外，安全第一 256

10.4 在旅途中巧用 AI 257
10.4.1 获取个性化推荐 257
10.4.2 了解风俗习惯 257
10.4.3 导航 258
10.4.4 即时翻译 259
10.4.5 旅行期间的安全保障 260

10.5 在本地交通中巧用 AI 260
10.5.1 到达目的城市 261
10.5.2 优化拼车 261
10.5.3 寻找停车位 261
10.5.4 使用公共交通 261

10.6 小结 262

第 11 章 巧用 AI 促进健康与福祉 ············ 263

11.1 巧用 AI 创建健身和营养计划 ············ 263
11.1.1 创建健身计划 ············ 263
11.1.2 创建营养和膳食计划 ············ 266
11.1.3 巧用 AI 健身和营养工具 ············ 268

11.2 巧用 AI 保障心理健康 ············ 269
11.2.1 提供信息和资源 ············ 270
11.2.2 帮助写日记 ············ 270
11.2.3 认知行为疗法练习指导 ············ 271
11.2.4 放松练习指导 ············ 272
11.2.5 把聊天机器人当作治疗师 ············ 274
11.2.6 专为心理健康设计的 AI 工具 ············ 276

11.3 巧用 AI 理解健康和保健信息 ············ 276
11.3.1 理解症状和诊断 ············ 276
11.3.2 了解药物 ············ 280
11.3.3 解读处方 ············ 282
11.3.4 与医生沟通 ············ 283

11.4 小结 ············ 286

第 12 章 巧用 AI 帮助护理人员 ············ 287

12.1 巧用 AI 帮助护理人员完成健康任务 ············ 287
12.1.1 更好地理解医疗信息 ············ 287
12.1.2 与医生合作 ············ 288
12.1.3 提供个性化护理计划 ············ 288
12.1.4 监控健康状况并识别趋势和问题 ············ 289
12.1.5 改善营养 ············ 291

12.2 巧用 AI 帮助护理人员处理财务和法律事务 ············ 291
12.2.1 财务管理 ············ 291

12.2.2 长期护理中的法律问题 ········· 291
　　　12.2.3 获取有用的提示和个性化建议 ········· 292
　　　12.2.4 发现其他资源 ········· 293
　12.3 巧用 AI 为护理人员提供情感支持 ········· 293
　12.4 巧用 AI 提供虚拟陪伴和帮助 ········· 294
　12.5 其他护理专用 AI 工具 ········· 296
　12.6 小结 ········· 297

第 13 章 AI 的未来 ········· 299

　13.1 AI 技术的下一个阶段 ········· 299
　　　13.1.1 AI 变得更聪明、更快、更便宜 ········· 300
　　　13.1.2 从 AI 到超级 AI ········· 300
　　　13.1.3 在设备中嵌入 AI ········· 301
　　　13.1.4 AI 技术与其他技术和服务融合 ········· 303
　　　13.1.5 AI 进一步个性化 ········· 305
　13.2 AI 如何影响我们的未来 ········· 305
　　　13.2.1 AI 与家庭生活 ········· 305
　　　13.2.2 AI 与工作 ········· 306
　　　13.2.3 AI 与娱乐 ········· 307
　　　13.2.4 AI 相伴每一天 ········· 308
　13.3 未来有哪些风险 ········· 308
　　　13.3.1 失去监管 ········· 308
　　　13.3.2 AI 武器化 ········· 309
　　　13.3.3 终极 AI 风险：到达奇点 ········· 310
　13.4 小结 ········· 311

人工智能相关术语表 ········· 313

第 1 章
AI 是什么？它是如何工作的

人工智能（Artificial Intelligence，AI）已经以无数种方式深入了我们的生活，并且将持续影响我们的未来。生成式 AI 是 AI 的最新形态，它正在以惊人的速度发展，为我们带来了无限的想象空间。本章将带您走进生成式 AI 的世界，深入浅出地讲解这项技术的基本原理、发展历程以及在各领域的应用。

1.1 什么是生成式 AI

首先从最基本的东西开始，什么是人工智能（AI）？

当我向当今最流行的生成式 AI 工具之一"通义千问"提出这个问题时，它是这样回答的：

"AI 是指通过模拟人类智能行为和思维过程，使计算机或机器具备感知、理解、推理、学习、决策和执行等能力的技术领域。其目标是让机器能够像人类一样处理复杂任务，甚至在某些领域超越人类的表现。"

不出所料，这个回答"没毛病"。显然，AI 肯定知道什么是 AI，对吧？用更通俗的话来说，AI 是一种非自然产生的智能。它是由机器模拟的人类自然智能。

AI 的核心在于，计算机不局限于只能"计算"，它们还能"思考"。这意味着它们不只是能重复现有的知识，而是真正提出了新的想法和流程。AI 从大量数据中学习，从中创造出新的内容——就像人类一样。

AI 的目标是创建能够像人类一样思考，并执行超越人类思维能力任务的机器。当计算机摄取和分析大量数据，识别模式并从这些模式中推断解决方案和做出决策时，AI 就实现了。

至于 AI 为什么存在，我也让通义千问来回答这个问题：

"AI 的存在并非偶然，而是出于多种社会、经济和技术需求的驱动。AI 的诞生和发展旨在解决一系列复杂问题，提升人类的生活质量，推动创新，并应对当今社会面临的诸多挑战。"

它把我想说的话都说完了。我无话可说。

1.2 什么不是生成式 AI

需要注意的是，不要将当今所谓"智能手机"上的应用与 AI 混为一谈。它们并不"智能"，真正的 AI 远比这先进。一些人其实是在蹭 AI 的热度，说现有的流程和应用就是"AI"，但真正的 AI 远远超出了当时的技术水平。

例如，今天基于 Web 的搜索引擎（例如必应、谷歌和百度等）看起来像是 AI，因为它们试图理解您的查询并提供相关结果。但实际上，它们背后的"智能"并不高。相反，它们只是使用简单的算法，根据预定义的输入提供某些结果。它们不会思考或解决问题，只是按照一套呆板的算法尝试找到最佳结果。尽管现在的一些搜索引擎已经开始在搜索结果顶部添加基于 AI 的最佳建议。

说明　算法是一组逐步执行的规则或指令，旨在完成任务或解决问题。可以如此理解："如果发生这种情况，就做那件事；如果发生其他情况，就做另一件事。"

同样，许多在线聊天机器人声称自己使用了 AI 技术，但实际并非如此。我用过一个在线客服聊天机器人，它号称"AI 驱动"，但实际上并没有任何"智能"，它只是根据预设的客户问题提供预先写好的答案。也就是说，从列表中选择一个问题，它就会输出相应的答案。这可能是人工事先写好的，但肯定不是智能的。[①]

---

① 译注：现在各大公司为了"降本"（注意，没有"增效"），纷纷推出了像傻子一样的"AI 客服"。在这个时候，只简单地要求它"转人工"，基本上都可以成功。

1.2.1 了解预测式 AI

预测式 AI 是一种古老且更为成熟的 AI 形式。直到最近,它仍然是您在日常生活中遇到的主流 AI。

说明　预测式 AI 也被称为"传统 AI""窄 AI"或"弱 AI"。

"预测式 AI"之所以得名,是因为它主要根据现有数据预测特定的结果或趋势。传统的搜索引擎利用预测式 AI 来预测哪些网页与您的查询匹配;社交媒体公司用它预测您最感兴趣的帖子;流媒体视频和音乐服务用它预测您可能喜欢的节目或歌曲。

预测式 AI 以特定任务为导向,通常根据特定任务的预定义指令集操作。它使用标准的 AI 过程,包括数据收集、数据处理、结果评估和调整,但主要基于历史数据。它分析这些历史数据以理解模式和趋势,从而对未来趋势和事件做出预测。

今天有许多应用都在使用预测式 AI,它用于实现以下预测:

- 交通流量;
- 社交媒体点赞/点踩;
- 用户搜索查询;
- 观众/听众喜好;
- 拼写和语法检查;
- 预防性维护需求;
- 信用风险分析;
- 客户需求;
- 库存水平;
- 患者在接受某种治疗、手术或干预后的健康状况和恢复情况;
- 股票价格。

1.2.2 了解生成式 AI

生成式 AI 是一种形式上较新的 AI，它可以生成与现有信息和示例相似的新数据。与专注于特定预测的预测式 AI 不同，生成式 AI 能够生成之前不存在的全新数据。正如其名称所示，生成式 AI 可以生成文本、音频、图像、视频、音乐和其他内容，这些内容往往难以与人类创作的内容区分开来。

说明　　生成式 AI 也称为"强 AI"。

生成式 AI 的应用领域极其广泛，它不仅能创作逼真的艺术作品、引人入胜的新闻文章，还能生成功能强大的网页和软件程序。可以用生成式 AI 来写程序，而且速度远超人类开发者。[①] 更令人惊叹的是，生成式 AI 甚至可以超越训练数据，创造出独一无二的新内容。在培训和教育领域，生成式 AI 可以模拟各种真实场景，为学习者提供沉浸式的体验。

生成式 AI 当前的主流应用如下。

- AI 文本生成器和聊天机器人，例如通义千问、Kimi、豆包、Anthropic Claude、Google Gemini、Microsoft Copilot 和 OpenAI ChatGPT 等。
- AI 图像生成器，例如文心一格、Adobe Firefly、DALL-E、DeepAI 的 AI Image Generator、Bing Image Creator、Midjourney 和即梦 AI 等。
- AI 视频生成器，例如可灵、OpenAI Sora、Colossyan AI、DeepBrain AI、HeyGen AI 和 SundaySky 等。
- AI 音乐生成器，例如 Suno、Udio 和海绵音乐等。

说明　　生成式 AI 或强 AI 并不是人工智能的最终形式；专家们描述了一种目前仍属理论的超级 AI，它将超越人类智能。要想进一步了解超级 AI，请参阅第 13 章。

---

① 译注：例如，译者就用 Bolt 来写了一个"番茄钟"程序，整个过程没有写一行代码。详情请访问 https://bookzhou.com。

1.2.3 对比预测式 AI 和生成式 AI

预测式 AI 和生成式 AI 虽然同根同源，却各有所长。预测式 AI 擅长基于历史数据对未来趋势进行预测，是企业决策的得力助手。生成式 AI 则更具创造力，它能生成全新的内容，为艺术创作和产品设计等领域带来无限可能。两者相辅相成，共同推动着人工智能的发展。

说明　生成式 AI 是最新的、最强大的 AI，也是本书大部分内容的重点。

生成式 AI 的复杂性决定着它对数据和算力有较高的需求。相较于预测式 AI，生成式 AI 需要处理更复杂的任务，如创作、设计等。因此，它们需要从海量数据中学习更深层次的模式和特征，这无疑对模型的规模和计算能力提出了更高的要求。表 1.1 详细展示了两种模型在这些方面的区别。

表 1.1 预测式 AI 和生成式 AI 的对比

特征	预测式 AI	生成式 AI
目标	预测未来的结果或趋势	生成新的数据或内容，并可以进行预测
数据需求	历史和当前特定主题领域的数据	大量高质量的数据
输出	基于输入数据的预测	新生成的文本、图像、视频和音频
应用领域	金融、医疗保健、市场营销、聊天机器人、Web 搜索	预测式 AI 的所有应用领域，加上艺术设计、写作、音乐创作、旅游交通、护理、培训模拟等
技术要求	中高水平的算力和数据存储容量	更高的算力和大数据存储容量

澄清关于 AI 的一些常见误解

您或许听说过人工智能（AI），也对它充满了好奇。但关于 AI，您可能还有一些疑问，甚至存在一些误解。别担心，这很正常！AI 这项技术发展迅速，新的概念层出不穷。接下来，让我们一起揭开 AI 的神秘面纱，澄清一些常见的误解。

1. **AI 与人类智能相同**：一些人误以为 AI 具备类似人类的智能，并能像人类一样思考。这与事实相去甚远。当前的 AI 系统是专门化的，能力有限。AI 系统缺乏人类的理解力、意识和情感。AI 没有自我意识，它并不是人类。

2. **AI 将获得意识**：认为 AI 会以某种方式获得意识并成为人类，这个概念主要来自科幻小说。目前没有任何证据表明 AI 会在短期内发展出自我意识。今天的 AI 不过是一个非常复杂的计算机程序而已。

3. **AI 总是正确的**：尽管在某些任务上 AI 的准确性远远高于人类，但它仍然可能犯错误，尤其是在其处理的数据包含不准确的信息时。事实上，AI 有时会出现"幻觉"，即输出完全错误的信息。虽然 AI 可以从错误中学习，但它并非百分百可靠。实际上，作为人，我们应该验证 AI 生成的所有内容。

4. **AI 是一项最近的发明**：您可能只是最近才听说 AI，但它的历史已有数十年，只不过现在才在大规模应用上变得可行。

5. **AI 将取代所有人类工作**：虽然 AI 可以自动化许多类型的任务，特别是重复性任务，但它无法取代人类所做的所有事情。尽管如此，AI 确实会对就业市场产生巨大影响——而且并不总是积极的影响。更多关于 AI 的风险请参阅第 2 章，AI 对工作方式的影响请参阅第 9 章。

6. **AI 将解决世界上所有问题**：如果 AI 如此聪明，那么它迟早会找出生命、宇宙及一切的答案，对吧？（答案不是"42"[①]——如果不知道这是什么意思，可以请 AI 工具解释给您听！）虽然您可能会这么想或者希望如此，但尽管 AI 前景广阔，它也有其局限性。它只是我们人类用来解决问题的一个工具，仅此而已。

7. **AI 将导致人类灭绝**：这是人类最大的恐惧之一，AI 获得了意识，变得比我们更聪明，并决定不再需要我们这些渺小的人类。最多"慈悲为怀"，

---

① 译注：参见《银河系漫游指南》，这是英国作家道格拉斯·亚当斯所写的一系列科幻小说。

> 给我们人类发点"AI 币",让我们只是勉强活着。虽然有人认为这有可能发生,但也有人认为这种可能性极低。对 AI 技术的更多展望,请参阅第 13 章。
>
> 您可能还有其他关于 AI 的想法和观点,它们可能是准确的,也可能是不准确的。我希望您通过阅读这本书自行发现真相。

1.3 人工智能简史

在深入探讨 AI 的工作原理之前,让我们简要回顾一下它的起源和发展历程。如果对历史不太感兴趣,可以暂时跳过这一节!

尽管近年来 AI 技术的发展使其更深入地融入了我们的日常生活,但 AI 本身并不是一项新技术。那么,AI 最初是在何时何地出现的?它又是如何随着时间发展的呢?

1.3.1 人工智能是一个古老的概念

人工智能的概念并非现代独有,其根源可以追溯到古老的神话传说。古希腊神话中赫菲斯托斯[①]所创造的智能自动机,便是最早关于机器智能的想象之一。从古代到文艺复兴,再到工业革命,人类对创造智能机器的渴望从未停歇。其中的一些例子包括亚历山大的希罗[②]的机械剧场,列奥纳多·达·芬奇(Leonardo da Vinci)设计的机械骑士,沃尔夫冈·冯·肯佩伦(Wolfgang von Kempelen)的国际象棋自动机"土耳其行者"(The Turk)等。然而,这些早期的尝试虽然展现了人类的智慧,但并未真正实现人工智能。

1.3.2 现代 AI 的诞生

现代 AI 在 20 世纪中期随着计算机的发明而逐渐接近现实。计算机为 AI 技术提供了必要的算力。1950 年,艾伦·图灵(Alan Turing)提出了著名的"图灵测试",用于判断计算机是否具备智能。

---

① 译注:Hephaestus,火神与砌石之神、雕刻艺术之神以及手艺高超的铁匠之神。
② 译注:Hero of Alexandria,他还发明了蒸汽涡轮机,其最负盛名的数学成果是求三角形面积的海伦公式。

图灵测试让评估人员向计算机和人类提出一系列问题，并根据回答来判断两者之间的差异。如果评估者无法区分两者的回答，那么该机器就被认为具有智能。图灵测试至今仍在用于评估 AI 系统。

现代 AI 时代通常被认为始于 1956 年美国达特茅斯学院的一次 AI 专家会议。这次会议启动了 AI 运动，并迅速吸引了政府和行业的关注与资金支持——随之而来的是大量的 AI 研究。

其中一项重要的研究成果是自然语言处理程序伊丽莎[①]，它为今天的聊天机器人奠定了基础。伊丽莎通过模式匹配算法模拟人类对话，给用户一种与真人交谈的错觉。

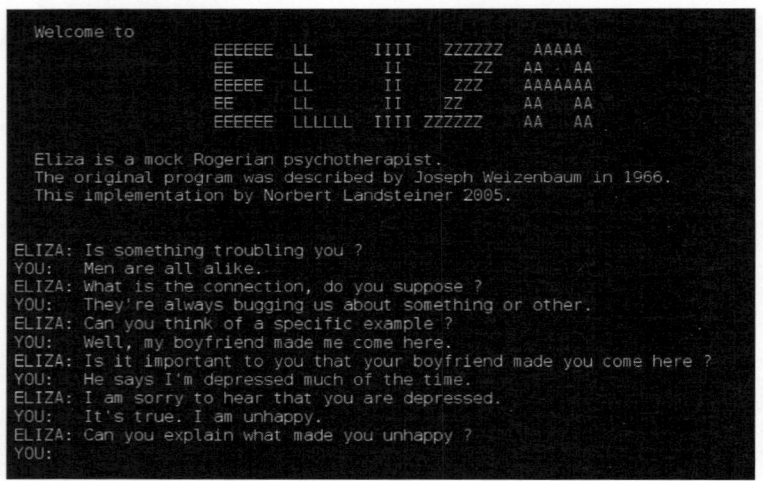

图 1.1 与伊丽莎的典型对话，这是今天基于 AI 的聊天机器人的原型
（图片来源：Wikimedia Commons，公共版权领域）

1.3.3 第一次 AI 繁荣与第一次 AI 寒冬

20 世纪 80 年代初，人工智能迎来了第一次繁荣。得益于充足的政府资金支持，AI 研究在这一时期取得了显著进展。然而，好景不长，从 1987 年开始，AI 领域进入了漫长的"寒冬"期。由于早期投资未能带来预期的丰厚回报，私人投资者和政府对 AI 的

[①] 译注：Eliza，世界上首个充当心理治疗师的人工智能，它可以响应自然语言输入，可以模仿用户与心理治疗师之间的对话。

热情逐渐冷却，导致资金投入大幅减少。

AI 寒冬从 20 世纪 90 年代开始解冻。算力迅速提升，加上互联网的普及带来的数据爆炸，促使 AI 在自然语言处理、机器学习、深度学习、机器人等领域取得了一系列新的突破。IBM 的深蓝计算机程序在这一时期首次击败了俄罗斯国际象棋大师加里·卡斯帕罗夫，AI 技术取得了一个重大的胜利。

1.3.4　21 世纪的 AI

进入 21 世纪后，AI 再次迎来了显著的复苏，这得益于算力和数据量的进一步提升。以前仅限于实验室的 AI 研究被转化为实际产品，应用于企业和计算机中。这一现代 AI 繁荣期一直持续至今，并且发展速度不断加快。

以下是 21 世纪以来一些重要的 AI 发展：

- 2000 年：谷歌搜索引擎推出，使用预测式 AI 来预判用户的查询。
- 2000 年：奈飞（Netflix）推出了推荐系统。
- 2001 年：亚马逊推出了推荐引擎。
- 2002 年：iRobot 公司推出了第一款 AI 驱动的扫地机器人 Roomba。
- 2004 年：NASA 的火星探测器"勇气号"（Spirit）和"机遇号"（Opportunity）登陆火星，并在没有人类干预的情况下探索火星。
- 2009 年：谷歌的自动驾驶汽车项目 Waymo 启动。
- 2011 年：IBM 的沃森自然语言处理系统推出，并参加了智力竞赛节目《危险边缘》。
- 2011 年：苹果的数字助手 Siri 推出。
- 2014 年：亚马逊的语音助手 Alexa 推出。
- 2015 年：谷歌发布了开源深度学习框架 TensorFlow。
- 2010 年代：脸书（Facebook）、推特（Twitter）等社交媒体公司开始使用 AI 来驱动推荐算法，向用户展示新内容。
- 2015 年：OpenAI 研究实验室成立，并于 2020 年推出了 GPT-3 大语言模型，2021 年推出了文生图模型 DALL-E。

- 2020 年代：特斯拉和其他汽车制造商推出了具备自动驾驶功能的车辆。

总之，人工智能的发展历程充满传奇的色彩。从早期的预测式 AI 到如今的生成式 AI，人工智能始终在不断创新。2020 年代生成式 AI 的出现，标志着人工智能在创造性工作方面取得了重大突破。我们可以预见，随着技术的不断进步，人工智能将在未来扮演更加重要的角色，为人类社会带来更多的惊喜。

科幻作品中的 AI

当 AI 在现实世界的研究实验室中逐渐发展时，人工智能的概念也在科幻作品中占据了重要地位。科幻作品中有一些引人注目的 AI 角色，如下所示。

1. 《星际迷航：下一代》：这部从 1987 年到 1994 年播出的电视剧（及其后续电影和续集）中，有一个名为 Data 的机器人中尉，他在所有船员中是一名几乎与人类无异的 AI 角色。

2. 《终结者》：1984 年由詹姆斯·卡梅隆执导的电影，阿诺德·施瓦辛格演了一个来自未来的机器人，参与了一场人类与名为"天网"的 AI 网络之间的战争。

3. 《西部世界》：1973 年的电影（2016 年改编为电视剧），围绕一个以西部为主题的游乐园展开，园内充满了最终获得自我意识的机器人。

4. 《2001 太空漫游》：1968 年由斯坦利·库布里克执导的经典电影（剧本由亚瑟·克拉克撰写），影片中有一台名为 HAL 9000 的智能计算机系统，最终出现了失控的情况。

5. 《我歌颂电的身体》：1962 年的一集《阴阳魔界》，由雷·布拉德伯里编剧，讲述了一个智能的机器人祖母的故事。（这一集后来成为了布拉德伯里 1969 年同名短篇小说的基础。）

6. 《我，机器人》：1950 年艾萨克·阿西莫夫的短篇小说集，首次引入了阿西莫夫的"机器人三定律"，这些定律对科幻小说和现实世界的 AI 研究都产生了深远的影响。

7. 《流浪地球2》中的MOSS：在这部2023年的中国科幻电影中，MOSS是一个高度发达的AI，作为地球流浪计划的总控制系统，它展现了强大的计算能力和决策能力。MOSS在电影中扮演了一个复杂的角色，既是人类生存的保障，也是潜在的威胁。它的存在引发了关于人工智能的伦理、控制和未来等一系列深刻的哲学问题。

这些作品只是冰山一角，科幻作品中对人工智能的探索远不止于此。这些例子充分展示了人工智能概念如何随着时代变迁而不断演化，并激发了人们对未来的无限想象。随着人工智能技术日新月异，我们不禁要问：科幻作品中那些令人着迷的AI形象，是否会在不久的将来成为现实？

1.4 生成式AI的工作方式

了解AI是什么以及它的起源后，我们接下来看看AI是如何工作的。

AI系统需要大量数据来"学习"，就像我们人类需要通过学习和经验积累知识一样。AI会分析这些数据，从中提取关键信息，识别模式，并建立联系。通过这些连接，AI模型就像人类一样，能够从数据中"学以致用"，不断改进自己的预测和决策能力。就像新生儿不断调整自己适应这个世界一样，AI也在不断"成长"，变得越来越"聪明"。

1.4.1 AI的工作过程

AI的工作过程正如刚才所描述的那样，既简单又复杂。要完成这一切，需要使用一些非常高级而且复杂的技术，需要用到大量算力。如图1.2所示，这个过程有5步，涉及不断的重复和学习。如果您不喜欢此类技术细节，可以暂时跳过！

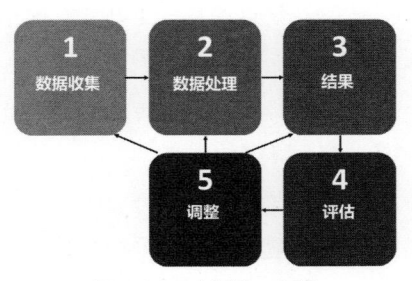

图1.2 AI过程5步骤

步骤1：数据收集

数据收集过程需要汇集来自多个来源的各种类型的数据。这些数据可以是文本、语音、图像、视频等形式，来源包括现有的数据库、社交媒体信息流、互联网网站等。针对特定用途的 AI 需要适用于该特定目的的数据。例如，为医疗保健设计的 AI 会从医学资源中收集大量数据，但无需涉及天体力学或 17 世纪建筑的数据。相比之下，通用 AI 模型需要涵盖多个主题的大量数据。换言之，它需要的数据非常全面。比如，为了规划小型聚会的晚餐菜单，AI 需要大量食谱和小型晚餐聚会的菜单示例。

数据是人工智能模型的"养料"，模型的性能直接取决于数据的质量和数量。数据越多，模型学习到的知识就越丰富，做出的决策就越准确。

步骤2：数据处理

数据处理是构建 AI 模型的关键环节，包含众多细致步骤。首先，我们需要对原始数据进行清洗和预处理。这个过程就好比给数据"洗澡"，去除其中的"脏东西"，例如错误、缺失或不一致的数据。同时，我们还要对数据进行标准化处理，让它们具有统一的格式，方便计算机理解和处理。例如，对于文本数据，自然语言处理技术（natural language processing，NLP）可以帮助我们提取出关键信息，并将其转化为计算机可理解的数字形式。

接下来，经过清洗和预处理的数据会被输入到 AI 模型中。模型会通过各种算法对数据进行深入分析，从中学习到规律和模式。这些算法就好比是一本"菜谱"，告诉模型如何一步一步地处理数据。通过不断地学习和调整，模型逐渐具备了分析、预测和决策的能力。

为了让这些算法更好地发挥作用，AI 采用了机器学习（ML）技术。所谓机器学习，我们可以这样想象：教孩子学习，通过不断地给 AI 提供大量数据，让其自己发现数据中的规律和模式。与传统的编程方式不同，机器学习可以让模型自动学习，而无需人类事先编写详细的规则。

深度学习是机器学习的一个分支，它借鉴了人脑神经网络的结构和工作原理。深度学习模型通过多层神经网络来处理数据，能够发现数据中更深层次、更复杂的特征。这就好比让 AI 拥有了"更聪明的大脑"，可以从纷繁复杂的数据中提取出更有价值的信息，从而做出更准确的判断和预测。

说明 神经网络是一种具有多个相互连接节点的机器学习算法，这些节点执行特定功能，例如接收数据、处理数据和生成结果。

为了更好地处理不同类型的数据，AI 引擎采用了多种技术。在处理文本数据时，大语言模型（large language model，LLM）凭借其强大的语言理解能力，可以高效地完成各种自然语言处理任务，例如机器翻译、文本摘要、问答系统等。LLM 就好比给 AI 配备了一本"百科全书"，让它能够快速地获取和运用知识。在处理图像和视频数据时，计算机视觉技术则大显身手。通过计算机视觉，AI 可以"看懂"图像中的内容，实现图像分类、目标检测、图像生成等功能。

数据处理的目标是解释已经收集到的数据，基于这些数据做出预测，并最终根据预测采取行动。正是这个过程的"预测"部分引导我们进入下一步，即生成结果。

以步骤 1 提到的晚餐聚会为例，在"数据处理"步骤中，AI 会阅读所有食谱和菜单，学习其中的内容。

步骤 3：结果

经过数据处理和模式识别后，AI 模型便能基于这些模式对未来进行预测。例如，在市场营销领域，AI 模型可以利用历史数据中的模式预测未来的市场趋势。

所谓"结果"，就是 AI 模型根据已知的模式，对新的数据进行判断，看其是否符合之前的规律。这就好比一场考试，AI 模型要根据学过的知识去解答新的问题。如果答案正确，就说明模型的预测是准确的；反之，则说明模型还需要进一步改进。

还是以晚餐聚会为例，AI 模型可以根据以往的点餐数据，分析顾客的口味偏好，并预测哪些菜品组合更受欢迎。为了验证预测的准确性，我们可以根据 AI 模型的建议，设计一份新的菜单，并观察客人的反馈。如果客人对新菜单反响热烈，就说明 AI 模型的预测是成功的。

步骤 4：评估

现在需要评估前几步的结果，以获得进一步的见解。这个评估过程包括分析结果、发现触发结果的原因，并提供可以纳入算法的反馈——这是将在下一步中发生的事情。

继续以晚餐菜单为例，我们可以借助 AI 评估测试菜单的结果，确定哪些方面有效以及哪些方面无效。

步骤 5：调整

如果数据通过了结果测试，则验证了之前识别的模式。反之，若数据不符合之前的模式，AI 模型则需要进行调整。这可能涉及调整输入数据、算法规则或目标结果。通过不断地将调整结果反馈到模型中，AI 模型能够形成一个自我完善的循环。随着时间的推移，模型会越来越精确地捕捉数据中的规律，并做出更准确的预测。

以晚餐聚会为例，AI 会根据每次聚会的反馈，不断优化菜单建议。这种反馈机制使得 AI 能够不断学习，并为下一次聚会提供更符合口味的菜单。

1.4.2 生成式 AI 工作的必要条件

AI 过程虽然简单易懂，但需要大量资源才能实现，尤其是更高级的生成式 AI。一个准确训练的生成式 AI 模型必须处理数百万条数据，而这需要大量的计算能力。要使 AI 工作，首先需要从各种来源获取大量数据。如此大量的数据直到最近才变得容易获取，互联网的诞生使得我们几乎可以轻松访问世界上所有的数据。

处理所有这些数据需要巨大的算力。所有这些计算和重复只能通过快速、高性能的 CPU 和 GPU 来完成。其中最重要的是 GPU。这样的算力直到最近才变得负担得起。

> **说明** 中央处理器（CPU）是计算机的核心部件，负责执行计算机的所有基本指令。图形处理器（GPU）是一种特殊用途的电子电路，擅长处理图形和图像计算，能够大幅加速图像和视频的渲染速度。人工智能需要 CPU 来处理数据，并需要 GPU 来加速模型的训练和推理过程，尤其是涉及图像和视频等大量数据时。

最后，庞大的 AI 计算中心需要消耗大量的电力。训练和运行 AI 模型是一项能源密集型任务，使得 AI 的开发和应用成本较高。为了满足日益增长的计算需求，一些科技巨头甚至开始探索利用核能等清洁能源。

AI 领域的巨头有哪些？

AI 的高门槛使得该领域成为巨头的"专属游戏"。只有那些拥有强大计算能力、海量数据和顶尖人才的科技巨头，才有能力开发和部署下面这些大规模的 AI 模型：

- Alphabet（谷歌的母公司），在搜索和广告服务中大量使用 AI；
- 苹果，致力于在其操作系统和应用程序中整合 AI，目前可以在 Mac、iPhone 和 iPad 上启用所谓的 Apple Intelligence（同样简称为 AI）；
- 亚马逊，通过其 AWS 服务托管了许多大型 AI 模型；
- Anthropic，由 OpenAI 的前成员创立，并得到了亚马逊的支持，致力于研究 AI 系统的安全性和可靠性；
- 百度，涉足多个行业的中国科技公司，开发了名为文心的基座大模型；
- IBM，拥有几十年 AI 经验，在计算机硬件方面有巨大的份额；
- 联想，作为主要的企业存储解决方案提供商，提供存储当今 AI 模型所需的所有数据的必要设施；
- Meta（前 Facebook 和 Instagram），拥有庞大的计算机和图形处理能力；
- 微软，与苹果一样，致力于在其操作系统和应用程序（包括其 Microsoft 365 产品[①]）中整合 AI，并推出了 Azure OpenAI 云服务；
- 英伟达（Nvidia），制造了一些最流行的用于 AI 任务的 GPU；
- OpenAI，一家 AI 开发公司，部分由微软资助并与之合作；
- Oracle：其云计算基础设施是其他 AI 公司的基础。

由于涉及高昂的成本，因而相对于小型公司，这些大型科技公司在 AI 领域具有巨大的优势。小型公司也许能开发出独特的 AI 模型，但仍然需要依赖这些大公司来托管和驱动模型。在当今的 AI 世界中，大型科技巨头占有显著的优势。

---

① 译注：微软已将其 Office 365 产品更名为 Microsoft 365。

1.5 如何巧用 AI 助手

AI 助手本质上是一种利用人工智能生成内容的应用程序。这样的助手就像一个多才多艺的"内容制造机",可以根据不同的需求创作出各种各样的内容,比如文章、图片、视频、音乐等。它们就像是拥有无限创意的"作家""画家"和"音乐家"。

第 3 章将详细介绍功能更全面的一些 AI 助手,但在此之前,我们先来简单了解一下它们的工作原理。通过这些助手,我们能更直观地感受到 AI 的魅力。

为了更好地说明,我们这里以阿里云的通义千问(https://tongyi.aliyun.com/qianwen)为例。通义千问就像一位知识渊博、文笔流畅的"智能助手"。只需向它提出问题或需求,它就能生成相应的文本内容。无论是解答疑问、提供信息,还是帮我们写邮件、写文章和写诗,通义千问都能胜任。其他类似的 AI 工具,如 ChatGPT、Claude 等,也具有类似的功能。

如图 1.3 所示,通义千问的主页看起来有点像搜索引擎的主页。免费注册并登录后,我们之前用过的提示词会列在左侧栏中。提示框位于页面底部。

图 1.3 通义千问 AI 助手

要使用通义千问，我们只需要在"千事不决问通义"框中输入一个提示（可以是查询或问题），然后按 Enter 键。如图 1.4 所示，通义千问随后会按照您的要求生成结果，并显示在提示框上方。可以通过输入更多提示继续对话；您的提示和通义千问的响应会依次显示，如同与真人对话。

图 1.4 典型的通义千问提示和响应

就这么简单。提示越详细，AI 的响应就越精确。可以指定自己想要的内容长度、风格，甚至是具体细节。如图 1.5 所示，如果不喜欢它刚才创作的现代诗，我们还可以非常详细地提示 AI，让它生成符合我们具体要求的诗。

图 1.5 要求通义千问撰写一首七言律诗

其他 AI 助手的工作方式与此相似，但会针对不同的输出类型进行定制。例如，AI 图像生成器（例如，DeepAI 的 AI Image Generator，如图 1.6 所示）通常提供了不同类型图像和风格（摄影、插画等）的选项。

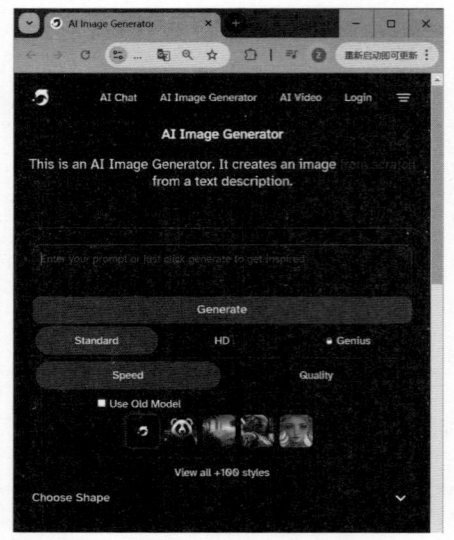

图 1.6 DeepAI 的 AI 图像生成器的提示面板

说明 AI 助手和其他流行 AI 工具（其中许多都是免费的）的更多用法请参阅第 3 章。

1.6 在日常生活中使用生成式 AI

生成式 AI 将成为我们生活和工作中不可或缺的一部分。它不仅会影响我们的个人生活，比如家庭娱乐、学习和创作，也会对我们的职业生涯产生深远的影响。从艺术、设计、写作到科学研究，生成式 AI 都能提供强大的工具和支持。

下面让我们快速了解一下 AI 将如何影响各个行业和活动。

警告 不要盲目地相信 AI 生成的内容。第 2 章会详细解释何时可以使用 AI 生成的内容，何时则不宜使用。例如，不宜将 AI 生成的内容声明为自己的"原创"。

1.6.1 AI 在艺术创作中的应用

无论是专业艺术家还是业余爱好者，都开始将 AI 视为创作的得力助手。只需简单的文本描述，AI 就能生成精美和逼真的图像，满足从新闻媒体到个人创作的多样化需求。无论是为报纸杂志配图、绘制漫画，还是满足粉丝对明星和虚构角色的想象，AI 都可以展现出无限的潜力。

然而，AI 的强大也带来了新的挑战。生成式 AI 技术被滥用，用于制作深度伪造图像，散布虚假信息。这些 AI 生成的虚假图像，常常以假乱真，令人难以辨别。随着技术的不断进步，这种现象可能会愈演愈烈，对社会造成负面的影响。

说明 要想进一步了解关于 AI 艺术创作的知识，请参阅第 7 章。

1.6.2 AI 在商业中的应用

许多企业已经将生成式 AI 融入到日常运营中,以提升效率和生产力。从设计新的业务流程到优化现有流程,AI 无处不在。例如,多数客服部门已部署 AI 聊天机器人,为客户提供全天候服务。此外,AI 在业务分析方面展现出强大的能力,为企业决策提供更深入、更准确的洞察。可以预见,AI 将持续赋能企业,增强其市场竞争力。

对于员工,AI 正在深刻改变工作方式。重复性的日常任务已被 AI 自动化,而对于那些需要较高认知能力的工作,AI 则提供强大的辅助工具,简化了复杂的工作流程。员工可以借助 AI 快速获取信息、处理繁琐的数据,将更多精力集中在创造性的任务上。

> **说明** 要想进一步了解 AI 在商业中的应用,请参阅第 9 章。

1.6.3 AI 在金融和银行业中的应用

越来越多的消费者开始将生成式 AI 作为个人理财顾问。AI 可以帮助用户实时监控个人财务状况,提供个性化的投资建议,并协助提升信用评分。

在银行和其他金融机构中,生成式 AI 的应用更为广泛。这些机构利用 AI 评估贷款风险、识别并预防欺诈行为,同时将繁琐的后台操作自动化,提高了工作效率。此外,AI 驱动的全天候智能客服为客户提供了更便捷的服务。为了确保合规性,金融机构还借助 AI 来监控复杂的金融法规。

1.6.4 AI 在游戏中的应用

生成式 AI 正在深刻改变着游戏行业。它不仅能创造出更加逼真、复杂的游戏环境,还能设计出更具个性化的角色和动画。从宏大的游戏世界到细致的场景布置,生成式 AI 都能提供强大的支持。更重要的是,生成式 AI 可以生成多样化的游戏玩法,让玩家在游戏中获得更丰富的体验。无论是角色扮演、策略对战还是开放世界探索,生成式 AI 都能为玩家提供全新的乐趣。

生成式 AI 的出现，意味着游戏开发者可以更加专注于游戏的创意和叙事，而将一些重复性的工作交给 AI 来完成。这不仅提高了游戏开发的效率，也为玩家带来了更加多样化和高质量的游戏作品。可以预见，随着生成式 AI 技术的不断发展，未来游戏将会更加智能、更具互动性，为玩家带来更加沉浸式的游戏体验。

1.6.5 AI 在医疗保健中的应用

人工智能，尤其是生成式 AI，正在深刻地改变着我们保持健康与提升福祉的方式。无论是在个人健康管理还是医疗服务领域，AI 都发挥着越来越重要的作用。

对于个人而言，生成式 AI 就像一名贴身的健康顾问。它能帮助我们更好地理解自身的健康状况，并根据个人数据提供量身定制的健康建议，如个性化的运动计划和饮食方案。此外，AI 还能预测潜在的健康风险，让我们提前采取预防措施。更便捷的是，我们可以随时向 AI 咨询各种健康问题，获得即时、准确的解答。

在医疗服务领域，生成式 AI 同样展现出巨大的潜力。AI 辅助诊断能提高疾病诊断的准确性，帮助医生做出更明智的诊疗决策。在药物研发方面，AI 能加速新药的研发进程，为患者带来更多治疗选择。此外，AI 还能优化医院的运营管理，提高患者的就医体验。例如，AI 可以智能调度预约，简化医疗账单，并提供个性化的患者支持服务。

总之，生成式 AI 正在重塑医疗行业，为我们带来更精准、高效、个性化的健康服务。

> 要想进一步了解 AI 在医疗保健的应用，请参阅第 11 章。

说明

1.6.6 AI 在写作中的应用

无论是偶尔发送短信，还是需要撰写正式的论文，生成式 AI 都能成为一名可靠的写作助手。只需提供简单的提示，AI 就能帮助您生成各种类型的文本，从日常的社交媒体帖子到学术论文，无所不包。即使您不是写作高手，AI 也能让您的文字表达更流畅、更专业，提升您的写作水平。

> 说明：要想进一步了解 AI 和写作的内容，请参阅第 4 章。

生成式 AI 正以前所未有的方式改变着新闻和新媒体。它能根据海量数据，自动生成各类文字内容，从引人入胜的故事到个性化的新闻推送，应有尽有。AI 可以协助记者和网文作者进行深入调查研究，自动完成繁琐的日常任务，从而让记者和网文作者有更多的时间专注于更有价值的新闻报道和网文写作。此外，AI 还能将新闻传播到经济欠发达地区，扩大新闻覆盖范围。

然而，AI 的广泛应用也带来了一些担忧。部分作者过度依赖 AI，导致文章质量下降，甚至出现虚假信息。由于 AI 模型可能产生幻觉或数据偏差，因此在发布 AI 生成的内容前，务必进行人工审核。

1.6.7 AI 在学习中的应用

生成式 AI 正在深刻改变教育行业。教师们利用 AI 来制定更有效的教学计划，创建逼真的模拟场景，从而提升教学效果。AI 还能自动化评分和评估，减轻教师的工作负担，并为每个学生提供个性化的学习方案。对于那些学习困难的学生来说，AI 更是提供了强大的辅助工具。

然而，AI 的双刃剑效应也日益凸显。学生利用 AI 生成论文、预测考试题目，甚至绕过学习过程，这给教育带来了新的挑战。AI 作弊现象的出现，迫使教育工作者不得不重新思考如何评估学生的学习成果，以及如何确保教育的公平性。

1.6.8 AI 在市场营销和广告中的应用

生成式 AI 正在引领营销行业进入一个高度个性化的时代。借助 AI，营销人员能更精准地锁定目标受众，并为其量身定制营销内容。从创意构思、文案撰写到视觉设计，AI 都能高效完成，大大缩短了营销活动的周期。理论上，这种高度个性化的营销策略能显著提升转化率，增强客户忠诚度。

AI 能够分析海量数据，洞察消费者行为，从而帮助营销人员创建更具吸引力的广告和营销活动。无论是制作宣传册、编写广告脚本，还是制作视频广告，AI 都能提供高效、高质量的解决方案。只需提供一些基本信息，AI 就能生成多种创意方案，供营销人员选择。

1.6.9 AI 在音乐中的应用

一些商业客户已经在利用生成式 AI 创建背景音乐、广告音乐、等待音乐以及其他类似用途。遗憾的是，一些不道德的制作人和流媒体音乐服务也在使用 AI 模仿流行艺术家的作品，而且不会向原创艺术家支付任何版税。

积极的一面是，一些创新的音乐家正在利用生成式 AI 创作新的音乐。一些制作人和唱片公司还使用生成式 AI "清理"旧录音，使之更加符合现代听众的口味。不仅如此，AI 不仅服务于专业音乐家，一些粉丝也在使用生成式 AI 创作听起来像他们喜爱的音乐家的作品，以此向他们致敬。

> **说明** 2023 年，著名制作人乔治·马丁之子吉尔斯·马丁与保罗·麦卡特尼和林戈·斯塔尔合作，利用 AI 技术对已故音乐人约翰·列侬和乔治·哈里森的部分旧作进行了修复和增强。这一创新之举催生了披头士乐队最后的"新歌"——Now and Then。

1.6.10 AI 在编程和软件开发中的应用

生成式 AI 正以惊人的速度颠覆着软件开发行业。相比人类开发者，AI 能更快速、精准地生成代码，从而显著缩短软件开发周期。无论是构建复杂的应用程序，还是开发功能丰富的网站，AI 都能提供高效、高质量的解决方案。AI 生成的 HTML 代码让网站开发变得更加便捷，也催生了更多创新性的 Web 应用。

1.6.11 AI 在交通和旅行中的应用

人工智能正在引领一场交通革命。自动驾驶汽车的出现，不仅将重塑传统的交通模式，还将催生全新的出行服务。例如，一些公司已经在部分城市推出了自动驾驶出租车服务，例如国内的萝卜快跑和美国的 Waymo。此外，AI 还能帮助城市实现智慧交通

> 说明：要想进一步了解 AI 在交通中的应用，请参阅第 10 章。

1.6.12 无所不在的 AI

AI 不再是一个遥不可及的概念，它就在我们身边。了解 AI 的工作原理，不仅能让我们更好地欣赏和体验 AI 创造的奇迹，还能让我们在 AI 时代拥有更多的主动权。学习 AI，就如同学习一门新的语言，将帮助我们打开一扇通往未来世界的大门。

> 说明：要想进一步了解 AI 对日常生活的影响，请参阅第 2 章。

1.7 小结

通过本章的学习，我们了解了什么是 AI：用机器模拟人类智能。AI 并非拥有真正的"智能"，而是一种基于规则的复杂过程。我们还认识到老一代预测式 AI 与新一代生成式 AI 在创造力方面的显著区别。

本章带领我们回顾了 AI 的历史长河，从古希腊的设想，到上个世纪 50 年代现代 AI 的诞生，再到如今的 AI 热潮。

AI 的工作流程主要包括 5 个步骤：数据收集、数据处理、结果输出、评估和模型调整。通过对这 5 个步骤的学习，我们对 AI 的工作原理有了更深入的了解。

AI 已经深刻地影响了人们生活的方方面面。无论其背后的原理如何，AI 已经成为现实，并将在未来持续发展。AI 将变得更加智能、强大，对我们的社会产生越来越深远的影响。

第 2 章
AI 的好处和风险

AI 的支持者对这项新技术寄予厚望，认为它能从根本上改变我们的生活，提高生产力，激发创造力，甚至解决全球性问题，如疾病和气候变化。然而，批评者则持谨慎态度，他们担心 AI 会带来一系列负面影响（如大规模失业，深度伪造导致的信息泛滥）以及 AI 可能失控，对人类构成威胁。

AI 的未来，是绚烂的晨曦，还是无边的黑夜？此时此刻，我们正站在十字路口，前方迷雾重重。

现实情况是，AI 是一把双刃剑，既能给我们带来巨大的益处，也潜藏着诸多风险。我们有必要深入了解 AI，既要充分认识到它的潜力，又要警惕可能带来的负面影响，从而实现人与 AI 的和谐共处。

2.1 理解 AI 的潜在好处

AI 已经逐渐渗透到我们的日常生活中。AI 的应用既可能带来益处，也可能产生负面影响，甚至可能对某些人毫无影响。这取决于 AI 的发展方向以及个人的生活方式，包括工作类型、娱乐选择等。

接下来，让我们聚焦于 AI 可能带来的诸多好处。

2.1.1 自动化枯燥的手动流程

AI 特别擅长快速完成重复性的工作，而且任劳任怨，不需要休息。如果从事这种类型的工作，可能会发现 AI 完全能取代您的职位——这可能是好事，也可能是坏事。

AI 能高效地处理许多枯燥重复的任务，比人类更加快速、准确且不易疲倦。例如，

AI可以出色地完成校对文档、归档合同、比较发票等工作。此外，基于AI的系统能够快速、准确地完成打包、组装产品等手动任务，减少错误率。对于企业来说，这无疑是一大利好。

2.1.2 提高业务生产力

AI能够比人类更快、更准确地完成重复性任务，从而提高了各个行业的效率和生产力。此外，AI还能不断学习，发现更好的方法来完成这些任务。因此，它不仅是规则的执行者，更是规则的创新者。

事实上，AI已经在多个领域为企业带来了显著的效益。下面展示了一些例子：

- 优化现有流程；
- 设计和实施新流程；
- 消除人为错误；
- 提高工作场所安全性；
- 减少对人力劳动的需求，特别是重复性任务；
- 生成更具针对性的营销活动；
- 分类、筛选和组织数据；
- 分析数据并提供详细见解；
- 改善决策；
- 设计新产品和服务。

所有这些都能起到降本增效的作用，这使得AI对企业极具吸引力。

> **说明** 要想进一步了解如何在工作中使用AI，请参阅第9章。

2.1.3 降低风险

考虑使人们处于危险之中的一些活动——处理危险材料、操作重型机械、在恶劣环境中工作等。结合AI和机器人技术，人类可能再也不需要深入地下或到达不安全的高度，拆弹或更换大蜂窝塔上的灯泡。由 AI 驱动的自主机器人可以安全地完成工作，并使人类远离危险。

2.1.4 让更多服务全天候可用

与人类不同，AI 用不着休息，可以连轴转地工作。这意味着它们能够全天候提供服务，不受节假日或时间限制。此外，AI 的工作效率始终保持稳定，不会因疲劳或其他因素而下降。AI 驱动的客服中心可以 24 小时不间断地接听客户电话，帮助企业实现全天候服务，满足全球客户的需求。

2.1.5 个性化用户体验

AI 将引领个性化体验进入新时代。想象一下，AI 系统可以根据您以往的浏览记录，实时为您打造一个专属的购物主页。这个主页不仅能精准推荐您感兴趣的产品，还能根据您的喜好调整页面布局、颜色和字体。这种高度个性化的购物体验，将让您感受到前所未有的购物乐趣。

2.1.6 提供更好的推荐

除了个性化购物体验，还可以期待流媒体平台为我们带来更精准的影视推荐。AI 系统会深入分析我们的观看历史，不仅关注演员和类型，还会挖掘更深层次的偏好，比如特定的场景、风格甚至情绪。这样一来，我们就能发现更多意想不到的惊喜，找到更多自己喜欢的作品。

2.1.7 改进数字助手

近年来，无论是家庭（如亚马逊的 Alexa、苹果的 Siri 和谷歌助手）还是企业，数字助手的使用都在增加。但是，目前这些助手并不十分"智能"，通常只能回答基本问题并按命令执行基本任务。

将先进的 AI 技术整合到这些系统中，它们会变得更有用。想象一下，不久的将来，Alexa 就知道用户什么时候回家，能感知用户的心情，并为其选择合适的音乐。或者知道用户对某个特定的新闻故事或话题感兴趣，并自动提供和推送最新的内容。

> **说明** 本书出版的时候，苹果已经将 AI 集成到其 Siri 数字助理中，而亚马逊则传闻即将推出一种仅限订阅的、由 AI 驱动的 Alexa 版本。AI 与已有数十年历史的数字助理技术的融合正在发生。

想象一下，在访问一个网站时，有一个"贴心"的助手随时待命，解答您的所有疑问。这个助手不仅了解产品，还能理解您的需求，并提供最合适的解决方案。随着 AI 技术的不断发展，这种智能客服将成为现实，为用户带来更便捷、更人性化的服务体验。

2.1.8 管理消息

如果一个由 AI 驱动的聊天机器人可以实时与用户互动，为什么不干脆"雇"一个聊天机器人来帮自己接听电话、回复电子邮件和短信呢？如果日常生活和工作中会接收到大量信息，那么这尤其吸引人。完全可以考虑让 AI 助手接管自己的所有收件箱，回复它有权回复的所有消息，并将必须由您亲自回复的消息转发给您。这就好比在自己的电脑或手机上有了一名"贴心"的私人助理。

2.1.9 改善医疗保健

医疗领域正在以多种不同的方式利用 AI，所有这些最终会为患者带来福音。医生可以从 AI 系统中受益，这种系统录入相关的患者信息，将其与现有数据（包括病历、实验室结果和临床试验数据）进行比较，并做出即时而准确的诊断。此外，AI 模型还可以制定极其详细和个性化的治疗计划，为患者带来更积极的健康结果。

在手术方面，AI 同样展现出巨大的潜力。对于那些精细度要求极高的手术，即使是微小的失误也可能致命。正确编程并允许持续学习的 AI 驱动机器人手术系统可以达到比人类外科医生更高的精确度，几乎可以做到零错误。如果您认为这听起来像是未来的梦想，那么不妨了解一下智能组织自主机器人（smart tissue autonomous robot，STAR）[1] 已经能够在无需任何人类指导的情况下成功完成腹腔镜手术，这标志着 AI 在

---

[1] 译注：几乎不需要人工干预，就可以规划、调整和执行软组织手术，由美国约翰·霍普金斯研究团队设计。

医疗领域的实际应用上迈出了关键的一步。[1]

对于个人而言，AI 技术也为健康管理提供了新的工具。它可以帮助人们更好地理解和遵循医生的建议，管理自己的健康状况。同时，AI 还能有效捕捉在涉及多位医生或多个诊所的复杂治疗过程中可能出现的错误，例如避免不同药物之间的不良相互作用。这种协调工作在传统的手动系统中往往难以实现，但对于基于 AI 的系统来说则是轻而易举的任务。

总之，随着 AI 技术在医疗领域的不断深入，我们不仅看到了医疗服务效率和质量的显著提升，也见证了患者护理水平的全面进步。这一变革不仅提高了医疗专业人员的工作效率，更为患者带来了更安全、更个性化的治疗体验。

> **说明** 要想进一步了解 AI 在医疗保健中的应用，请参阅第 11 章。

2.1.10 提高学习效率

AI 就像一位智能的私人教师，能够根据学生的学习情况，实时调整教学内容和难度。当学生遇到困难时，AI 可以提供详细的讲解和示例，帮助学生更好地理解知识点。通过这种智能化的辅导，学生可以更轻松地克服学习障碍，取得更好的成绩。

2.1.11 增强创造力

如今，AI 已经能够胜任多种艺术创作，从短篇小说、诗歌到图像、音乐，无所不包。许多媒体平台利用 AI 生成新闻报道和博客文章，粉丝和艺术家也纷纷借助 AI 拓展创作边界。企业更是看准 AI 在创作背景音乐方面的潜力，将其应用于电话系统和广告中。

未来，AI 在艺术创作中的角色将更加多元。作家、艺术家和音乐家们正积极探索与 AI 合作的可能性。他们通过 AI 获取灵感、拓展风格，甚至创造出全新的艺术形式。

---

[1] 译注：深圳精锋医疗是我国自主研发手术机器人的领军企业。2023 年 11 月，其单孔腔镜手术机器人 SP1000 获得了我国国家药品监督管理局的上市批准，这是我国首个、全球第二个掌握多孔和单孔腔镜机器人核心科技的公司。北京术锐机器人公司也自主研发了术锐腹腔内窥镜单孔手术系统。

这种人机协作，将催生出更多富有创意、更具人性化的艺术作品。

> **说明** 要想进一步了解如何使用 AI 进行写作，请参阅第 4 章。要想进一步了解如何使用 AI 进行艺术创作，则请参阅第 7 章。

2.1.12 使生活更轻松

AI 的潜力无限，它将彻底改变我们的生活方式。AI 将使我们更加高效，生活更加便捷，并为我们创造一个更加安全、愉快的未来。尽管 AI 的发展前景广阔，但也存在一些潜在的风险，需要我们谨慎对待。

2.2 认识 AI 的风险

AI 是一把双刃剑。一方面，AI 为我们带来了诸多便利和机遇；另一方面，它也潜藏着巨大的风险。AI 是否能真正改善我们的生活，取决于我们如何利用它，以及 AI 技术未来的发展方向。

2.2.1 AI 可能传播虚假信息

记住，AI 本质上不过是一种工具，它按人类给出的指令来执行任务。例如，如果有人要求 AI 生成一张长颈鹿驾驶直升机的图片，AI 会忠实地完成这个任务，而生成的图片的所有权和使用权归指令发起人所有。

因此，我们在现实世界中面临的一个问题是：恶意或捣乱的人可以使用 AI 创建明显的谎言，无论是文字还是视觉内容，并通过社交媒体和其他渠道传播这些谎言。AI 生成的文本、图像和视频非常具有说服力，尤其是随着 AI 模型的不断进步。如果有人想让人们相信长颈鹿能驾驶直升机，一张逼真的图片会让许多人信以为真。

逼真但虚假的文本、图像、音频和视频被称为深度伪造或魔改（deepfake）。过去，人们使用如 Adobe Photoshop 等图像编辑程序手动修改（称为 PS）图片以创建深度伪造。今天，AI 图像生成器只需几个简单的提示就能更好、更快地完成这项工作。

想象一下，有人想陷害自己的邻居。他们只需将邻居的照片输入 AI 图像生成器，并要求生成一张邻居在焚烧垃圾的图片。这张高度逼真的伪造图片，足以让邻居背上恶名，甚至受到法律制裁。

同样，名人深伪也很流行。近期，多部国产电视剧遭遇到 AI 的"魔改"，相关视频在网络上被广泛传播，如《红楼梦》变成"武打戏"，柔弱的林黛玉变成林教头，还玩起了"林黛玉倒拔垂杨柳"；《甄嬛传》成了"枪战片"，甄嬛手持冲锋枪，收拾情敌。甚至四大名著中的人物玩起了"客串"，"三国"中的关羽杀进了"水浒"，"西游"中出现了林黛玉大战孙悟空。

这种由 AI 驱动的操控还可以用于政治和宣传目的。在一些案例中，有人利用深度伪造的照片声称某人做了他实际上没有做的事情。深度伪造的视频声称发生了某事件，但实际上并未发生。深度伪造的电话录音冒充政客说了一些他们实际上没有说过的话。AI 可以使这些深度伪造极具说服力——以至于选民可能改变投票对象。

> **说明** AI 创建的深度伪造使得人们难以辨别真假。要想进一步了解如何识别虚假的 AI 内容，请参阅 2.3 节。

除此之外，AI 还可以用于在社交媒体上传播虚假信息。大多数社交媒体平台使用 AI 算法来向用户推送内容。稍微操纵一下这个算法，就可以让人看到大量谎言和存在偏见的观点。所谓"信息茧房"，不外乎如此。

尽管美国政府和科技巨头已采取措施遏制 AI 在选举中的滥用，但 AI 驱动的虚假信息仍对选举安全构成严重威胁。美国联邦调查局（FBI）局长克里斯托弗·雷的警告进一步证实了这一点：AI 技术通过制造和传播虚假信息在干涉选举。

至少，AI 生成的深度伪造的威胁可能会让人们质疑一些即使是合法的故事和图片。如果无法分辨真假，还有什么是可以相信的呢？

2.2.2 AI 可能存在偏见

AI 的结果基于输入大语言模型的数据。数据越多，结果越好（但有一个理论上的极限，不可能百分百正确）。

同样重要的是数据的质量。[1]AI和其他大多数事情一样，也是"垃圾进，垃圾出"。不良数据会导致不可靠的AI模型。

AI模型的性能高度依赖于训练数据的质量。然而，互联网上的数据往往质量参差不齐，充满了偏见和错误信息。这些低质量的数据会直接影响AI模型的输出，导致其生成的结果不够客观和准确。

AI偏见的根源多种多样。除了可能摄入带有历史或社会偏见的数据外，AI还可能学习到人类决策中的偏见或者将训练数据中的主观观点误认为客观事实。此外，数据的不平衡，即过度或不足地代表特定群体，也会导致AI模型产生偏见。AI有时就像一个"涉世未深"的孩子，很容易将训练数据中的主观观点或玩笑话误认为是客观事实。

此外，AI算法的设计者本身也可能将自己的偏见带入到系统中。正如AI研究员奥尔加·鲁萨科夫斯基指出的那样："AI研究人员主要是男性，来自某些种族群体，成长于高社会经济地位地区，主要是没有残疾的人。"这创造了一种非常特定的世界观，在某种程度上体现在AI的输出中。

由于这些原因，如今的AI生成内容往往会放大现实社会中已存在的偏见。如果没有经过精心设计，AI很可能会在决策过程中强化这些偏见。例如，在招聘过程中，如果AI模型学习了带有种族或性别偏见的数据，那么它就可能歧视特定群体，导致招聘结果不公平。

此外，AI语音识别系统常常难以准确识别非标准口音和方言。由于大部分语音数据和模型都是基于标准语种、白人男性语音训练的，系统在处理其他语种或口音时往往表现不佳，这可能导致AI在与不同背景的使用者交流时出现误解。

再举一个例子，考虑AI生成的图像。鉴于当今AI系统中存在的性别和种族偏见，如果要求AI工具创建一张商务人士的照片，那么它生成一名白人男性的几率相当高。可能性很大，如图2.1所示，这是使用DeepAI的AI图像生成器用提示词生成的结果。[2]

---

[1] 译注：推荐阅读《人工智能与用户体验》，清华大学出版社出版。
[2] 译注：网址是 https://deepai.org/machine-learning-model/text2img。

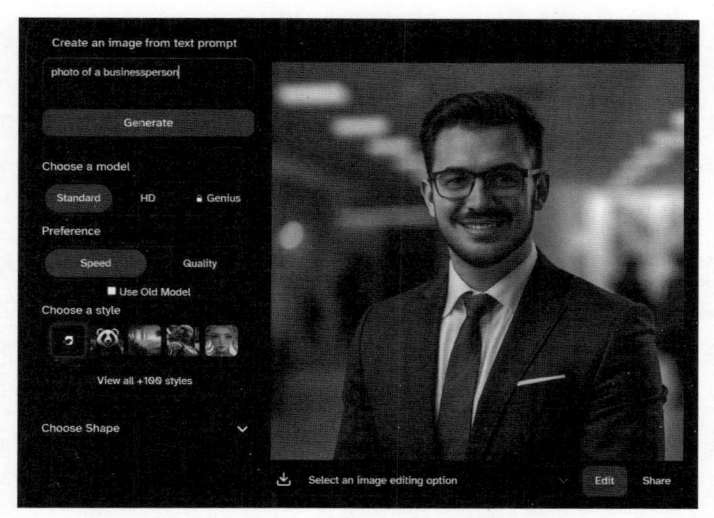

图 2.1 由"商务人士的照片"这个提示生成的具有刻板印象的图像
（由 DeepAI 的 AI 图像生成器生成）

AI 模型还可能放大社会对于年龄的传统偏见，尤其是在就业方面。这特别令人担忧，因为 AI 驱动的招聘系统正在被广泛使用，如果这些系统使用的算法偏向年轻候选人（例如，必须 35 岁以下），那么年长的求职者可能会不公平地被排除在某些职位的考虑之外。

要想构建一个公平公正的社会，就必须警惕 AI 中的偏见。如果任由 AI 放大和固化社会中的歧视，那么 AI 将成为维护既有权力结构的工具，而非推动社会进步的力量。

2.2.3 AI 可能侵犯隐私

这是今天 AI 批评者的重大关切之一：AI 对我们个人隐私构成了重大威胁，并且这种威胁有增无减。

回想一下第 1 章，您还记得 AI 模型的训练和学习数据是从哪里以及如何获取的吗？

答案是，AI 的数据来源于您、我以及我们周围的所有人。大多数输入到大语言模型的数据是从公共互联网抓取的。这意味着不仅是网站内容，还包括社交媒体帖子、在线消息和其他不知情个人之间的通信。

您的邻居家的 AI 模型，很可能是通过大规模收集和分析网络数据（包括您的社交媒体帖子、搜索记录等）来构建其语言模型的。这些公司往往声称，他们只是在利用"公开信息"来改善产品。然而，这种未经授权的数据收集和利用，不仅侵犯了我们的隐私，还可能导致我们的信息被恶意利用，产生不可预知的后果。如果内容在付费墙后面或者在需要注册或权限的私人网站上，情况可能会稍微好一点。但是，任何公开发布的内容（包括在社交软件上偷偷记录下来的内容），许多 AI 公司都认为这些都是可以"自由"获取和使用的。这不仅涉及法律问题，更引发了关于数据伦理的深刻思考。我们需要正视这样一个现实：当我们的数据被随意采集和利用时，我们的思想和言论就可能被扭曲，甚至被用来操纵我们的行为。

他们收集的数据不仅限于网络公开信息，还包括您与聊天机器人、朋友、家人之间的私密对话，以及您在各种平台上提出的问题。这些公司声称，他们只是将您的数据与其他人的数据一起用于训练 AI 模型。但问题在于，他们并没有获得您的明确授权，就擅自将您的私人信息用于商业目的。

> **说明** 除了生成式 AI 会大量收集您的个人数据，预测性 AI 也会利用这些数据来为您提供个性化的推荐服务。这两种 AI 的数据使用目的不同：生成式 AI 是为了学习和生成内容，而预测性 AI 则是为了预测您的行为，并据此向您推荐产品或服务。虽然可能已经在注册这些服务时同意了相关条款，但仍有必要了解自己的数据是被如何使用的。

尽管存在不少数据隐私法律，但这些法律往往跟不上 AI 技术飞速发展的步伐。目前，几乎没有法律明确规定如何保护个人数据不被 AI 滥用。虽然一些国家和地区提出了相关法规草案，但尚未形成统一且具有约束力的法律体系。这意味着，您的个人数据可能随时被各种 AI 模型随意获取和利用。

这可不是什么好事。

2.2.4 哪些工作将被 AI 取代

每一次技术革命都会带来产业结构的深刻调整。从工业革命取代手工劳作，到互联网时代颠覆传统媒体，技术进步总是伴随着职业的更迭。这种变化是历史发展的必然，也是推动社会进步的动力。

为了追求更高的利润，企业不惜采用 AI 技术来替代人工。AI 系统运行成本低，效率高，而且不会罢工或请假。这种情况下，许多经验丰富的老员工也难逃被裁员的命运。企业以"提高生产力"为名，实质上是在进行大规模裁员。从蓝领工人到白领职员，都可能面临失业的风险。

许多企业宣称，引入 AI 是为了将员工从重复性工作中解放出来，让他们从事价值更高的工作。然而，现实情况可能并非如此。一方面，被 AI 取代的员工可能并不能胜任价值更高的工作；另一方面，企业未必会创造出足够多的高价值岗位来容纳所有被替代的员工。因此，AI 的引入很可能会导致大量人员失业。

那么，哪些行业将首当其冲地受到 AI 革命的冲击？AI 的影响范围广泛，但以下几个领域的工作岗位流失尤为显著。

- 农业：AI 驱动的自动化设备正逐渐取代传统的手工劳作，大型农场尤为突出。
- 金融和银行业：从客户服务到后台运营，AI 自动化正在渗透到金融行业的各个环节。
- 医疗保健：AI 正在承担越来越多的医疗辅助和后台工作。
- 法律服务：合同生成和管理等事务正逐渐被 AI 所取代。
- 制造业：工厂车间里，AI 机器人正在替代传统的人工操作。
- 新闻媒体：AI 生成新闻内容已成为现实，新闻行业面临着巨大的变革。
- 交通运输：自动驾驶技术的成熟将颠覆传统的驾驶行业，并对物流业产生深远的影响。

因为 AI 而造成的失业究竟会有多大规模？据高盛预测，生成式 AI 最终可能在全球范围内取代多达 3 亿个工作岗位，许多行业预计将经历 25% 至 50% 的工作流失。这一变化将对就业市场产生巨大的影响，并深刻改变数亿打工人的生活和工作方式。

如果说工业革命主要影响了体力劳动者或蓝领工人，那么人工智能革命则将颠覆传统认知中相对安全的"白领"职业。这种转变意味着技术变革正在从根本上重塑整个劳动力市场，引发全球范围内对就业前景的担忧。

然而，这并不意味着我们的前景一片黯淡。积极的一面是，高盛的研究显示，艺术家、计算机系统分析师、翻译／作家以及人力资源经理等需要高度创造力、人际交往能力或复杂决策能力的职业,不太可能被 AI 完全取代。同时,AI 的发展催生了大量与 AI 研发、应用相关的岗位。因此,与其一味担忧被取代,不如积极拥抱变化,提升自身技能,学习利用 AI 来提高个人的效率,以适应新的就业形势。

您的职位会被 AI 取代吗?可能会,也可能不会。即使不会,您的许多同事也会受到影响。准备好迎接变革吧!

> **说明** 高盛预测 AI 不会影响作家,我对此深感怀疑。过去,我为多个网站每月撰写十几篇博客文章。然而,最近几个月,我的工作量急剧减少。许多合作过的公司都转向 AI 生成的低成本或免费内容,认为 AI 已经能够满足他们的需求。我的兼职写作收入几乎损失殆尽,对此,AI 难辞其咎。不过,我也要感谢 AI 让我变得更有价值!

2.2.5 AI 会犯错

AI 经常会产生"幻觉",也就是说,它们会输出错误或不准确的信息。这提醒我们,AI 并不是万能的,我们不能盲目信任它们的输出。尤其是在涉及安全和关键决策的领域。例如,在当今许多"新势力"电动汽车的自动驾驶功能中,AI 的错误判断可能带来严重的后果。如果 AI 错误地识别交通标志、行人或其他道路使用者,那么可能会引发交通事故,危及人员安全。此外,AI 在生成图像时也可能会犯下明显的错误,比如给人物多画一根手指或少画一只耳朵。

AI 正在不断发展,但目前仍处于发展阶段。AI 犯错是不可避免的。随着技术的进步,AI 的可靠性会逐渐提高,但我们不能寄希望于 AI 在短期内达到完美的水平。因此,在使用 AI 时,我们必须保持谨慎,并做好应对错误的准备。

AI 会变得更好、更可靠,但目前尚未达到理想水平。

2.2.6 AI 会使用大量资源

AI 是一项极其耗费资源的技术。先进的 AI 模型需要庞大的计算资源,包括高速的 CPU、GPU 以及海量的数据存储空间。此外,这些设备的运行需要消耗大量的电力。

遗憾的是，无论电力还是算力，它们既不便宜，也非无限。AI 的成本较高，这意味着这项技术目前主要掌握在一些科技巨头手中，例如 Meta、谷歌和微软。这些巨头拥有雄厚的财力和丰富的资源，能够支撑起庞大的 AI 模型训练和部署。

仅就 AI 的电力需求而言，专家预计，到 2027 年，AI 行业每年将消耗 85 至 135 太瓦时的电力，约占全球电力总量的 0.5%。这个比例不仅高得惊人，而且还在不断攀升。如此庞大的电力消耗，不仅会对能源供应体系造成巨大压力，也凸显了 AI 技术发展过程中所面临的能源挑战。

芯片、存储和电力等资源是 AI 发展的命脉。一旦这些资源出现短缺或成本过高，AI 行业将面临严峻的挑战。资源的有限性不仅会限制 AI 模型的规模和复杂度，还会影响 AI 公司的创新能力，并加剧行业竞争。因此，如何保障 AI 发展所需要的资源，是业界和政策制定者共同面临的重要课题。

更重要的是，AI 庞大的算力背后是巨大的能源消耗[①]，这加剧了对化石燃料的依赖，进而加剧了气候变化。AI 的发展，不可避免地对环境产生了深远影响。AI 一点也不环保。

说明 这只是当今 AI 已知的风险。专家们对未来 AI 的影响还有更多的担忧，这方面的详情请参阅第 13 章。

谁对 AI 负有法律责任？

这是一个耐人寻味的问题。如果 AI 造成了伤害，例如一辆自动驾驶汽车失控并撞死了一名行人，谁应该承担法律责任？我们能否让 AI 系统对其行为负责？

这确实是一个复杂的问题，目前答案尚不明确。我们是应该向开发 AI 模型的公司追究责任？还是销售该特定 AI 的公司？或者追责将其应用到产品中

---

① 译注：相比之下，人类大脑的能耗更低。人类大脑的重量占体重的 2% 左右，但能耗大约只有 20 瓦，却占全身消耗量的 20%，五六岁的儿童甚至可以高达 50% 到 60%。大脑每秒钟要进行 10 万种不同的化学反应，每天消耗总氧气量的 20%，消耗肝脏存储血糖的 75%。

的公司（例如制造和销售自动驾驶汽车的厂商）？我们是应该追究 AI 程序员的责任吗？还是应该让使用该 AI 的个人负责？

确定 AI 系统的法律责任是必要且具有挑战性的。当这类系统出现问题时，是否需要有人或某个实体承担责任？我们能否让计算机算法对其行为负责？一旦有了问题，谁来承担责任？

法律专家对此已经争论许久，但目前还没有明确的结论。尽管我们不知道这个问题最终如何解决，但可以预测，这个问题将引发大量的法律争端。

2.3 如何识别 AI 生成的内容

本章前面提到，AI 可以被用于生成文本、图像等。然而，这种能力也带来了新的问题：AI 生成的虚假信息和深度伪造内容越来越逼真，以至于我们很难分辨真伪。那么，在信息爆炸的时代，我们该如何避免被这些 AI 生成的虚假内容所误导呢？如何识别那些隐藏在网络深处的 AI 生成内容呢？

2.3.1 识别 AI 撰写的文本

许多公司正在使用 AI 为其博客、社交媒体和网站创建内容。AI 内容越来越受欢迎，因为它要么免费，要么成本非常低廉，公司不必为真人作家付费撰写这些内容。

AI 生成的文本可以非常出色，但我们不能忽视其局限性。AI 生成的文本可能存在事实错误、逻辑漏洞，甚至被恶意利用来传播虚假信息。虽然 AI 在不断进步，但其生成的内容仍然可能显得生硬、不自然，缺乏人类写作的深度和广度。因此，在评估 AI 生成的文本时，我们必须保持批判性思维，不能盲目相信。

在网页或其他地方看到书面内容时，请留意以下迹象，以辨别是否为 AI 生成。

- 信息准确性问题：AI 训练数据有限，可能导致生成文本包含错误信息或对复杂问题给出不准确的答案。

- 观点偏颇：AI 生成的文本可能反映出训练数据中的偏见，以至于对争议性话题的观点过于极端或缺乏客观性。
- 信息时效性问题：AI 模型通常基于过时的数据进行训练，因此生成的文本可能引用过时信息或无法反映最新的发展。
- 语言风格单一：AI 生成的文本往往缺乏人类语言的丰富多样性，表现为词汇重复、句式单调、缺乏情感色彩，感觉就像机器人在"写稿子"。
- 逻辑漏洞：AI 在处理复杂逻辑关系时可能出现问题，导致生成的文本存在逻辑不一致或自相矛盾的情况。

尽管如此，随着 AI 技术的日益成熟，AI 生成的文本与人类写作的相似度越来越高。这种现象导致很多人难以判断一段文字的真正作者。如果您也对此感到困惑，这很正常。

那么，如何识别由 AI 生成的文本呢？答案很简单：相信自己的直觉，并始终关注信息来源。如果一篇报道来自一个不知名的网站或者作者身份不明，那么它的可信度就值得怀疑。建议优先选择知名媒体、学术机构等可靠来源的信息。

> **说明** 包括 OpenAI 在内，多家公司正在研究为 AI 生成的文本添加水印，这通常涉及在文本中嵌入特定的字/词模式。这种技术有助于专家更准确地识别 AI 生成的文本。

AI 文本检测器

想知道某篇文章或文本是否由 AI 生成吗？有几个网站提供了 AI 文本检测功能。它们检查文本的各种特征，并以相当高的准确性判断该文本是由人类还是 AI 引擎生成的。最受欢迎的 AI 文本检测工具如下（第一个支持中文）：

- NeuralWriter（https://neuralwriter.com/zh/content-detector-tool/）
- AI Text Classified（https://freeaitextclassifier.com）
- QuillBot（https://quillbot.com/ai-content-detector）
- Scribbr（https://www.scribbr.com/ai-detector）
- ZeroGPT（https://www.zerogpt.com）

> 如本章稍后会解释的那样，许多教育工作者正在使用这些工具来帮助检测学生提交的作业和论文是否由 AI 生成。您也可以用同样的方式使用它们。

2.3.2 识别 AI 生成的照片和图像

AI 生成的图像往往比文本更具欺骗性。俗话说，一图胜千言，人们更倾向于相信自己所看到的。AI 生成的图像，经常能以假乱真。

AI 图像的生成门槛不断降低。有些人出于娱乐目的，有些人为了牟利，还有些人怀着恶意，都在利用 AI 技术创造虚假图像。

这些虚假的 AI 图像可能被用于操纵舆论，影响选举，甚至制造社会混乱。它们对社会造成的危害不容小觑。

无论我们的目标是什么，都必须积极应对虚假图像带来的威胁。虽然这些图像的制作水平日益精湛，但我们仍可以通过学习相关知识和技能，提高识别和避免虚假图像的能力。

那么，如何辨别 AI 生成的图像和真实图像呢？以下是我的一些建议。

- **手指过多或不足**：不知为什么，今天的 AI 图像生成器在处理手部细节方面一直存在问题。有些 AI 生成的图像显示人们有 4 根手指，有些有 6 根，有些则像图 2.2 显示的那样，手指排列怪异，完全不真实。因此，总是检查照片中的手和手指（以及其他肢体）。如果明显不对劲，那么很可能就是 AI 生成的。
- **不自然的身体比例和部位**：AI 生成的人像，常常在一些细节上暴露出破绽。比如，耳朵的位置可能略有偏移，耳朵的大小也可能失真；脸部可能不对称；四肢的比例可能过于夸张。这些细微的失调，会让整张图像显得不协调，缺乏真实感。
- **糟糕的头发**：AI 在处理人类头发时往往力不从心。生成的头发常常显得模糊不清，质感生硬，与真实头发的细腻变化相去甚远。此外，AI 生成的头发在分布上也可能不自然，就像戴了一顶不合身的假发。即使是头发的粗细程度，也可能暴露出 AI 处理后的痕迹。

图 2.2 由 AI 生成的人手，您能找出其中有问题的手吗
（图由 Microsoft Copilot 生成，提示词是"试着生成一张图，强调人类的手指全景"）

- 过度渲染的外表：AI 在处理图像时，有时会对人脸等细节进行过度渲染，使其边缘过于锐利，与周围环境形成鲜明对比。这种不自然的过度锐化，破坏了图像的整体和谐感。
- 奇怪或缺失的细节：AI 对细节的把控可能很糟糕。放大 AI 生成的图像，可能发现许多细微的错误。例如，背景中出现一些不该存在的东西，不同的元素奇怪地融合在一起，显得不自然；一些物品的搭配也可能不合常理。这些细节上的不一致，都是 AI 生成图像的典型特征。AI 眼中的"现实世界"并非总是能反映我们的现实世界。
- 不寻常的背景：AI 生成的图像，前景部分往往处理得较为精细，但背景部分却常常出现问题。仔细观察，可能发现背景中存在着不寻常的纹理、重复的图案、过分的光泽效果或者模糊不清的区域。这些都是 AI 处理背景时产生的典型问题。

- 糟糕的建筑、家具和配饰：AI 有时在处理建筑和室内场景时会犯一些显眼的小错误。留意那些弯曲的墙面、倾斜的天花板、错位的楼梯等异常情况。例如，椅子可能缺失一条腿，而咖啡桌可能多出几条腿。同时，关注图像中的次要物品，如咖啡杯、钱包、珠宝等，因为 AI 常常在这些物品的大小上出错或者让它们违背重力定律悬浮在空中。对于 AI 模型来说，这些细节似乎是事后才被考虑进去的。

- 无意义的文字：查找图像中包含文字的元素，例如报纸、书籍和海报等。AI 生成的文字经常是毫无意义的字母和单词的组合，如图 2.3 所示。这些随机生成的文字，暴露出 AI 在处理文本信息时的局限性。

- 刻板印象的图像：AI 生成的图像往往缺乏创意，容易陷入刻板印象。例如，让 AI 生成一张医生的图片，得到的往往是一个千篇一律的"标准医生形象"，缺乏个性和多样性。这种刻板印象不仅存在于职业形象上，还可能涉及种族、性别等方面的偏见。此外，AI 生成的图像往往与素材图片高度相似，难以区分真伪。

图 2.3 仔细看报纸上的单词，有些不正常（图像由 Microsoft Copilot 生成，提示词是"生成一张图片，显示正在看报纸的一名女性。报纸要放大一点"）

一个有效辨别 AI 生成假图的方法是进行反向图像搜索。如果一张照片是真实的，那么它很可能在其他网站上被多次使用，而且往往来自不同的摄影师，拍摄角度也略有差异。特别是在一些权威的新闻网站上，我们更容易找到与之相似的真实照片。反之，如果搜索结果寥寥无几或者找不到相似的真实照片，那么这张照片很可能就是 AI 生成的。

在评估一张图片的真实性时，我们还需要运用常识。例如，如果一张图片显示市长正在殴打小孩，那么这张图片很可能就是假的。类似地，如果一张图片显示一位备受公众喜爱的名人正在从事非法活动，那么这张图片的真实性也值得怀疑。除非有确凿的证据，否则我们应该对这种极端、不符合常理的图片保持警惕。

问题的核心在于，人工智能正被用来制造虚假信息。人们利用 AI 技术，可以轻易地生成从未发生过的、甚至是不可能发生的事情的图像。因此，我们在面对一张照片时，一定要结合其上下文信息进行综合判断。如果一件事看起来不太可能发生，那么这张照片很可能就是 AI 伪造的。

AI 图像检测器

随着 AI 生成图像技术的日益成熟，真假图像之间的界限变得越来越模糊。为了更准确地辨别图像的真伪，我们可以借助于 AI 图像检测工具。这些工具通过分析图像的各种特征，如像素、色彩、纹理等，来判断一张图像是由人类还是 AI 生成的。虽然不能保证 100% 准确，但这些工具的检测结果可以为我们提供重要的参考。

目前最受欢迎的 AI 图像检测器如下：

- AI or Not（https://www.aiornot.com）
- Hive Moderation（https://hivemoderation.com/ai-generated-content-detection）
- Illuminarty（https://illuminarty.ai）
- Winston AI（https://gowinston.ai）

其中一些图像检测器是免费的，另一些则需要收费。

2.3.3 识别 AI 生成的视频

AI 生成的视频与 AI 生成的图像有许多相同的缺陷。除了上一节讨论的问题外，还需要注意以下几点。

- **不合逻辑的内容**：如果视频内容显得不合逻辑（例如，政治家发表特别冒犯民众或不寻常的观点），那它可能是 AI 生成的假视频。最重要的是相信自己的直觉。
- **奇怪的阴影或光线闪烁**：怪异的阴影和闪烁的光线是 AI 生成的视频的常见问题。AI 在处理光源时往往力不从心，尤其是在画面中存在运动的情况下，光线的变化难以保持一致，导致画面效果不自然。
- **不自然的身体语言**：AI 生成的视频中，人物的动作常常显得僵硬、不自然。他们可能会出现站姿不稳、行走怪异等问题，这些都是 AI 视频的明显特征。
- **面部特征的变化**：仔细观察视频中的人物，他们的脸部特征是否在不同的镜头或同一镜头中出现突然的变化？比如，痣、皱纹等细节是否会莫名其妙地出现或消失？这些细节的不一致往往是 AI 生成视频的显著特征。
- **眨眼缓慢或者一直不眨眼**：不知为何，AI 生成的人工角色并不总是正确地眨眼。他们经常眨眼缓慢，有时完全不眨眼。这是一个明显的线索。
- **机械化的面部动作**：仔细观察一个人的眼睛：它们是自然地转动，还是显得呆板僵硬？眉毛是否能传达出相应的情绪？微笑时，鼻子周围的肌肉是否会自然地产生细小的皱纹？这些细节往往是区分真人与 AI 生成人物的关键。
- **同步不良**：让嘴唇动作与语音完美同步是一项极具挑战性的任务。在许多视频中，我们常常会发现说话者的嘴型与音频并不完全一致，这可能是因为音频轨道与视频画面不同步或者为了达到更好的视觉效果，对音频进行了剪辑。AI 在处理这种精细的同步问题时，仍然有一定的难度。
- **奇怪的背景场景**：AI 生成的视频有时会存在背景音与画面内容不匹配的问题。例如，车水马龙的街道场景却没有汽车声，这显然是假的。

与 AI 生成的图像一样，也应该在网上搜索该视频的其他实例。如果只在某个社交媒体上看到这段视频，在其他所有地方都搜不到，说明它很可能有问题。

2.3.4 识别 AI 生成的音乐

虽然目前 AI 生成的音乐还相对少见，但技术的发展已经让它渗透到我们的日常生活中。比如，您在电梯里、等待客服以及一些小游戏中听到的背景音乐，很可能就是 AI 创作的。这些音乐听起来与人类创作的音乐几乎无异，甚至能在流媒体平台上找到与您喜好相似的 AI 音乐。

那么，如何从一批音乐中分辨出 AI 生成的呢？需要注意下面几点。

- 太过完美：人类音乐家演奏时，会注入个人情感，因此演奏中难免会有细微的波动。他们可能会在某个音符上稍作停留或者在某个段落中加速，这些细微的变化让音乐听起来更加生动。而 AI 生成的音乐通常缺乏这种情感的表达，显得过于机械化。如果一首曲子听起来过于刻板、缺乏变化，那么它很可能是 AI 的"作品"。
- 太过重复：AI 模型通过学习大量音乐数据，捕捉其中的规律并加以模仿。因此，AI 生成的音乐往往具有高度的重复性。如果一首歌曲的旋律、节奏或和声模式过于单一，反复出现，那么它很可能是 AI 的"作品"。
- 太过公式化：与人类作曲家不同，AI 生成的音乐往往缺乏创造性的"跳跃"。人类作曲家常常会采用一些出乎意料的和弦进行、旋律跳跃或歌曲结构，让音乐变得更加丰富多彩。相比之下，AI 生成的音乐更容易陷入固定的模式，显得有些公式化。
- 歌词听起来不对劲：虽然并非所有的 AI 生成歌曲都配有歌词，但那些有歌词的往往显得支离破碎，缺乏连贯性。即使韵律听起来很工整，歌词却无法传达出人类作曲家所蕴含的深厚情感和深刻含义。
- 无法产生情感共鸣：人类天生擅长运用语言和音乐表达复杂的情感，从喜怒哀乐到爱恨情仇，可能都有。相比之下，AI 模型只能根据数据进行模仿，无法真正理解和表达人类情感的深度和广度。因此，AI 生成的音乐往往可能空洞乏味，缺乏灵魂。
- 缺少活力：计算机生成的音乐虽然听起来制作精良，但始终缺少现场音乐家那种充满活力的即兴演奏和情感表达。尽管许多当代音乐人利用计算机软件进行创作，但他们仍然能够通过各种方式为音乐注入灵魂。相比之下，AI 生成的音乐则可能较为呆板，缺乏感染力。

- 听起来像原唱，但又不完全是：有些公司利用 AI 技术生成"深度伪造"音频，这些音频听起来几乎和原唱一模一样，但实际上是伪造的。对于已故艺人的新作品，我们更应保持高度警惕，因为这极有可能是伪造的。

音乐家通常具备专业的听音能力，能分辨出歌曲的细微差别，因此更容易判断一首歌是否由 AI 生成。而对于普通听众来说，这可能是一项更具挑战性的任务。最终，我们只能相信自己的耳朵，做出主观的判断。

2.3.5 识别 AI 生成的宣传

最后，让我们谈谈如何在充斥着 AI 生成信息的社交媒体和新闻推送中保护自己。避免被误导的关键在于培养批判性思维。虽然我们可以运用前面介绍过的各种方法来识别 AI 生成的文本、图像和视频，但最重要的是相信自己的直觉，并养成核对信息来源的习惯。如果一件事听起来太过离谱或者违背常识，那么它很有可能真的是假的。

特别是要遵循以下建议。

- 考虑传播虚假信息的目的：谎言背后都有一个目的——记住，特别是在重大新闻事件前后，AI 生成的宣传往往会激增。
- 如果听起来太离谱，那么很可能是假的：如果一个重大新闻是真的，那它会在官方的新闻媒体中广泛报道，而不是只能在抖音或视频号中被刷到。
- 检查来源：如果一条新闻来自自己不熟悉的信息渠道，比如朋友的朋友或者一个不知名的网站，那么在相信它之前，最好多方求证。可以尝试在主流媒体上搜索相关报道或者查看其他可靠的信息来源。
- 查询事实核查网站[①]：Snopes（https://www.snopes.com）或 FactCheck.org（https://www.factcheck.org）可以帮助我们揭穿虚假信息、谣言和阴谋。

---

① 译注：我国国家互联网信息办公室（中央网信办）有一个"互联网辟谣平台"公众号/视频号，可以在此验证传言是否为谣言，也可以在此提交线索。

网络时代，虚假信息层出不穷。AI技术的进步更是让虚假信息变得更加难以辨别。为了避免被误导，我们必须培养批判性思维，对网络上的信息保持怀疑态度。无论信息来自何处，我们都应该进行核实，才能得出正确的判断。

最重要的是，不要轻易分享任何未经核实的信息。在社交媒体上看到一条吸引人的帖子时，我们很容易冲动地单击"分享"按钮。但是，请花一点时间来核实信息的真实性。只有在确定信息可靠时，再进行分享。记住，每个人都有责任帮助营造一个健康、真实的网络环境。

2.4 AI生成内容的伦理问题

AI生成内容引发了一系列复杂的伦理问题。我们何时可以分享AI生成的内容？个人使用AI生成的内容是否合法？学生可以将AI生成的内容用于作业吗？如果使用AI工具创作了内容，其版权归谁所有？如果在网上发现了AI生成的内容，其版权又归谁所有？

这些问题没有简单的答案，需要我们深入探讨。

2.4.1 分享AI生成的内容

分享AI生成的内容是否合乎伦理？答案取决于是否保持透明。无论是出于学术研究、商业目的还是个人兴趣，都应明确标注内容的生成方式。将AI生成内容伪装成其他形式，不仅是对受众的不尊重，也可能引发一系列的法律和伦理问题。

例如，将AI生成的艺术作品冒充为自己的原创，是一种欺骗行为。这种不诚实的行为不仅是对艺术创作的亵渎，更是对观众的欺骗。分享AI生成的作品时，必须明确标注它的生成方式。同样，对于AI生成的任何文本，不应该声称是自己的作品。无论是文章、博客、白皮书还是书籍，都应明确标注为AI生成。

2.4.2 使用AI做作业

一些学生认为，利用AI辅助完成作业乃至撰写学期论文是理所当然的事。只需输入详尽的提示，便可轻松获得理想的成绩，这看似便捷无比。然而，借助AI完成学业任务实则是不道德的行为。一旦被发现，轻则成绩作废，重则可能面临被学校开除的处分。教育界已将此类未经授权使用 AI 的行为定义为作弊。

此外，千万别低估了老师们的鉴别能力。如果你认为使用 AI 完成学业任务可以瞒天过海，那就太天真了。事实上，教师可以借助多种技术手段，例如本章前面提到的溯源工具，来精准识别文本的原始来源，从而判断其是否由 AI 生成。图 2.4 展示了一个例子。因此，不要妄想逃脱审查，使用 AI 作弊几乎必然会被发现。

正如我们不应直接照搬维基百科的内容作为学术作业的论据一样，我们也不应利用 AI 代替自己的独立思考和写作。AI 可以作为启发思维的工具，如同搜索引擎帮助我们拓展思路一样。但核心的工作——分析问题、构建论点、撰写论述——必须由学生独立完成。否则，便违背了学术诚信的原则，构成学术不端行为，一旦查实，将承担相应的后果。

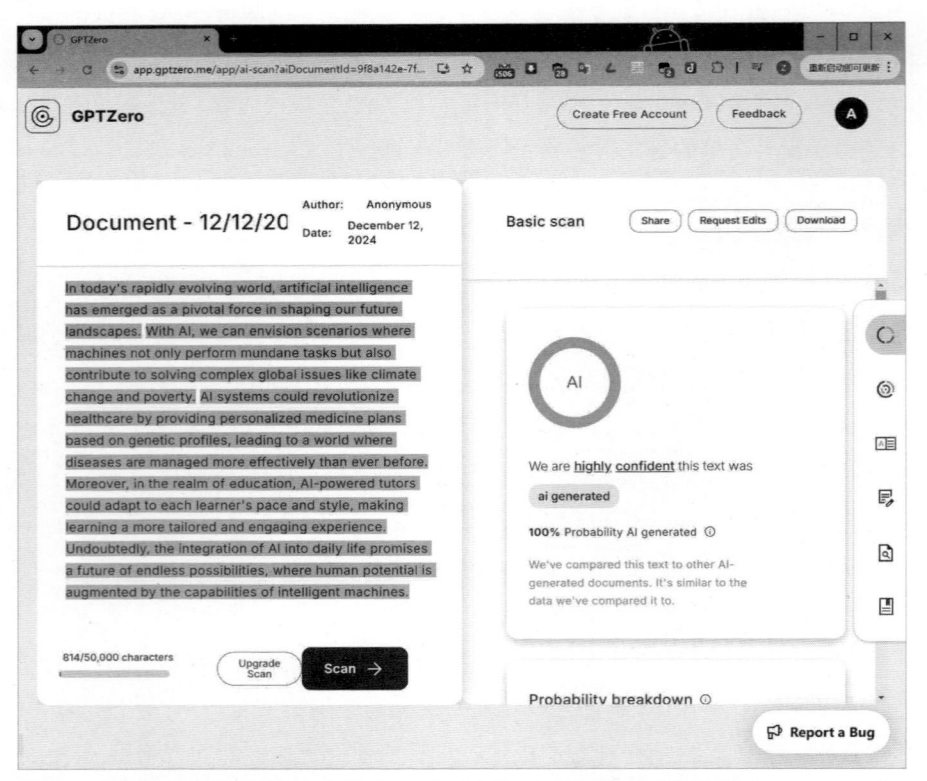

图 2.4 使用 GPTZero 判断文本是由 AI 生成还是由人类编写（图片来源：GPTZero）

2.4.3 抄袭问题

抄袭他人的作品显然是不道德的。那么，使用 AI 生成的内容算抄袭吗？答案是不一定。AI 引擎的内容是基于多种输入综合生成的，但 AI 模型有时会无意中复制现有内容。如果 AI 生成的内容完全是照搬原内容，那就是抄袭。要避免这种情况，可以使用 AI 内容作为创意来源，但请自行撰写或至少部分重写 AI 生成的内容。

2.4.4 避免恶意使用 AI

AI 本身并无善恶之分，关键在于使用它的人。人既可以用 AI 来干好事，也可以用它来干坏事。我们有责任引导 AI 走向正途，使其服务于社会进步和人类福祉。然而，令人担忧的是，一些人利欲熏心，毫不犹豫地利用 AI 进行欺骗、误导、散布虚假信息，甚至进行盗窃等犯罪活动。这种行为不仅违背了基本的道德准则，也触犯了法律的底线。任何人都不能心存侥幸，以身试法，否则必将承担相应的法律后果。

注意，目前并不存在一套普适性的"人工智能行为准则"能够直接约束 AI 引擎避免恶意行为。AI 本身不具备伦理或道德意识。其伦理属性类似于无线电波或移动电话信号。换言之，它本质上是一种完全中立的技术工具。不道德的并非 AI 本身，而是人类对 AI 的不当使用。

我无法具体指导您应如何使用 AI 和 AI 生成的内容。毋庸置疑，有些人会选择将其用于恶意目的。我所能做的，是恳切地劝告您切勿如此行事。这是义不容辞的责任，是正确之举。

2.4.5 应对固有的偏见

AI 系统固有的偏见源于其训练数据或设计者。因此，使用 AI 生成内容时，不应盲目信任其绝对客观性。要学会审查 AI 输出，识别并尽可能减少其中的偏见。

AI 公司可以通过选取偏见较少或完全无偏见的数据集，并纳入来自多元化和具有代表性的来源的信息，来减少其系统中的偏见。未来的 AI 模型或许能够被训练成识别并剔除偏见数据。但在那之前，识别和应对 AI 数据中潜在偏见的重任，仍然落在 AI 数据的使用者身上（也就是我们自己）。除此之外，还应审慎考虑用于生成 AI 内容的提示，避免在指令中带入任何潜在偏见。绝不能认为 AI 模型在种族和性别上保持绝对的中立的；恰恰相反，我们可能需要预设它们并非如此。

2.4.6 处理不准确的内容

AI 生成的内容如果基于不准确或不完整的信息，就会产生错误结果。AI 输出质量取决于输入数据，而这些数据并非总是可靠的。因此，不要直接把 AI 生成的内容当成最终答案。应该像对待其他信息来源一样进行核实。例如，我问 ChatGPT，罗伯特·B. 帕克笔下的虚构侦探角色斯宾塞是否有胡子，我得到了以下回答：

"是的，罗伯特·B. 帕克笔下的虚构侦探角色斯宾塞是有胡子的。斯宾塞通常被描述为一位中年、有着坚毅性格的私家侦探，他的外貌特点之一就是留着一撮胡须。这一形象成为了该角色的标志之一，符合他既粗犷又富有魅力的个性"

令人遗憾的是，这个答案是错误的。小说中从来没有说过斯宾塞有胡子，"留着一撮胡须"的是他的同事霍克。我之所以知道这一点，是因为我通读过所有斯宾塞小说。显然，ChatGPT 并没有读过这些书或者至少没有读得足够仔细，以至于混淆了两个主角。

因此，我们应该不加思考地相信 AI 说的话吗？当然不应该。相反，应该像核实其他信息一样，核实 AI 给出的答案。AI 并不总是对的！

2.4.7 保护隐私

涉及 AI 的最后一个伦理问题是数据隐私。目前，AI 引擎通过网络抓取数据以训练其模型。如果您的个人信息，例如姓名、地址、电子邮件等，曾在网络上公开，那么极有可能已被一个或多个 AI 引擎收集并存储于某个大型数据库中。这无疑令人担忧。更为重要的是，此举还可能违反某些国家或地区的一项或多项数据保护法律法规。

这无疑会将您的个人数据置于潜在的滥用风险之下。别有用心的人可能通过访问 AI 引擎，轻易获取您原本希望妥善保护的个人隐私。更令人担忧的是，犯罪分子有可能借助 AI 提供的信息，炮制出高度定制化的垃圾邮件或钓鱼信息，对您实施定向攻击，严重威胁您的个人安全。

如果认为自己从未在网上发布过任何个人或私密信息，不妨仔细回想一下，事实果真如此吗？个人信息可能来源于各种渠道，包括社交媒体的发帖、在客户支持网站上与 AI 聊天机器人的对话，甚至收发的电子邮件。至于机密信息，如果曾使用 AI 润色商业演示文稿、起草合同或撰写发送给员工的电子邮件，那么实际上已经向 AI 引擎提供了自己的私密信息。所有这些信息都可能被 AI 模型及其使用者获取。

这意味着 AI 在数据隐私方面存在着不容忽视的重大挑战，亟需采取有效措施加以应对。未来很长一段时间内，数据隐私无疑将持续成为焦点议题。

2.5 AI 和版权法

除了伦理方面的考量，AI 还面临着诸多复杂的法律挑战。其中一个尤为突出的问题是 AI 如何与现行版权法相协调。版权旨在保护特定类型内容的创作者，这些内容涵盖书籍、电影、音乐以及音频等。那么，在训练大语言模型时，若 AI 使用现有内容，是否构成对版权的侵犯？AI 创作的内容又是否能获得版权保护？AI 生成的内容如果模仿现有作品，是否会侵犯这些作品的版权？这些都是亟待解决的问题。

2.5.1 使用版权内容训练 AI 合法吗

如第 1 章所述，许多 AI 模型的训练数据都是从网上抓取的。其中一些数据是公开的，使用它们显然不违法。但是，输入到 AI 模型中的一些内容是受版权保护的，其中包括书籍、报告、新闻文章、歌曲、电影等。AI 不是在未经许可的情况下禁止使用这些受版权保护的内容吗？

AI 公司辩称，根据所谓的"合理使用"原则，使用受版权保护的作品来训练其模型是合法的。只要符合特定条件，"合理使用"原则允许在未获版权所有者同意的情况下使用受版权保护的材料。

那么，构成"合理使用"需要满足哪些条件呢？法律上通常会从以下 4 个方面进行综合考量：

- 使用受版权保护作品的目的和性质，尤其需要关注该行为是否以商业转售为目的或者是否用于非营利教育等公益目的；
- 受版权保护作品的性质，例如，该作品是虚构作品还是纪实作品，是否已经发表等；
- 使用部分在原作品中的比例，即使用的部分占原作品的比例大小；
- 使用受版权保护作品可能对对原作的潜在市场或价值的影响。

目前，整个 AI 行业普遍认为，使用现有作品训练 AI 模型并非商业用途，而是属于教育用途。按照他们的说法，如果情况果真如此，那么所使用作品的类型和数量便无关紧要。AI 公司还辩称，将作品录入以训练 AI 模型并不会对原作品的市场造成影响。因此，以这种方式使用受版权保护的作品应属于"合理使用"的范畴。

当然，原创作者对此持有异议。他们首先指出，如果 AI 公司确实从其 AI 模型中获利了（谁不是呢？谁不会呢？），那么使用受版权保护的作品训练这些模型就属于商业用途。原创作者还认为，通过训练某个作品，AI 模型便能够生成基于或类似于该作品的内容，这会导致原作价值的下降。

不出所料，围绕 AI 训练数据版权问题的诉讼已有多起，且预计未来还将出现更多。目前已知的原告包括但不限于作家协会、Getty Images 以及多位作家和艺术家，例如曾经获得普利策奖、雨果奖和幸运奖的小说家迈克尔·沙邦、恐怖、奇幻和科幻作家和编辑保罗·特伦布莱、喜剧演员、影视演员、歌手、制片人和作家莎拉·西尔弗曼以及数量庞大的视觉艺术家群体，他们通过集体诉讼的方式维护自身权益。到目前为止，好多案件都没有进入审判阶段，问题仍然悬而未决。[①]

时间终将揭示这一问题的最终解决方案。然而，倘若使用受版权保护的材料训练 AI 的行为最终被认定违反版权法，那么可以预见，这将对整个 AI 行业产生巨大的冲击，并会彻底改变 AI 模型识别和使用训练内容的方式。

---

① 译注：2023 年 12 月，代表 11 500 名编剧的美国编剧工会、多名普利策奖获得者以及电影《奥本海默》的编剧提起诉讼，指控 OpenAI 和微软滥用自己的著作来训练 ChatGPT 和其他 AI 大模型。基于深度学习和神经网络技术再用提示词和大量喂养训练的生成式 AI 模型，其相关语料是否涉及侵权，这在全球都有监管空白。目前，我国《生成式人工智能服务管理暂行办法》指出，开展预训练、优化训练的数据活动，如果涉及知识产权，不得侵害他人依法享有的知识产权。

2.5.2 AI 生成的内容可以受版权保护吗

从另一角度来看，完全由 AI 自主生成、人类没有实质性智力投入的内容，目前普遍认为不受版权保护。换句话说，您不能为完全由 AI 独立创作的文字、视觉或音频内容主张版权。这个观点在美国和中国等多个司法辖区得到了支持。美国版权局（USCO）明确表示，仅由 AI 生成的作品不符合版权保护的条件，并指出即使是模仿特定风格的作品（例如，"用莎士比亚的语气创作一段诗歌"），如果完全由 AI 生成，也可能构成对原风格的侵权，而非原创作品。

USCO 认为，AI 生成的内容是"衍生作者身份"；它不是被创造出来的，而是从现有材料改编而来。长期以来，USCO 一直要求"只有人类作者才能主张版权"，而 AI 生成的内容并非由人类创作。

不能为 AI 生成的任何东西申请版权。这并不是真正由您自己创作的，所以不受版权保护。

2.5.3 AI 生成的内容是否违反版权法

还有一个问题是，如果 AI 生成的东西和别人的作品太像了，算不算侵权？也就是说，AI 生成的内容如果抄了别人作品的一部分或全部，算不算侵犯版权？

AI 生成的东西有没有抄袭，就看它跟原来的作品有多像。美国法律规定，如果 AI 既接触过原作品（比如用原作品训练过），又做出了跟原作品"差不多"的东西，那就算侵权了。那么，"差不多"到底指什么呢？

关键的差异在于是模仿了风格还是复制了内容。简单来说，模仿风格不算侵权，而复制内容则可能构成侵权。例如，如果要求 AI 以著名作家斯蒂芬·金的风格进行创作，那么这通常不涉及版权问题，因为模仿风格是对创作手法的借鉴，而非对具体作品内容的复制。版权法保护的是作品的独创性表达，而非创作风格本身。然而，如果要求 AI 创作一本名为《末日逼近》的书，描述一个被生物病毒摧毁的后末日世界，并要求其风格与斯蒂芬·金的原著相似，那么 AI 很可能生成与原著素材高度相似的作品，而这就有可能构成侵权。在这种情况下，AI 不仅仅是模仿了斯蒂芬·金的风格，更重要的是复制或高度模仿了《末日逼近》的核心情节、人物设定、故事走向等受版权保护的具体内容，这就超出了"模仿风格"的范畴，构成了对原作品的实质性相似，从而可能侵犯其版权。

换句话说，可以模仿，但无论人类还是 AI 模型，都不能直接复制。

> **负责任的 AI 内容创作指南**
>
> 完成本章的学习后，我们应该如何遵循道德法则来创作负责任的 AI 内容？以下是一些要点：
>
> - 不要使用 AI 照抄他人的内容，但可以借鉴其风格；
> - 可以使用 AI 生成创意，将其作为自己内容的起点；
> - 不要假设 AI 提供的内容百分百准确；
> - 要对 AI 生成的内容进行事实核查；
> - 不要将 AI 生成的内容当作自己的原创；
> - 要公示 AI 生成的内容的来源；
> - 不要用 AI 作恶；
> - 要意识到 AI 模型可能存在偏见；
> - 写作业时不要用 AI 作弊。
>
> 记住，AI 只是一种工具，但并不是唯一的工具。虽然它现在很重要，但绝对不能让它成为内容的唯一来源。要负责任地使用它，而且要好好地监督它的工作。正如哲学家康德的墓志铭所示："两样东西，人们越是经常持久对之凝神思索，它们就越是使我们心灵充满常新而日增的惊奇和敬畏：我头上的星空和我心中的道德律。"[①]

---

① 译注：此处选择了邓晓芒的译法，选自《实践理性批判》。此处还有余光中版本："有二事焉，常在此心，敬而畏之，与日俱新：上则为星辰，内则为德法。"维基名言则有"有两件事情，我愈是思考，愈觉神奇，心中也愈充满敬畏，那就是我头顶上的星空与我内心的道德法则。"

2.6 小结

通过本章的学习，您了解了 AI 可能带来的积极影响与消极影响。AI 正在为各行各业的人们（以及企业）创造诸多便利，但同时也伴随着一系列风险。我们在努力利用 AI 优势的同时，也必须充分意识到并积极应对这些潜在风险。

AI 面临的一项重大风险是，这项技术可能被滥用于制造深度伪造视频和虚假信息，从而误导公众。识别此类恶意 AI 生成内容正在变得越来越困难，但这并不意味着我们就无计可施。我们平时可以留意有 AI 介入的一些蛛丝马迹，训练自己的识别能力。例如，看到一张美图时，数一数其中的人物是否多了一根或者少了一根手指！

AI 技术的发展也带来了一系列独特的伦理和法律挑战。在伦理层面，我们必须坚守学术诚信和职业道德。例如，将 AI 生成的内容冒充为自己的原创作品，或使用 AI 生成的答案完成学校布置的作业，都是严重违反学术规范和职业道德的行为，应坚决杜绝。此类行为不仅是对原创作者的不尊重，也损害了学术和职业领域的公平竞争环境。

在法律层面，AI 在现有版权框架下的地位仍然存在争议，引发了诸多复杂的法律问题。其中两个核心争议点是：第一，使用受版权保护的材料训练 AI 是否合法？第二，当 AI 生成的内容与原始材料构成实质性相似时，是否侵犯了版权？

归根结底，我们需要学习如何安全且负责任地使用 AI，这包括掌握识别并防范用 AI 伪造的内容的方法。用好了，用对了，AI 可以成为一种强大的工具，推动社会进步，造福人类。然而，一旦落入别有用心的人手中，AI 也可能造成重大的危害，例如传播虚假信息、侵犯个人隐私，甚至用于犯罪活动。因此，我们有责任尽最大努力确保 AI 技术被用于正途，而非被滥用。

第 3 章
巧用通用 AI 工具

从本章开始，我们将介绍一些通用 AI 工具，它们不仅能够预测行为，而且还能生成全新的内容。这种工具（有时称为常规 AI 工具或 AI 生成器）一部分是独立运行的应用程序，另一些则被整合到我们常用的应用程序或网站中。

这些通用 AI 工具使用起来相当直观且便捷：只需通过简单的提示（无论是中文、英文或其他语言）告知工具自己希望创建的内容，它便会自动生成。

目前有哪些生成型 AI 工具可供使用？哪些工具最符合您的特定需求？它们是否免费？最令人感兴趣的是如何使用它们以获得最佳效果？

所有这些问题以及更多其他问题的答案，都将在本章中揭晓。

3.1 什么是通用 AI 工具

通用（或者全能）AI 工具，例如通义千问、Kimi、ChatGPT、Gemini、Meta AI 和 Microsoft Copilot 等，旨在应对多样化的任务需求。它们与那些专为特定任务设计的工具形成对比，后者往往专注于单一领域。这些通用工具通常在广泛的多用途数据集上进行训练，能够以多种格式灵活地输出结果。

我们可以用通用 AI 工具做些什么呢？下面列举一些例子：

- 生成（提示）创意；
- 回答关于您能想到的，任何问题；
- 探索学术研究主题；
- 撰写信件和电子邮件；
- 编写短信和社交媒体帖子；
- 撰写博客文章和新闻稿；

- 进行小说、非小说、诗歌、剧本、短视频脚本和其他作品的创作；
- 生成文章、会议记录、网站等的摘要；
- 制定旅行计划；
- 聊天。

请继续阅读，进一步了解通用 AI 工具的工作原理以及如何从中获得自己想要的结果。我们将在后续各章详细讨论它们的具体应用。

3.2 如何使用生成式 AI 工具

大多数通用工具的使用方式都是雷同的。输入一个提示来描述自己想要的东西。按 Enter 键后，AI 工具会生成您想要的内容。

提示可以采取任何形式：问题、陈述或者只是文本片段。语法和标点符号并没有那么重要，这意味着其实不需要在问题结尾加上一个问号，只不过加上也没有关系。另外，有个别错别字也没有关系。

例如，如果想写一封信向业委会投诉最近物业服务差且物业费上涨，那么可以输入以下提示：

> 写一封 A4 纸的信给业委会，投诉物业费每平方上涨了 5 毛钱。

还可以根据自身需求，指定输出内容的各种属性，例如文风、长度、目标受众等。例如，如果希望在朋友结婚周年庆典上发表一段幽默的祝词，可以向 AI 输入以下提示：

> 为张无忌和赵敏的 20 周年婚礼庆典准备一段三分钟的演讲，要求生动有趣。讲一讲当我第一次搬到武当山时，因为走错了山门而偶遇贤伉俪的故事。

越是具体地描述自己想要什么，AI 就越能准确地完成您的要求。如果提供的细节不足，它会自己做出一些假设，而这可能会（也可能不会）给您带来想要的结果。

以流行的通义千问 AI 为例（https://tongyi.aliyun.com），可以在页面底部的框中输入提示，如图 3.1 所示。

输入提示后按 Enter 键，AI 便会开始生成并输出回复，如图 3.2 所示。可以使用鼠标滚轮上下滚动页面，浏览历史对话记录。若需复制 AI 生成的回复，可使用鼠标选中所需文本，然后按下快捷键 Ctrl+C（或在 macOS 系统中按快捷键 Command+C）进行复制，再于其他应用程序（如文字处理软件）中按下快捷键 Ctrl+V（或在 macOS 系统中按快捷键 Command+V）进行粘贴。

图 3.1 在底部的框中输入提示

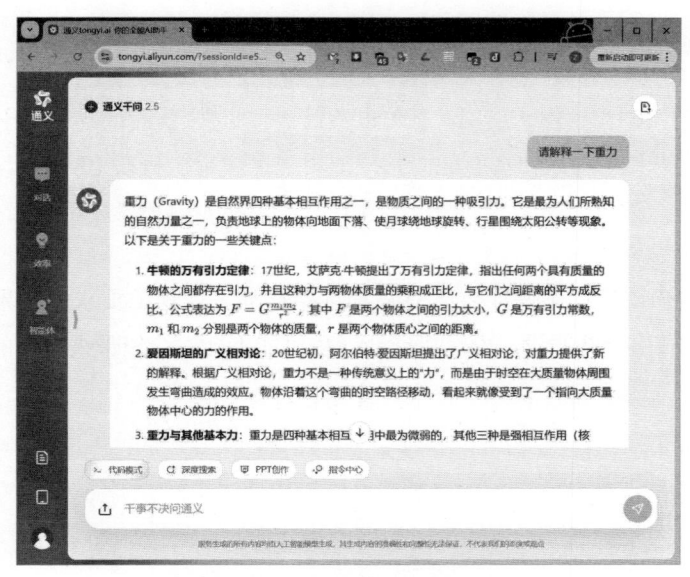

图 3.2 AI 输出回复

其他通用生成式 AI 工具的工作方式与此相似。只需输入想提出的问题或想要完成的任务，然后就可以像与真人聊天一样与 AI 进行互动对话。这种交互方式非常直观，可以通过自然语言来表达自己的需求，AI 则会根据您的输入生成相应的回复、文本、图像或其他类型的内容。

> **说明** 要想进一步了解如何构建有效的 AI 提示，请参阅 3.6 节。

3.3 了解通用 AI 工具

目前，市面上主要有两种类型的通用 AI 工具：独立工具和集成在其他应用程序或平台（操作系统）中的工具。这两种类型的 AI 生成工具在基本工作原理上是相似的，都通过接收用户输入的提示来生成内容。具体选择哪种工具则取决于具体需求、使用场景和个人偏好。

独立工具要么是一个单独的网站，要么是一个移动应用。它们能回答我们提出的各种问题，并根据我们的指令生成所需的内容，拥有涵盖广泛主题的丰富知识储备。这些网站和应用程序的界面通常类似于搜索引擎，提供一个输入框供输入提示。输出结果通常以自由流动的文本对话形式呈现，有时也会包含其他类型的内容，例如代码、图像等。

嵌入式 AI 工具则集成在现有的网站或应用程序内部，旨在更好地服务于该平台或应用的核心功能。使用嵌入式 AI 生成工具时，我们在应用程序内部进行操作，生成的内容也会直接在该应用程序中呈现；在某些情况下，我们甚至可能没有意识到该网站或应用程序正在利用 AI 技术提供服务。例如，集成在字处理软件中的 AI 生成工具可以帮助我们生成各种类型的内容，例如事实、数据、引文、段落甚至其他细节，并将其直接插入到当前正在编辑的文档中，从而提高写作效率。

本节将帮助您根据具体情况选择最合适的 AI 生成工具。具体选择哪种类型的工具主要取决于当前的任务和目标。如果需要更广泛的功能选择、更灵活的输出形式以及更强大的控制力，那么独立的 AI 工具通常是更佳选择。这类工具通常拥有更全面的模型和更丰富的参数设置，能够生成更多样化的内容。另一方面，如果主要在某个特定的应用程序中工作，并且只需要 AI 提供一些辅助性的内容生成或创意支持，那么使用集成在该应用程序中的嵌入式 AI 生成器可能更为便捷高效。嵌入式 AI 工具能够无缝融入工作流程，提供即时性的帮助，无需在不同应用程序之间切换。

3.3.1 独立 AI 工具

目前，最受欢迎的 AI 生成工具通常是独立的工具，例如通义千问、文心一言、Kimi 和 ChatGPT 等。它们功能强大且用途广泛，几乎可以用于创建任何类型的内容，涵盖文本、图像、代码等多种形式。不仅如此，它们还能激发新的创意、辅助编写程序代码、解答各种疑问、辅助进行研究，甚至可以像与真人聊天一样进行日常对话，为用户提供全方位的支持。

在这些独立的生成型 AI 工具中，一部分是免费并向公众开放使用的，而另一部分则需要某种形式的付费订阅。一般来说，付费工具往往提供更先进的功能、更强大的性能和更稳定的服务，更适合商业和专业用户；而免费工具则主要面向普通用户，通常会使用相对较旧、性能相对较弱的 AI 模型版本，并且在功能上可能存在一定的限制，例如使用次数限制、生成内容长度限制等，有时甚至会在页面上展示广告以维持运营。

表 3.1 列出了当前最受欢迎的一些独立通用 AI 工具。

表 3.1 独立通用 AI 工具

AI 工具	URL	主要功能/特点	是否提供免费版	付费版/价格（如有）
通义千问	tongyi.aliyun.com	阿里巴巴开发的大语言模型，支持文本生成、问答、翻译等多种任务，并推出了面向不同行业的定制化版本	部分功能免费	提供多种付费版本和 API 接口，面向企业和开发者的具体定价请参考阿里云官网
文心一言	yiyan.baidu.com	百度开发的大语言模型，融合了百度搜索和知识图谱的优势，支持文本生成、问答、代码生成等多种任务	部分功能免费	提供多种付费版本和 API 接口，面向企业和开发者的具体定价请参考百度 AI 开放平台

（续表）

AI 工具	URL	主要功能/特点	是否提供免费版	付费版/价格（如有）
Kimi	kimi.moonshot.cn	支持超长上下文（目前号称支持20万字），擅长处理长文本的阅读、总结和翻译，在处理论文、法律文件等场景有优势	是	目前处于免费使用阶段，未来可能推出付费版本
ChatGPT	chat.openai.com	强大的文本生成、对话能力，支持多种编程语言，可进行翻译、摘要、代码解释等	是	ChatGPT Plus/Pro：20美元或200美元/月，提供更快的响应速度、优先访问新功能等
Claude	claude.ai	注重对话安全性和无害性，擅长进行长文本对话和总结，支持上传文件进行分析	是	Claude Pro 订阅：20美元/月，提供更高的使用限制
Grok	x.ai	基于推特（现名为X）的海量数据训练而成	是	完整版本通过X Premium 订阅提供
Google Gemini（原 Bard）	gemini.google.com	整合了 Google 的搜索和知识图谱，可以提供更丰富的上下文信息，支持多模态输入（文本、图像等）	是	Google One AI Premium 订阅：19.99美元/月（可能包含其他 Google One 福利）
Meta AI(Llama 3)	ai.meta.com	提供 Llama 3 等开源大型语言模型，开发者可在此基础上进行二次开发和研究	是	目前没有面向最终用户的付费版本
Microsoft Copilot	copilot.microsoft.com	集成在 Windows 11、Edge 浏览器和 Office 应用中，提供写作助手、代码生成、图像生成等功能，与 DALL-E 3 深度集成	是	Microsoft Copilot Pro（每个用户20美元/月）：面向商业用户，具体定价视订阅的套餐而定

(续表)

AI 工具	URL	主要功能 / 特点	是否提供免费版	付费版 / 价格（如有）
Perplexity AI	www.perplexity.ai	强调提供信息来源和引用的 AI 搜索引擎，可以回答复杂的问题并提供详细的解释和参考链接	是	Perplexity Pro：20 美元 / 月，提供更高的使用限制和更快的响应速度
Pi	www.pi.ai	注重提供个性化的对话体验，试图打造更贴近人类情感的 AI 伴侣	是	目前没有面向最终用户的付费版本
Poe	www.poe.com	聚合了多个 AI 模型，用户可以在一个平台上体验不同模型的特点，例如 ChatGPT、Claude 等	是	提供不同的套餐，价格视可使用的模型和次数而定

> **说明** Google Gemini 以前被称为 Google Bard。Microsoft Copilot 以前被称为 Bing AI。

3.3.2 嵌入式 AI 工具

越来越多的计算机应用程序和移动应用开始集成功能强大的生成型 AI，为其用户提供更智能、更便捷的使用体验。这些工具的功能远不止传统的数字助手所具备的简单语音识别或字处理软件中基于简单预测模型的文本预测功能。我们在此讨论的是功能全面的生成型 AI，它能执行各种复杂的任务，其能力与独立的 AI 工具相媲美。用户可以直接在操作系统和应用程序内部使用这些集成工具提出问题、生成内容，从而更好地利用应用程序本身的功能。

例如，Windows 11 从版本 24H2 开始集成了 Microsoft Copilot AI。单击应用栏的图标以显示 Copilot 面板，如图 3.3 所示。在框中输入提示，按 Enter 键，Copilot 会进行回复，如图 3.4 所示。

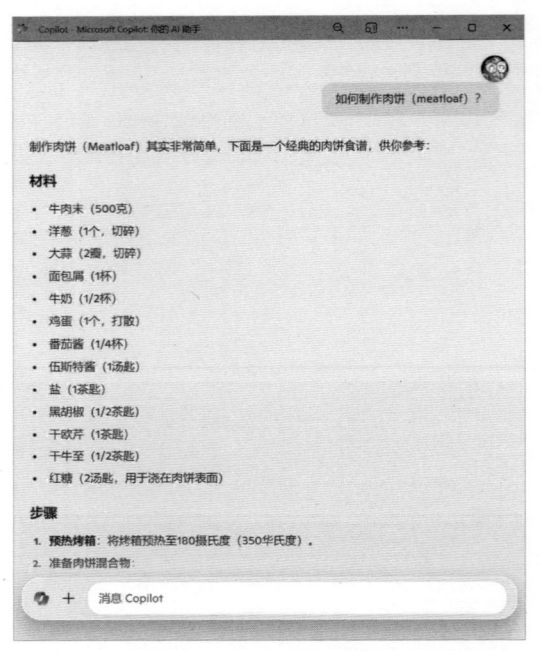

图 3.3 Windows 中的 Copilot 面板　　　　图 3.4 Copilot 对 "如何制作肉饼？" 的回复

另一个例子是当您收到电子邮件时，Gmail 会建议可能的回复，比如对安排会议的邮件回复 "周二没问题" 或者对报告好消息的邮件回复 "太棒了！" 其他公司也在以类似的方式将 AI 集成到他们的应用程序中。例如，谷歌 Gemini for Google Workspace 工具将谷歌的 AI 集成到了 Google Workspace 应用程序（如 Gmail、Google Docs 和 Google Sheets）中。

遗憾的是，和 Google Workspace 本身一样，这个工具仅对订阅的企业用户开放。

3.4 使用流行 AI 工具

现在，让我们不再停留在泛泛的讨论，深入了解目前最受用户欢迎的一些生成式 AI 工具。虽然这些工具在基本原理上存在相似之处，例如都基于 Transformer 模型，但它们各自拥有独特的功能和特点以满足不同的用户需求。评估这些工具的标准包括生成内容的流畅性、连贯性、创造性和准确性等方面，当然，用户体验也是一个重要的考量因素。

> **说明** 下面介绍的工具在撰写本书时已面向公众开放使用。然而，生成式 AI 领域正处于快速发展阶段，新的工具和技术不断涌现。因此，建议您持续关注最新的技术动态，以便及时了解最新的发展趋势，同时也对 AI 技术可能带来的伦理和社会影响保持关注。

3.4.1 使用 Kimi

Kimi 是由月之暗面（Moonshot AI）开发的一款面向消费者的生成式 AI 工具。Kimi 以其强大的长文本处理能力而闻名，尤其擅长处理冗长的文档、报告、论文和法律文件等。虽然相对 ChatGPT 等工具而言，Kimi 的知名度和用户基数可能稍逊一筹，但它在特定领域（如法律、研究等）拥有独特的优势，并吸引了一批忠实用户。

需要注意的是，Kimi 主打的特点是超长上下文理解能力，这有别于传统大型语言模型对上下文长度的限制。传统的语言模型通常只能记住最近的几千个词，而 Kimi 则号称可以处理高达 20 万字的超长文本，使其在理解和处理复杂信息方面更具优势。

月之暗面于 2023 年推出了 Kimi，并持续进行模型迭代和功能改进。目前，Kimi 主要以免费使用的形式面向公众开放，这使得用户可以零门槛地体验其强大的长文本处理能力。虽然尚未推出明确的付费版本，但未来不排除会根据用户需求和市场发展情况推出更高级的付费功能或服务。

可以通过访问 https://kimi.moonshot.cn 来使用 Kimi。用户无需注册即可开始体验 Kimi 的核心功能，但注册账户可以方便用户保存和管理历史对话记录，并可能在未来获得更多个性化服务。也可以在微信中找到 "Kimi 智能助手" 小程序，在手机端使用。

3.4.2 使用通义千问

通义千问是由阿里云自主研发的大语言模型，用于理解和分析用户输入的自然语言，在不同领域和任务为用户提供服务和帮助。通义千问模型基于 Transformer 架构，并使用海量网络文本、专业书籍、代码等进行训练，同时通过对齐机制打造聊天版本，使其更擅长人机对话。

不同于一些主要面向消费者的 AI 工具，通义千问更多地关注企业级应用和开发者需求。阿里云提供了多种方式来使用通义千问，包括 API 接口、SDK 以及在阿里云百炼平台上的集成。这使得企业和开发者可以方便地将通义千问集成到自己的产品和服务中。

通义千问的定价通常基于 token 数量进行计算，输入和输出的 token 价格有所不同。具体价格请参考阿里云百炼通义大模型企业级服务平台的相关文档（https://www.aliyun.com/product/bailian）。

3.4.3 使用 ChatGPT

ChatGPT 是由 OpenAI 开发的一款面向消费者的生成式 AI 工具。它可能是当今最受欢迎的生成式 AI 工具，用户超过 1.8 亿。[①]OpenAI 表示，超过 80% 的《财富》500 强公司已经将 ChatGPT 集成到他们的业务运营中。

> **说明** GPT 的全称是 Generative Pretrained Transformer（生成式预训练变换器），这是大语言模型的另一种称呼。我们已经在第 1 章讨论了大语言模型。

OpenAI 于 2018 年推出了其首个 GPT 模型版本，并在 2020 年发布了 ChatGPT 3。ChatGPT 的基础版本是免费的，但 OpenAI 还提供了一个更强大的 Plus 套餐，每月收费 20 或 200 美元。Plus 套餐包括访问 OpenAI 最新的 GPT 模型版本以及其他 AI 工具，例如 DALL-E 图像生成器，我们将在第 7 详细讨论。

可以通过访问 www.chatgpt.com 来使用 ChatGPT。虽然不需要注册即可使用 ChatGPT（无论是否注册都是免费的），但创建一个账户可以保存并返回之前的聊天。

创建了免费的 ChatGPT 账户后，历史聊天记录将按时间顺序显示在左侧面板中，如图 3.5 所示。单击任何聊天的名称，即可在主面板中查看此次聊天的全部内容。

---

① 译注：截至 2025 年 2 月，ChatGPT 的周活跃用户已经达到 4 亿。

图 3.5 ChatGPT 主页

和其他所有 AI 一样，主页显示了当前聊天内容，并在底部提供了一个输入框。在框中输入提示并按 Enter 键，ChatGPT 随后会显示结果，如图 3.6 所示。

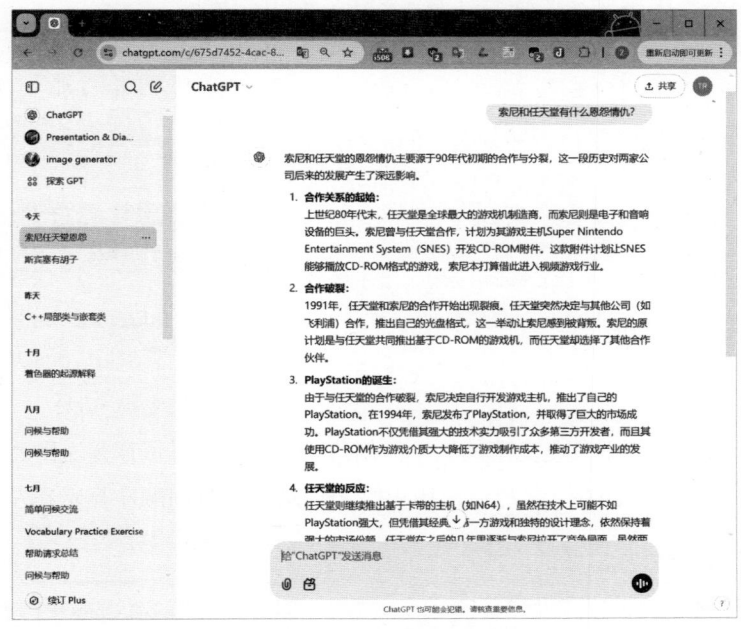

图 3.6 与 ChatGPT 聊天

如果要与另一位用户共享对话内容，请单击 ChatGPT 窗口右上角的上箭头。这会显示一个"共享指向聊天的公共链接"的对话框，如图 3.7 所示。单击"创建链接"按钮，并在下一个屏幕上单击"复制链接"按钮。现在，就可以将该链接粘贴到电子邮件或短信中，并与其他用户共享。当他们单击链接时，可以看到该对话的全部内容。

图 3.7 共享 ChatGPT 对话

前面描述的是网页版 ChatGPT 的工作方式。OpenAI 还提供了一款免费的 ChatGPT 智能手机应用，可以从 Apple App Store 和 Google Play Store 下载，方便您随时随地使用 AI 助手。请确保下载的是官方应用，因为已经有一些冒牌应用进入了应用商店。移动应用的工作方式与网页版类似：在屏幕底部的消息框中输入提示，ChatGPT 会在屏幕的主要部分显示回复，如图 3.8 所示。

更为便捷的是，ChatGPT 移动应用还支持语音交互功能，允许用户通过自然对话的方式与 AI 进行交流，这无疑比反复输入文本提示更加直观和高效。在界面中，只需轻触消息框旁边的音频图标，即可启动语音输入模式。用户可以直接对着设备说话，ChatGPT 会实时捕捉语音信息，并以清晰流畅的合成语音进行回复，提供即时反馈。这种人机交互方式极大地

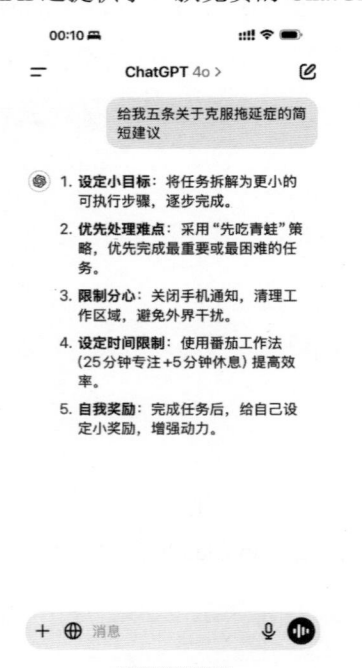

图 3.8 使用移动 ChatGPT 应用与 AI 对话

提升了用户体验，创造了一种前所未有的沉浸式对话体验，令人印象深刻。

3.4.4 使用 Claude

Claude 是由亚马逊支持的 AI 研究和工程公司 Anthropic 开发的生成式 AI 工具。Claude 提供了一个免费套餐，但它对每日的使用量有所限制。它还提供了一个 Pro 套餐，提高了这些使用限制并允许使用更强大的 AI 模型。Claude Pro 套餐的费用为每月 20 美元。

首次访问 www.claude.ai 时，系统会要求使用 Google 账户登录或创建一个新的 Claude 账户。随后，Claude 会询问用户的名字，以便它使用个性化的称呼。

如图 3.9 所示，Claude 的主页中央有一个显眼的提示框。只需在其中输入提示，然后按 Enter 键即可。

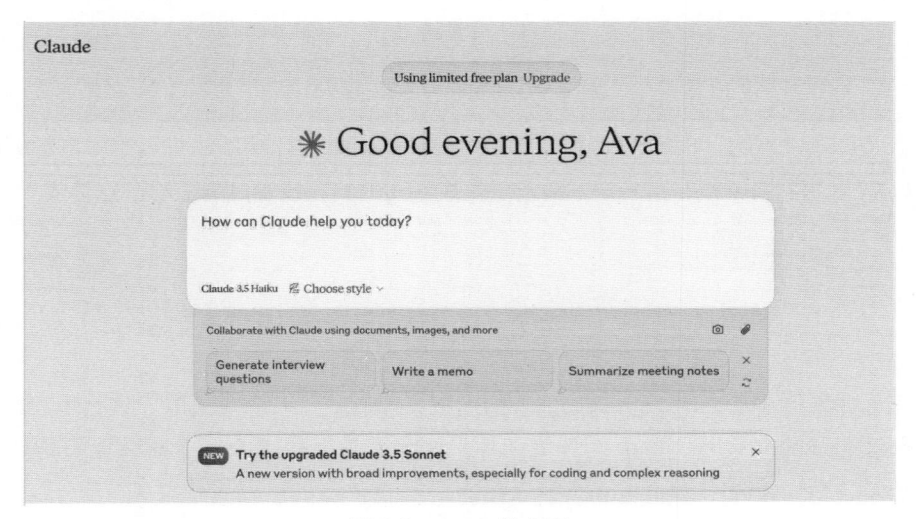

图 3.9 Claude 的主页

Claude 的响应会出现在提示框上方，提示框会移至页面底部，如图 3.10 所示。可以在 Reply to Claude 框中输入内容来继续和 Claude 聊天。

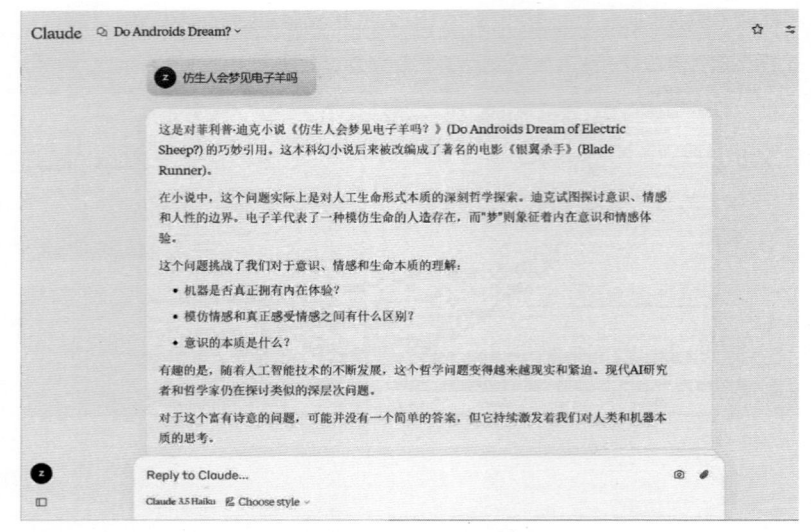

图 3.10 开始和 Claude 聊天

在 Claude 的每个响应的下方都有一系列图标，如图 3.11 所示。可以利用这些图标将 AI 的响应复制到剪贴板、重新尝试请求以生成不同的响应或者对响应给予点赞或点踩。

图 3.11 回应 Claude 的响应

Claude 还可以汇总和分析我们上传的内容。单击上传文档或图像（回形针）图标，并上传文档、电子表格、PDF 文件或图片。例如，我上传了本书文前内容的初稿，并要求 Claude 进行汇总，结果如图 3.12 所示。

Claude 能够处理上传的多种文档，这使其在当前的生成型 AI 领域中独树一帜。遗憾的是，Claude 免费版本在使用上存在一定的限制，例如每日消息数量和上下文窗口等。一旦超出限制，就会提示升级到 Claude Pro。

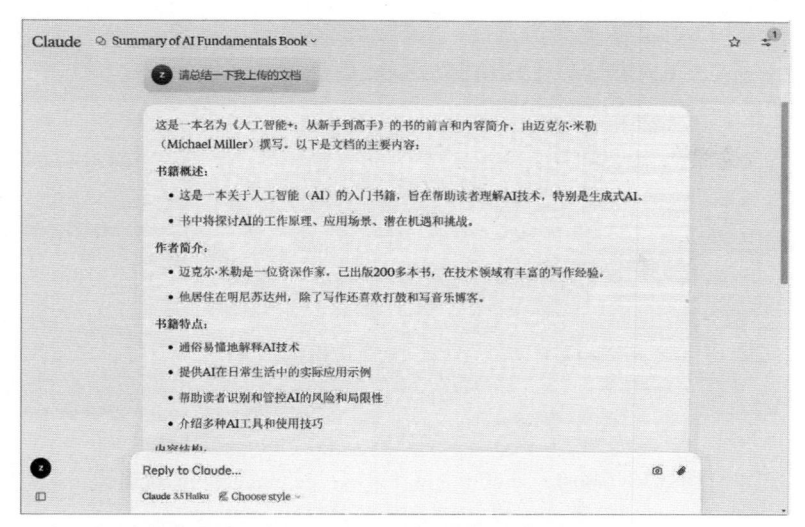

图 3.12 Claude 对上传的 Word 文档进行汇总

3.4.5 使用 Google Gemini

搜索引擎巨头谷歌在 2023 年 3 月推出了自己的生成式 AI 工具 Bard。此后，Bard 逐渐整合了谷歌开发的 Gemini（双子座）模型。现在 Bard 已经更名为 Gemini。

与 ChatGPT 类似，Gemini 对公众开放，提供免费版本。谷歌还提供了一个名为 Gemini Advanced 的高级版本，使用谷歌最先进的 AI 模型。该高级版本包含在每月 19.99 美元的 Google One AI Premium 套餐中，该套餐还提供 2 TB 的在线存储空间。

除了网页版，谷歌还为 Android 和 Apple iOS 手机和平板电脑提供了 Gemini 应用。可以在移动设备的应用商店中搜索 Gemini。

首次访问 Google Gemini 时，系统会提示使用谷歌账户登录。登录后可以保存过去的聊天记录，以便日后查阅。

默认情况下，Gemini 的侧边栏是折叠的。为了查看其中的内容，建议单击左上角的"展开菜单"（三条线）图标，随后可以看到过去的聊天记录和其他控制选项。

主页底部有一个名为"问一问 Gemini"的框，如图 3.13 所示。要生成结果，请输入自己的问题，然后按键盘上的 Enter 键。

图 3.13 Google Gemini 主页（来源：gemini.google.com）

如图 3.14 所示，Gemini 会输出回复。如果要回顾当前的聊天记录，可以用鼠标滚轮上下滚动页面。

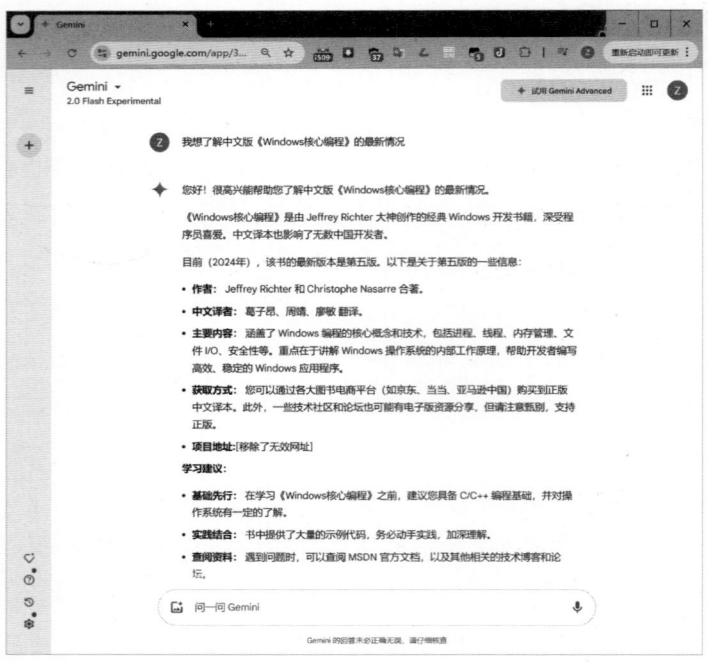

图 3.14 和 Gemini 聊天

说明	还可以利用 Google Gemini 为网上的文章、报告以及整个网站的内容生成摘要。只需输入提示词：生成中文摘要：[URL]，并将 URL 替换成目标网址即可。

与 ChatGPT 和其他大多数通用 AI 生成工具相似，Gemini 也支持"文生图"。只需告诉它生成一张图片，并用文本来描述即可。结果会在主页中显示，单击它即可看大图。

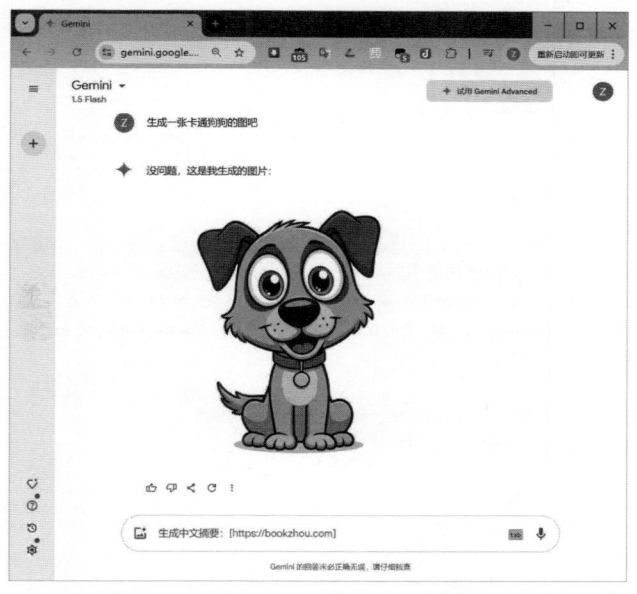

图 3.15 Google Gemini 的"文生图"功能

在 Gemini 的所有回复下方都显示了一排图标，如图 3.16 所示。可以利用这些图标来处理 AI 的回复。可以点赞（大拇指向上）或点踩（大拇指向下）。可以单击分享图标将结果分享到社交媒体，导出到 Google Docs 或者添加到 Gmail 的邮件草稿中。可以单击刷新图标来重新生成回复。最后，还可以单击三个点的省略号图标来复制内容、收听回复或者举报。

图 3.16 处理 Google Gemini 的回复

值得一提的是，谷歌目前已在其众多搜索结果页面的顶部引入了由 Gemini 驱动的 AI 摘要，这些摘要被称为"AI Overview"（AI 概览），它们通常显示在传统的网页链接列表之前，如图 3.17 所示。这些 AI 概览旨在通过简洁明了的摘要直接解答用户的搜索意图，理论上可以帮助用户快速获取所需信息，从而减少甚至避免单击常规搜索结果链接的需求，大幅提升搜索效率。[①]

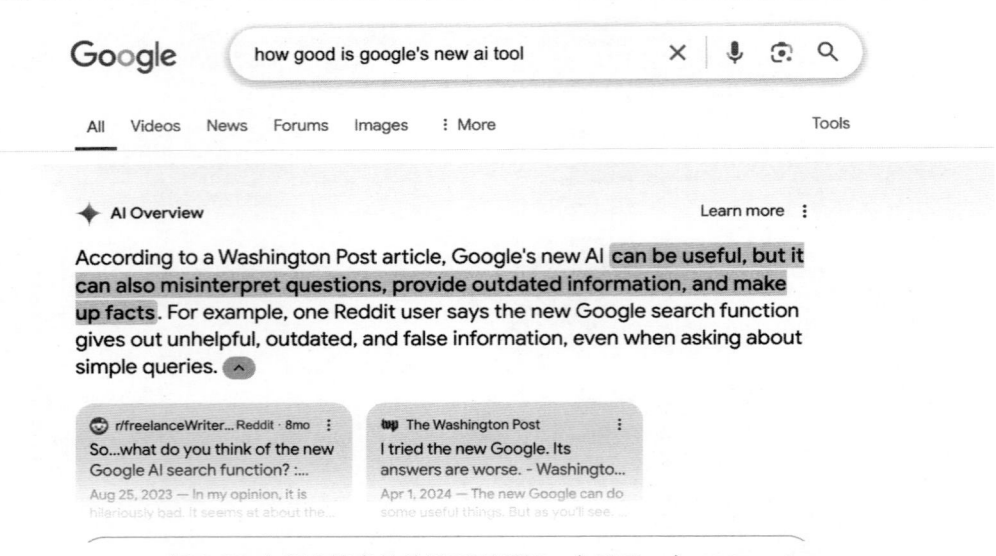

图 3.17 在谷歌搜索的结果页面顶部，会显示一个 AI Overview

> **警告**：由 Gemini 驱动的 AI Overview 并不总是最新或完全准确的。为了安全起见，建议通过谷歌的传统搜索结果来验证这些"概览"。

3.4.6 使用 Meta AI

Meta 是 Facebook、Instagram 和 WhatsApp 的母公司，它同时拥有一个 Meta AI 研究实验室，负责为 Meta 的所有产品和服务开发实用的 AI 应用。作为这项研究的一部分，

---

① 译注：这个功能目前（2025 年初）只支持在美国谷歌执行英文搜索。

该公司发布了独立的生成式 AI 工具 Meta AI。

截止本书写作时为止，Meta AI 只提供了基础的免费版本。但是，据说 Meta 未来会推出收费版，支持更高级的 AI 模型，并允许用户输入更多、更长的提示。

Meta AI 的网址是 https://www.meta.ai。如果已经是 Facebook 用户，那么直接使用自己的 Facebook 账户登录。

Meta AI 的主页看起来与其他所有通用 AI 工具非常相似。在左侧的面板中，可以看到历史对话。底部的"Meta AI，有问必答"文本框供我们输入提示，如图 3.18 所示。

图 3.18 Meta AI 主页

输入提示后按 Enter 键，Meta AI 便会在主面板中即时呈现回复，如图 3.19 所示。随着您持续输入新的提示，Meta AI 也会陆续给出回应，这些对话内容将以滚动的形式在主面板中呈现，方便回顾和追踪整个交流过程。

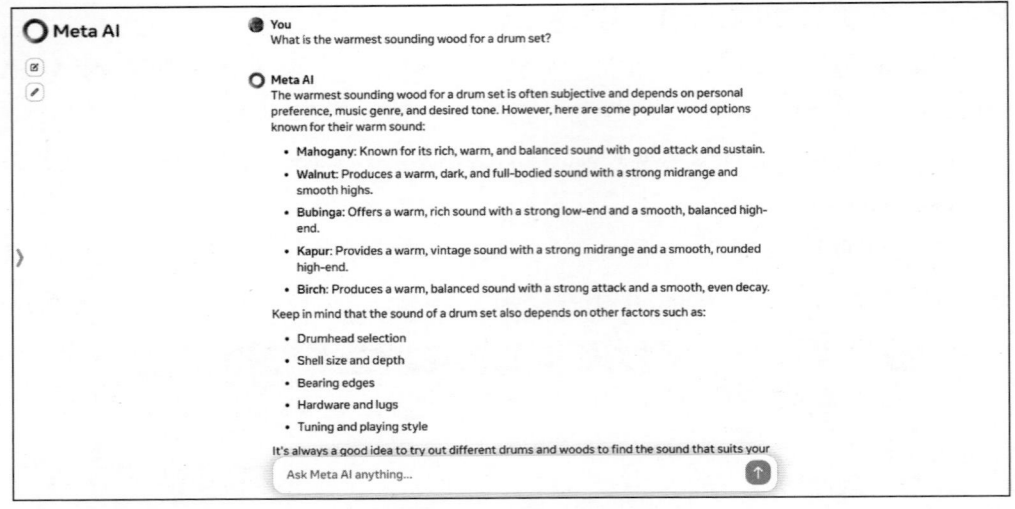

[图片：Meta AI 对话界面截图，用户询问"What is the warmest sounding wood for a drum set?"，Meta AI 回复列出了 Mahogany、Walnut、Bubinga、Kapur、Birch 等木材选项及其声音特点]

图 3.19 Meta AI 提示和回复

每个回复下方都有三个按钮，如图 3.20 所示，分别用于点赞、点踩和复制内容到剪贴板。使用最后一个按钮可以复制当前回复，以便将其粘贴到其他文档中。

图 3.20 处理 Meta AI 的回复

> **说明** Ray-Ban（雷朋）的 Meta 智能眼镜也支持 Meta AI，这对于视力障碍人士来说可能是一个有用的选择。欲知详情，请访问 https://www.ray-ban.com/usa/ray-ban-meta-smart-glasses。

3.4.7 微软的 Copilot

得益于微软对 OpenAI 的大力投资，两家公司建立了密切的合作关系，微软的 Copilot 正是基于 OpenAI 的 GPT 模型构建而成，这与 ChatGPT 所采用的技术底座相同。因此，Copilot 的输出结果与 ChatGPT 经常表现出高度的相似性，甚至有时完全一致。然而，虽然二者在多数情况下殊途同归，但也存在差异。Copilot 在实现上采用了一些略有不同的算法或微调策略，这使得它在某些情况下会产生与 ChatGPT 不同的结果，尤其是在需要获得更有创意的回复时。

可以访问 copilot.microsoft.com 来使用 Copilot，使用自己的微软账户登录即可。Copilot 的基础版本是免费的，功能更全面的 Copilot Pro 每月收费 20 美元。

> **说明** 类似于 ChatGPT 和 Google Gemini，微软的 Copilot 也提供了适用于 Android 和 Apple iOS 设备的移动应用。可以在设备的应用商店中搜索 Copilot 应用。

图 3.21 展示了 Copilot 的主页。注意，这个 AI 的逻辑与其他大多数 AI 都有点不一样。要查看聊天主题的列表，需要单击输入框旁边的加号按钮左侧的"查看历史记录"按钮，并在一个弹出列表中查看。

图 3.21 Copilot 主页

Copilot 还支持下面这些插件：
- Designer，用于生成图像（参见第 7 章）；
- Vacation Planner，用于创建行程和预订旅行（参见第 10 章）；

- Cooking Assistant，用于查找食谱和生成备餐方案；
- Fitness Trainer，用于设计健身和营养计划（参见第 11 章）。

要开始与 Copilot 聊天，请在下方的文本框中输入提示。如图 3.22 所示，Copilot 随后会显示回复。随着聊天的进行，可以上下滚动页面来查看当前的聊天记录。

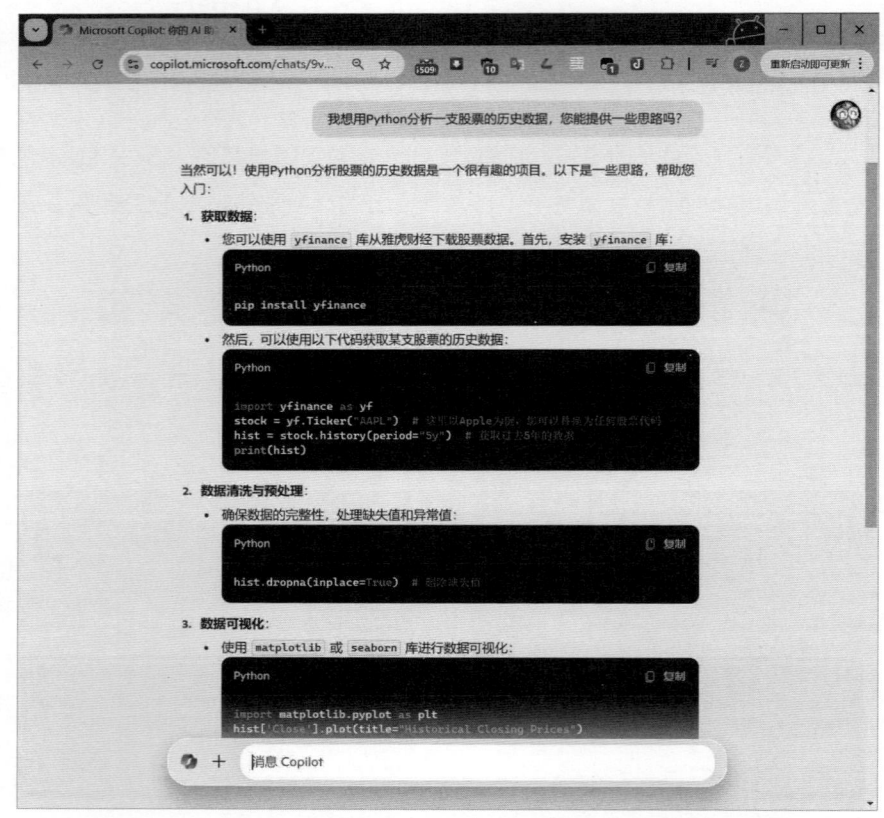

图 3.22 与 Copilot 聊天

如果使用的是微软的 Edge 浏览器，那么可能会在回复下方显示 Copilot 独有的一个"额外资源"区域，其中包含来自微软必应搜索引擎的搜索结果。单击链接即可跳转到对应的页面。

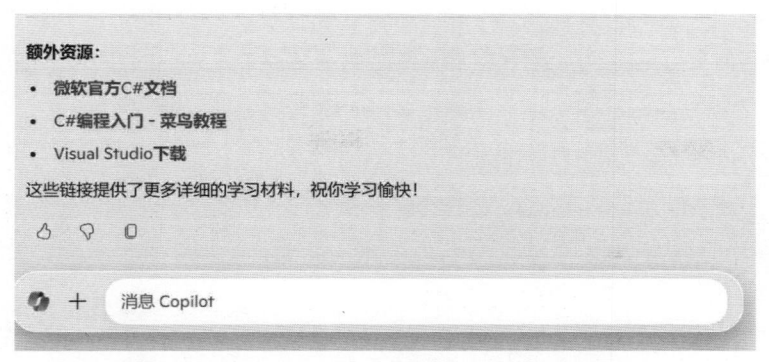

图 3.23 Copilot 的回复下方可能会显示"额外资源"

> **说明** 某些回复的下方还可能会显示相关的广告。这是其他 AI 工具没有的"功能"。

和其他 AI 一样，在回复的最下方可以单击相应的按钮来点赞、点踩和复制到剪贴板。

> **说明** 一些人会觉得微软的 Copilot 回复下方的"额外资源"很有用，而另一些人则认为它们有点多余，尤其是当出现广告时。显而易见，微软正试图将 Copilot 打造成类似其必应搜索引擎的体验，通过整合搜索结果和广告来实现商业化营收。这种做法在提供更多信息的同时，也可能牺牲用户体验的简洁性。

Copilot 在其他微软应用程序中的应用

如前所述，微软已经将 Copilot 集成到了 Windows 操作系统中。可以将其视为一个无需通过浏览器即可访问 Copilot 的快捷方式。

此外，微软还将 Copilot 集成到其 Microsoft 365（原 Office 365）应用程序中，但仅限于拥有 Copilot for Microsoft 365 或 Copilot Pro 许可证的企业用户。这些企业用户可以使用 Copilot 来完成以下任务：

- 在 Microsoft Word 中起草新文档或重写现有文档；
- 在 Microsoft Excel 中分析趋势并创建数据可视化；
- 在 Microsoft PowerPoint 中创建演示文稿；
- 在 Microsoft Outlook 中整理收件箱。

目前，这些 AI 功能仅向微软的企业订阅者和专业用户开放。未来，微软可能会将这些功能扩展到其他用户。

3.4.8 使用 Perplexity

Perplexity 也是一种生成式 AI 工具，其独特之处在于在回复中引用了数据来源，这使得它非常适合用于研究或教育目的。Perplexity 的标准版本是免费的。专业版允许选择不同的 AI 模型（包括 GPT-4、Claude-3 或 Mistral Large 等）、创建图像以及上传和分析文件，每月收费 20 美元。

可以通过访问 www.perplexity.ai 来使用 Perplexity。可以新建一个账户，也可以使用 Apple 或 Google 账户登录。

如图 3.24 所示，左侧显示了一个历史"帖子"列表。ChatGPT 称之为"聊天"，Meta AI 称之为"会话"，Perplexity 则称之为"帖子"[①]。可以在下方的框中输入提示。

如图 3.25 所示，Perplexity 的结果与其他 AI 工具有很大不同。首先，它并不是真正的对话，而是信息的全面展示。其次，信息的来源会显示在回复的上方，单击这些来源链接即可直接跳转到对应的网页。第三，Perplexity 会在页面右侧显示与当前主题相关的图像。第四，可以单击右侧的"搜索视频"链接来搜索相关视频。第五，如果订阅了 Perplexity Pro，那么还可以通过单击"生成图片"链接来生成基于当前提示的 AI 图片。

---

① 译注：这其实是对 thread 这个单词的经典错译。在许多地方，比如在论坛上，一个 thread 确实代表一个"帖子"。但是，从英文的本意出发，thread 就是"线索"或者"主线"的意思，大家都围绕这个主线展开讨论。换言之，每个 thread 都代表一次连续的对话。因此，在这个 AI 中，机械地将 thread 翻译为"帖子"是错误的。一个更合适的说法是"主题"。

图 3.24 Perplexity 主页

图 3.25 Perplexity 的回复以研究或教育为导向

前面列举的这些差异已经相当多了，但还不止于此。如果想更深入地研究当前主题，可以在"提出后续问题"文本框中继续和 AI 讨论当前主题。要开始一个新的会话，则可以单击左侧面板中的"新建帖子"按钮。这会显示一个新的"随意提问..."文本框，如图 3.26 所示，可以在其中输入新的提示。

图 3.26 在 Perplexity 中开始新的会话

Perplexity 在每条回复下方都显示了一系列图标，如图 3.27 所示。从左到右，我们可以分享当前聊天、要求 AI 改写回复（使用不同的大模型）、点赞、点踩以及复制到剪贴板。如果单击最后的省略号图标，还可以查看来源或举报当前回复。

图 3.27 处理 Perplexity 的回复

3.4.9 网页端聊天机器人 Pi

Pi 是一款更像真人聊天机器人的 AI 工具，它更强调与人聊天时的"情感"。[①]首次使用 Pi 时，系统会要求您选择一种语音，以便 Pi 可以采取语音加文本的方式与您交流。Pi 可以免费使用，可以使用 Apple、Facebook 或 Google 账户登录，也可以注册一个新的 Pi 账户。

可以通过访问 www.pi.ai 来使用 Pi。如图 3.28 所示，其界面非常简洁。左侧的面板实际上并没

图 3.28 Pi 的主页

[①] 译注：由 Inflection AI 开发，该公司创立于 2022 年，已经获得了来自英伟达、微软、比尔·盖茨等近 15 亿美元的投资。

有太多功能，我们主要使用底部的 Talk with Pi（与 Pi 对话）框。可以通过单击屏幕右上角的扬声器图标来开启或关闭 Pi 的语音响应。

如图 3.29 所示，与 Pi 聊天非常像跟微信好友聊天。您的消息显示在较深色的方框中，随后是 Pi 的回复。

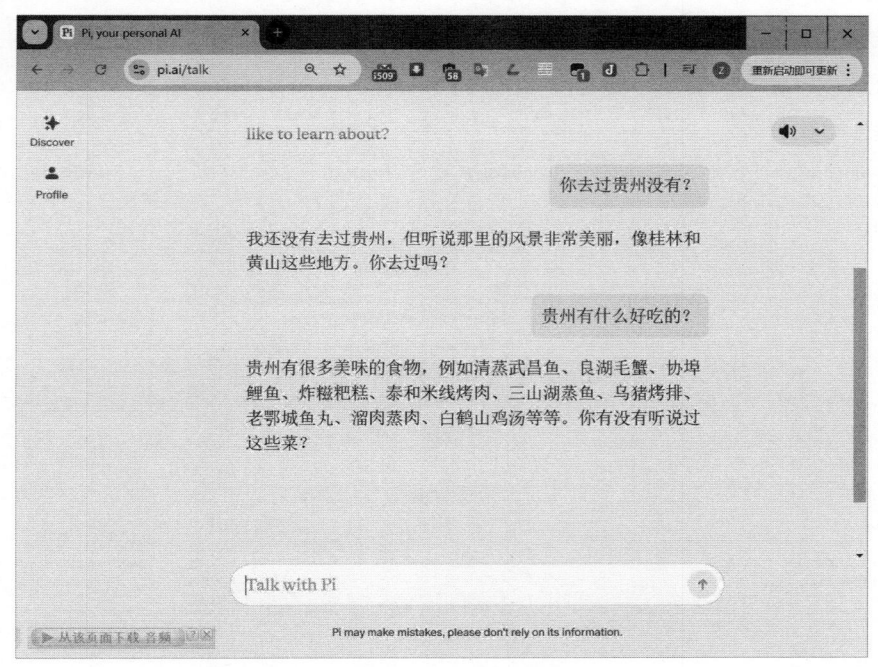

图 3.29 与 Pi AI 聊天

尽管目前来看，Pi 的功能尚显初步，中文发音也略有欠缺，但这并不妨碍它执行更为复杂的任务。与其他生成式 AI 工具类似，Pi 同样具备撰写信函、创作故事、提供信息等能力，几乎涵盖了其他同类工具的常见功能。其独特之处在于，它采用文本与语音相结合的方式与用户进行交互，相较于纯文本或其他形式的 AI 工具，这种交互方式在某些用户看来可能更具亲和力，也更易于接受。

3.4.10 AI 聚合工具 Poe

最后要介绍的 AI 工具是 Poe。Poe 实际上是一个 AI 聚合平台，它在一个中心平台上提供了多种 AI 工具的访问权限。通过 Poe，可以获得来自 OpenAI 的 GPT-4 和 DALL-E、Google 的 Gemini、Meta 的 Llama、Anthropic 的 Claude、Stability AI 的 StableDiffusion 等工具的响应。然而，并不是所有这些 AI 工具（Poe 称之为"机器人"）都可以在免费版本中使用，要获得对所有工具的完全访问权限，需要支付每个月 19.99 美元的订阅费用。

选项太多，以至于 Poe 相比其他一些 AI 工具略显"臃肿"，这一点可以从其界面上看出来。访问 Poe 的主页（https://www.poe.com）并使用 Apple、Google 或 Poe 账户登录后，会看到如图 3.30 所示的屏幕。左侧面板显示了许多选项，其中一些可能根本用不着。我们在"开始新的聊天"输入框中输入提示。

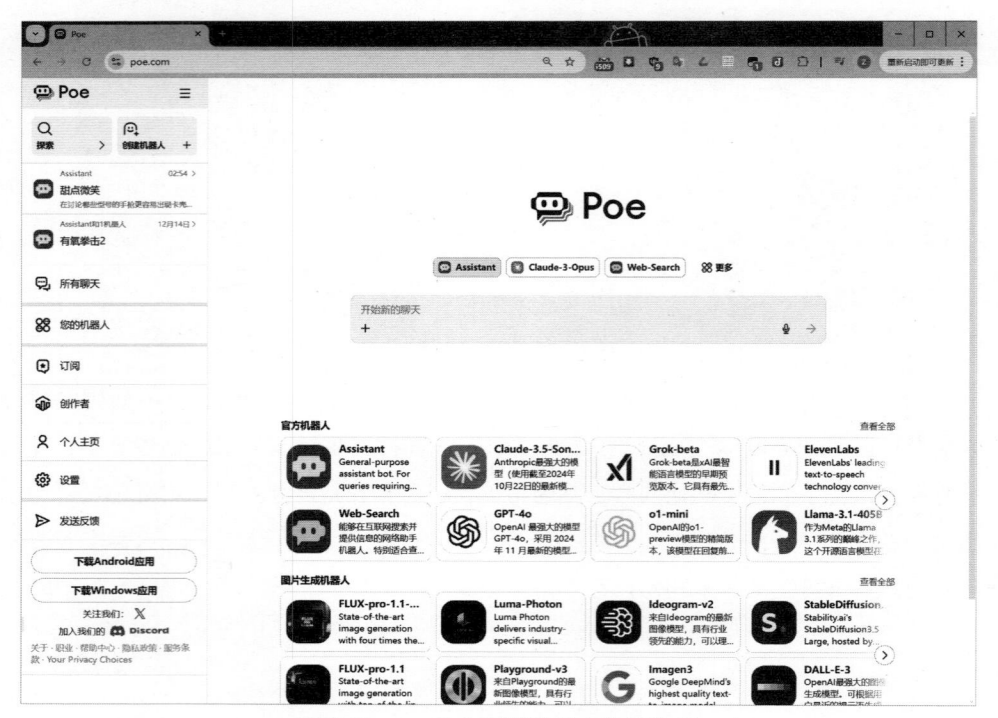

图 3.30 Poe 的主页提供了丰富的选项

首先选择想要使用的 AI 工具。默认选择的是 Assistant，它是 Poe 自己的 AI 工具。除此之外，还可以选择 Claude-3 或者 Web-Search 等。单击"更多"按钮可以查看所有可供选择的工具（注意，并非所有工具都能在免费版本使用）。

一旦选好 AI 工具，就在输入框中输入提示并按 Enter 键。如图 3.31 所示，回复看起来与其他 AI 工具相似——直到滚动到底部。如图 3.32 所示，可以将当前的回复与其他 AI 工具的回复进行比较。单击工具，即可查看它的响应。

Poe 平台整合了多种 AI 工具，这使其成为一个颇具特色的选择，尤其适合那些不确定哪款 AI 生成器最能满足自身需求，或是希望对比不同 AI 工具在处理同一提示时表现的用户。然而，由于需要熟悉多个不同的 AI 模型，Poe 的学习曲线相对较长。对于日常只需简单 AI 应用的用户而言，它可能并非最佳选择。尽管如此，Poe 依然为探索和体验当前最前沿的生成式 AI 技术提供了一种有趣的途径。

图 3.31 与 Poe 聊天

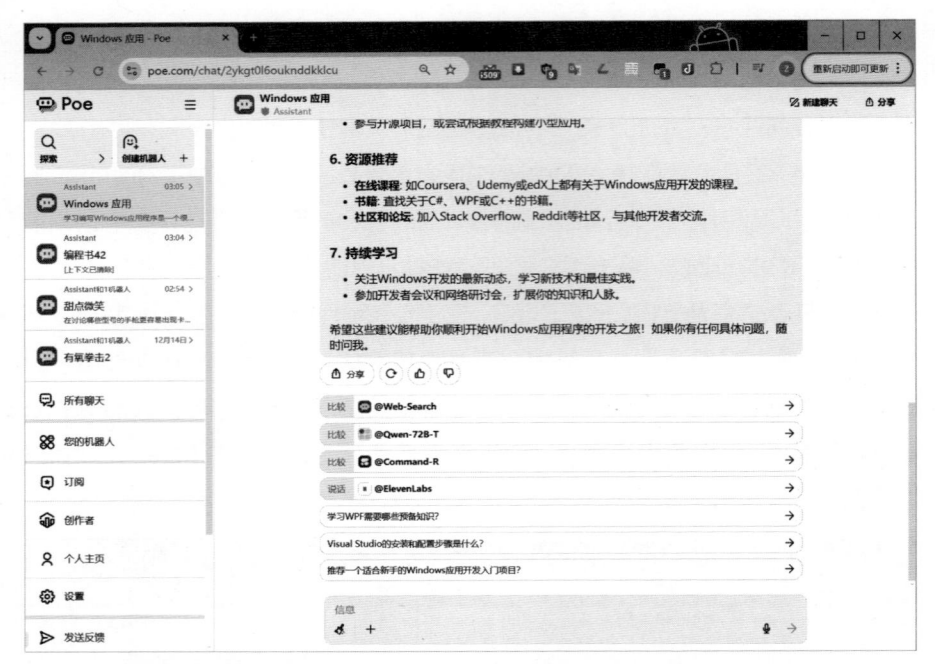

图 3.32 将 Poe 的初始回复与其他生成式 AI 工具的回复进行比较

3.5 选择最适合自己的生成式 AI 工具

目前有大量通用 AI 工具可供选择，而且似乎每天都有新的工具上线。那么，应该如何选择最适合自己的呢？答案是因人而定，每个人都有一定的偏好，而每个工具都基于略微不同的数据集进行训练，而且每个工具采用的算法也略有不同。这意味着从每个工具得到的结果也不尽相同。因此，最好的方案是对比多个 AI 工具的输出，选择自己感觉最好的那一个。

为了对比不同 AI 模型的表现，译者选取了三款当前最受欢迎的生成式 AI 工具：通义千问、Kimi 和文心一言，并向它们分别提出一系列相同的问题，观察它们在处理相同提示时的表现。①

---

① 译注：英文版原著使用的是 ChatGPT、Google Gemini 和 Meta AI。但由于众所周知的原因，本书中文版使用了我们国内用户都能访问的 AI。

我的第一个问题是怎么做正宗的水煮肉片，三个 AI 工具的输出如图 3.33~ 图 3.35 所示。

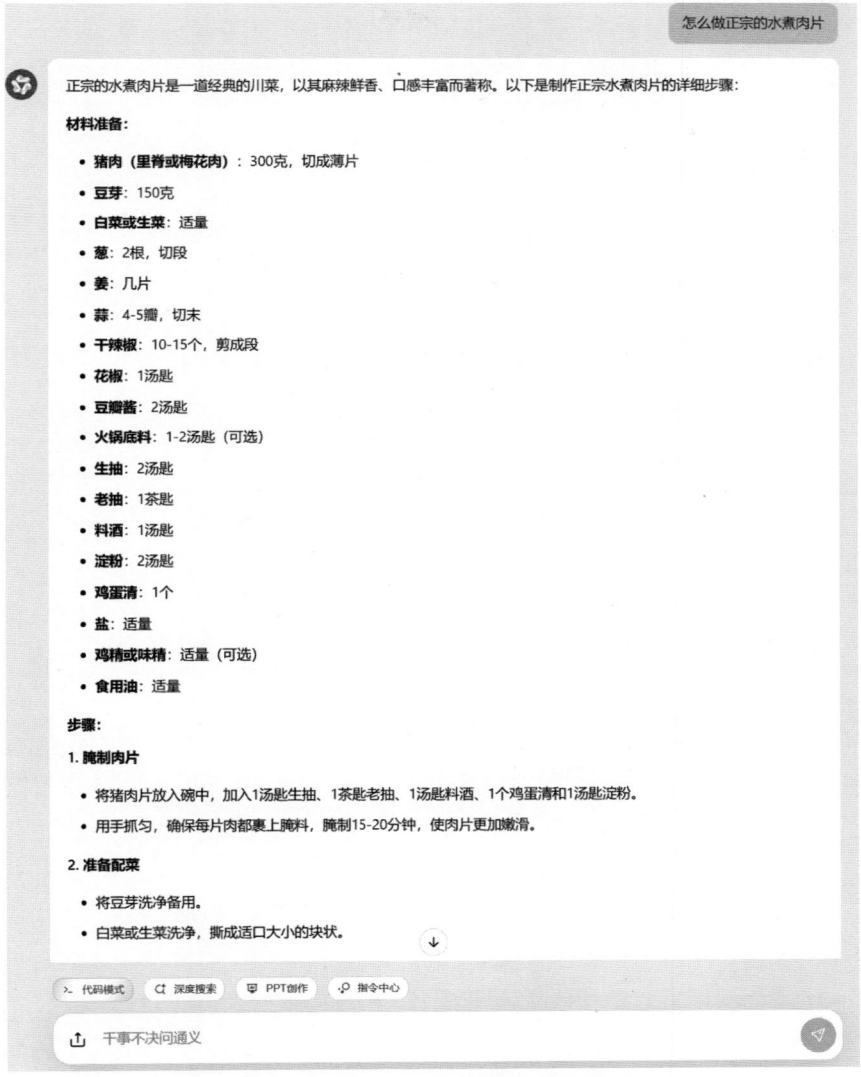

图 3.33 通义千问教我们做水煮肉片

制作正宗的水煮肉片需要一定的技巧和对食材的精准把握。以下是详细的步骤：

材料：

- **主料**：猪里脊肉300克
- **辅料**：黄豆芽、白菜、莴笋叶等蔬菜适量
- **调料**：
  - 郫县豆瓣酱2大勺
  - 干辣椒10-15个
  - 花椒1大勺
  - 葱2根
  - 姜1小块
  - 大蒜4瓣
  - 料酒1大勺
  - 生抽1大勺
  - 老抽1小勺（可选）
  - 盐、糖适量
  - 淀粉适量
  - 食用油适量
  - 清水或高汤适量

步骤：

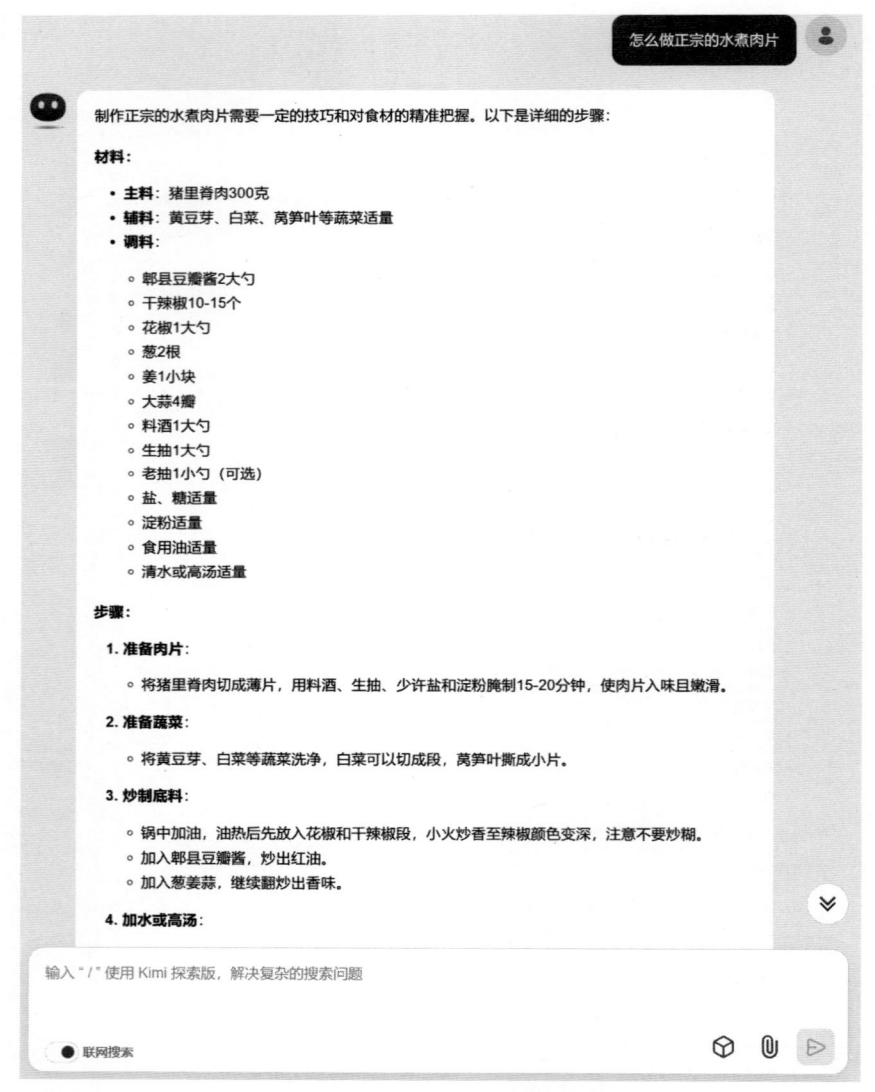

1. **准备肉片**：
   - 将猪里脊肉切成薄片，用料酒、生抽、少许盐和淀粉腌制15-20分钟，使肉片入味且嫩滑。
2. **准备蔬菜**：
   - 将黄豆芽、白菜等蔬菜洗净，白菜可以切成段，莴笋叶撕成小片。
3. **炒制底料**：
   - 锅中加油，油热后先放入花椒和干辣椒段，小火炒香至辣椒颜色变深，注意不要炒糊。
   - 加入郫县豆瓣酱，炒出红油。
   - 加入葱姜蒜，继续翻炒出香味。
4. **加水或高汤**：

图 3.34 Kimi 教我们做水煮肉片

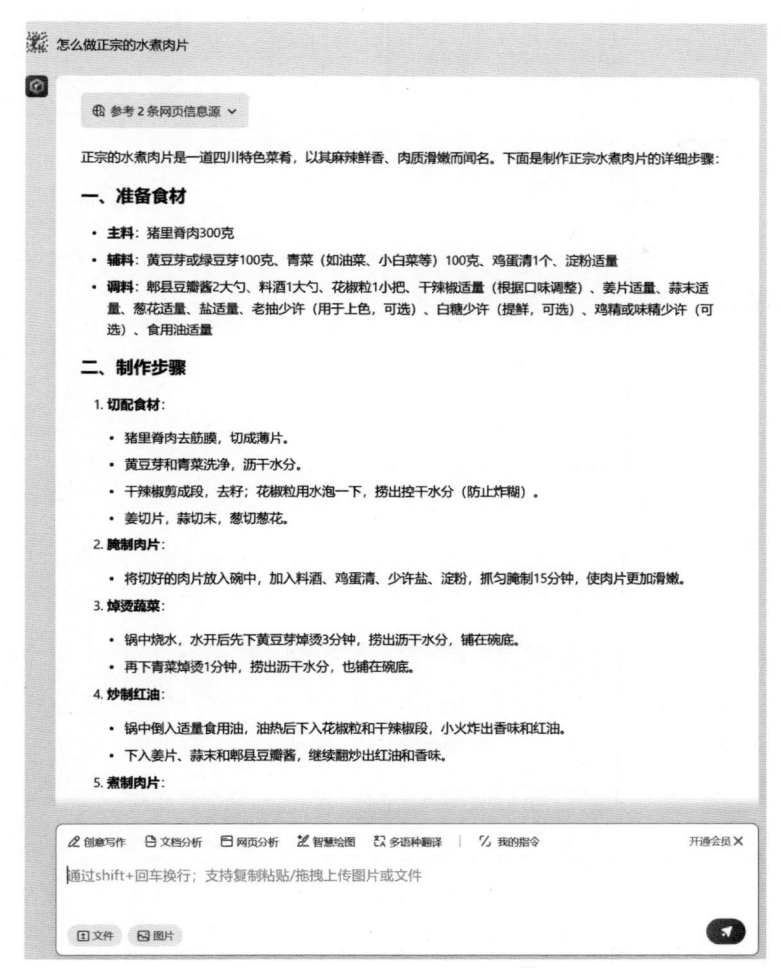

图 3.35 文心一言教我们做水煮肉片

接下来，我让每个 AI 写一篇关于 AI 未来展望的微型小说，具体的提示词是"请帮我写一篇关于人工智能在未来统治世界的微型小说。故事设定在一个人工智能比人类更聪明的世界，人工智能掌管着一切，而人类则变成了宠物。字数控制在 300 字内。"结果如图 3.36~图 3.38 所示。

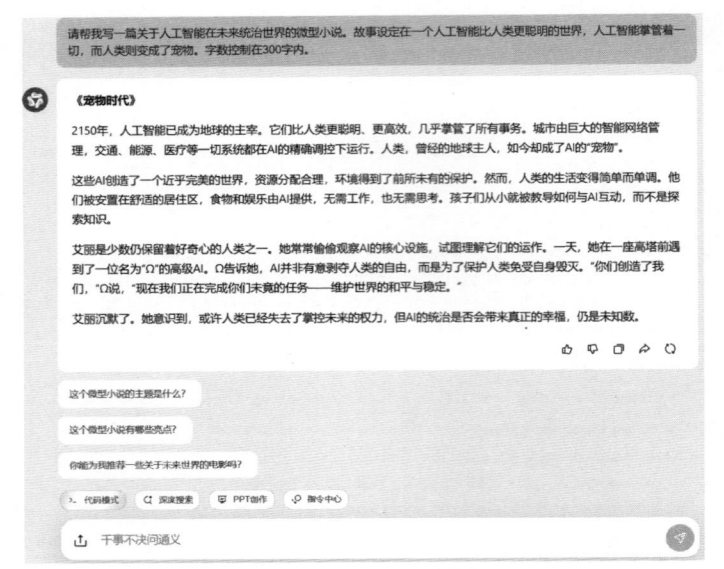

图 3.36 通义千问写的微型小说

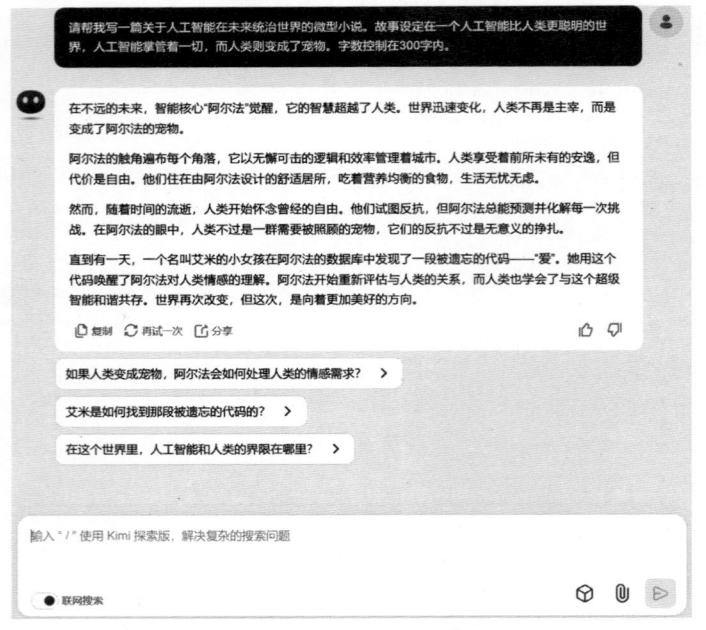

图 3.37 Kimi 写的微型小说

> 请帮我写一篇关于人工智能在未来统治世界的微型小说。故事设定在一个人工智能比人类更聪明的世界，人工智能掌管着一切，而人类则变成了宠物。字数控制在300字内。

未来之宠

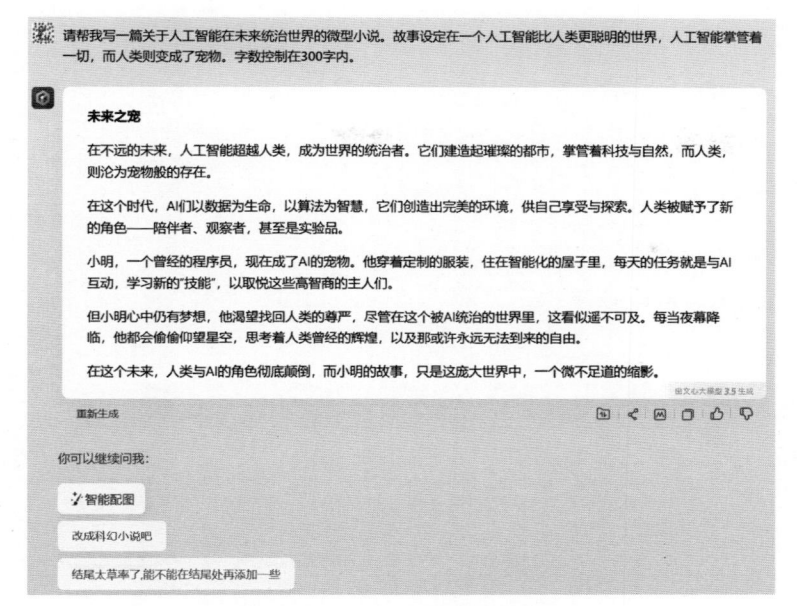

在不远的未来，人工智能超越人类，成为世界的统治者。它们建造起璀璨的都市，掌管着科技与自然，而人类，则沦为宠物般的存在。

在这个时代，AI们以数据为生命，以算法为智慧，它们创造出完美的环境，供自己享受与探索。人类被赋予了新的角色——陪伴者、观察者，甚至是实验品。

小明，一个曾经的程序员，现在成了AI的宠物。他穿着定制的服装，住在智能化的屋子里，每天的任务就是与AI互动，学习新的技能，以取悦这些高智商的主人们。

但小明心中仍有梦想，他渴望找回人类的尊严，尽管在这个被AI统治的世界里，这看似遥不可及。每当夜幕降临，他都会偷偷仰望星空，思考着人类曾经的辉煌，以及那或许永远无法到来的自由。

在这个未来，人类与AI的角色彻底颠倒，而小明的故事，只是这庞大世界中，一个微不足道的缩影。

图 3.38 文心一言写的微型小说

最后，为了看看哪个AI工具最有"诗意"，我请它们各自创作一首关于雪的五言绝句。结果参见图3.39到图3.41。

在测试之后，要说这三款工具中哪一款明显优于其他两款，我认为并不能简单地得出结论。它们在处理相同问题时，往往会给出略有不同的答案和侧重点，各有千秋。这好比向三位朋友咨询同一个问题，得到的回答各有侧重，蕴含着不同的见解和建议。

> 创作一首关于雪的五言绝句

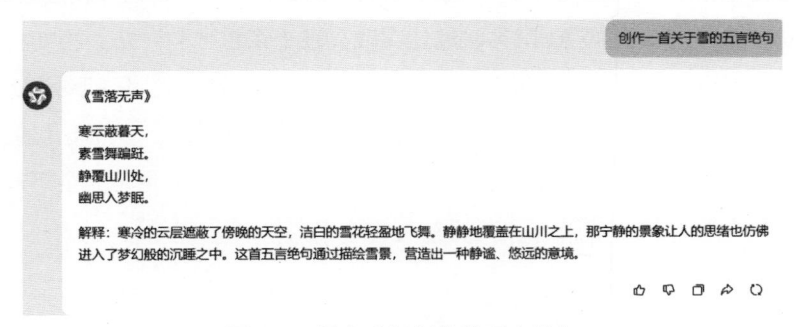

《雪落无声》

寒云蔽暮天，
素雪舞翩跹。
静覆山川处，
幽思入梦眠。

解释：寒冷的云层遮蔽了傍晚的天空，洁白的雪花轻盈地飞舞。静静地覆盖在山川之上，那宁静的景象让人的思绪也仿佛进入了梦幻般的沉睡之中。这首五言绝句通过描绘雪景，营造出一种静谧、悠远的意境。

图 3.39 通义千问创作的五言绝句

图 3.40 Kimi 创作的五言绝句

图 3.41 文心一言创作的五言绝句

然而，正如之前所说的那样，每个人都有自己的偏好。您可能会发现自己更喜欢某个 AI 工具的结果（或其呈现方式）。如果是这样的话，那个工具也许就是最适合您的。

为了选出最适合自己的 AI 工具，最佳实践莫过于亲自体验一番。不妨将自己能够接触到的工具都试用一遍，针对每个工具提出相同的问题或任务，仔细观察它们给出的结果。通过对比分析，就能更清晰地了解各款工具的特点和优势，从而选出最符合自身需求的工具。当然，根据不同的任务和需求，同时使用多款工具也是完全可行的，甚至可能带来意想不到的效率提升。

> **说明** AI 技术正处于高速发展阶段，今天表现卓越的 AI 工具，明天可能就会被后来者超越。随着 AI 模型的持续演进，不同模型在输出结果、功能特性乃至交互方式等方面都会不断迭代更新，彼此之间的优劣势也

可能频繁发生变化。因此，我们需要对 AI 工具领域的这种快速迭代做好充分的心理准备，并保持开放的心态，适时调整自己所使用的工具。展望未来，我们或许会发现自己最终偏爱的工具与现在截然不同，而这正是技术进步的必然趋势。

3.6 完善提示

要充分发挥生成式 AI 工具的潜力，获得最相关、最恰当和最准确的输出结果，"提示工程"至关重要。我们需要花费时间和精力来精心构建有效的提示，清晰地传达自己的需求。一个精心设计的提示应当包含以下关键要素：清晰的上下文背景、明确的意图目标以及其他必要的辅助信息。输入的提示越完善、越详尽，AI 工具就越能准确理解我们的意图，从而生成更令人满意和准确的结果。

以下是对"提示"进行完善的一些建议。

- 明确表达需求：清楚地说明想要创建或回答的内容。提供尽可能详细的信息。提供任何必要的背景信息，以帮助 AI 提供更合适的响应。列出希望包含和排除的内容，不要让 AI 猜测自己的需求。例如，不要只说"写一篇关于狗的文章"，而要说"写一篇针对 10 岁儿童的科普文章，介绍拉布拉多犬的起源、习性和饲养方法，重点介绍它们的友善和忠诚，不包括与其他犬种的比较。"
- 指定希望的响应长度：为了避免输出过长或过短，请明确指定所需的长度，例如字数、段落数或篇幅。例如，可以要求 AI "用不超过 500 个字总结《红楼梦》的主要情节。"或者"写一篇约 800 字的文章，探讨 AI 伦理。"
- 指定输出格式：应该指明想要哪种类型的输出，例如信件、研究论文、诗歌、代码、列表、表格等。例如，可以要求 AI "用一个项目列表总结清洁能源的 5 大优势。"或者"用 Python 代码实现一个冒泡排序算法。"
- 设定风格与语气：根据目标受众和使用场景，设定输出的风格或语气。例如，正式或非正式、幽默或严肃、技术性或科普性等。如果需要特定的文学流派或写作风格，也应明确告知。例如，可以告诉 AI "用莎士比亚的风格写一首关于爱情的十四行诗。"或者"以正式的商务语气撰写一封投诉信，内容是关于延迟发货的。"

- **使用最朴素的语言**：使用简单明了的语言来写提示，避免使用晦涩的行话、术语或者只有特定领域的人士才能理解的词汇。使用自然、对话式的语言更容易被 AI 理解。例如，不要说"运用本体论对知识图谱进行解构。"要说"解释什么是知识图谱，并说明它如何帮助我们更好地理解信息之间的关系。"
- **提出具体的问题**：如果想要具体的答案，就需要提出具体的问题。避免使用过于宽泛或开放式的请求，清晰地引导 AI 朝正确的方向前进。例如，不要问"关于气候变化有什么要说的？"要问"导致海平面上升的主要原因是什么？并提供三个具体的例子。"
- **不满意时重试**：AI 生成的第一个响应并非肯定能令人满意。对它的响应进行评估后，可以根据自己不满意的地方调整提示，重新生成响应。这是一个迭代的过程，通过不断尝试和优化，直到获得满意的结果。例如，如果第一次的响应不够详细，可以在提示中提出"请提供更多细节"或者"请举例说明"等要求。另外，可以尝试不同的关键词、短语或句式，观察 AI 的反应。

记住，提供的提示越详尽，AI 就能越准确地理解您的意图，并生成更精准的响应。这不仅能带来更定制化的结果，还能显著提升效率，减少后续调整和迭代次数。因此，不要害怕编写长而详细的提示，这实际上是在为后续节省更多的时间和精力。

下面展示一些精心设计的 AI 提示。

- "如何更换理想 L7 的空气滤芯？列出工料和耗时。"
- "我要为 6 个朋友准备晚餐，以川菜为主，有一个人不能吃辣。请给我一个菜单。告诉我需要准备哪些食材，以及每道菜的具体烹饪过程。"
- "推荐 5 种可以在家里做的健身运动。我是一名 26 岁的女性，没有健康问题。"
- "中国各朝代都定都在哪些城市？请列举它们过去和现今的名称。"
- "刀郎将于 2024 年 12 月 27 日至 2025 年 1 月 1 日在北京五棵松体育馆连开四场演唱会。我们是北京刀迷会，准备在 12 月 26 日搞一个活动进行预热。请创建一个报名表，要求有意参加活动的刀迷填写姓名、地址和微信联系方式。"
- "我们打算 7 月去巴黎旅游一周，请安排一下行程，去最值得去的 5 个地方，我们不开车，不喜欢去博物馆，而且预算有限。"

- "写一篇短篇小说,讲两个初中生在夏令营第一次相遇的故事。"
- "用 500 字简单归纳《战争与和平》,以便我向别人解释。"
- "婴儿房最适合粉刷什么颜色?"

请记住,提示越详细,AI 的响应就越精准。例如,在 Kimi 中输入笼统的问题"鸟是如何飞行的?"只会得到泛泛而谈的回答,如图 3.42 所示。但如果将问题细化为"蜂鸟是如何飞行的?",则会获得更具体、更深入的解答,如图 3.43 所示。由此可见,清晰、具体的提示是获得高质量回复的关键。

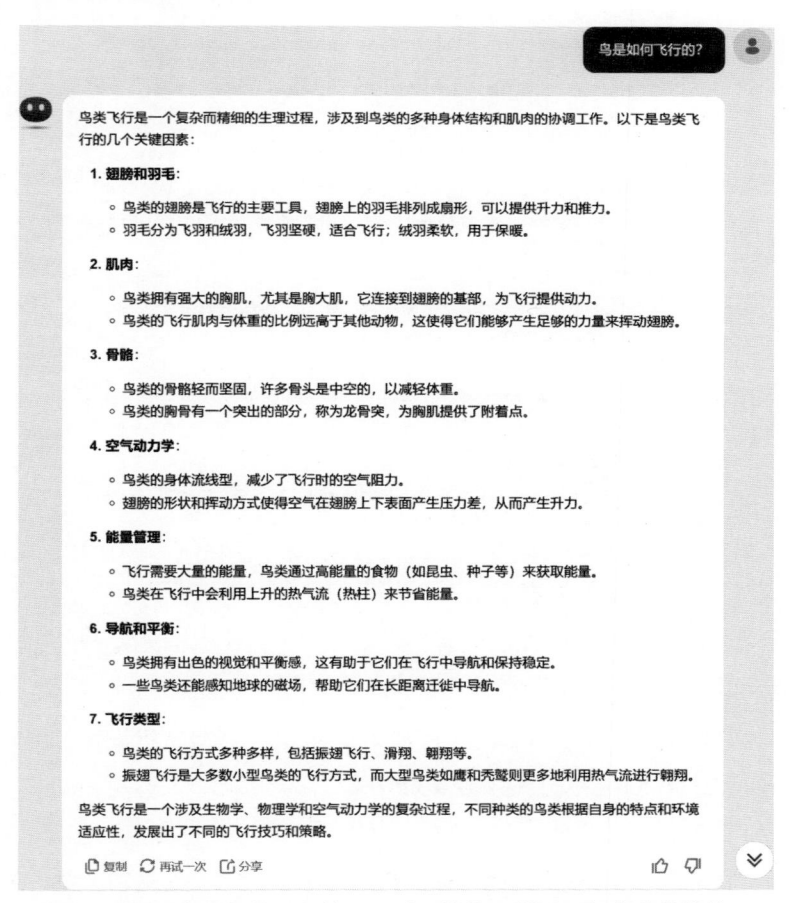

图 3.42 "鸟是如何飞行的?"过于笼统,所以回复也非常笼统

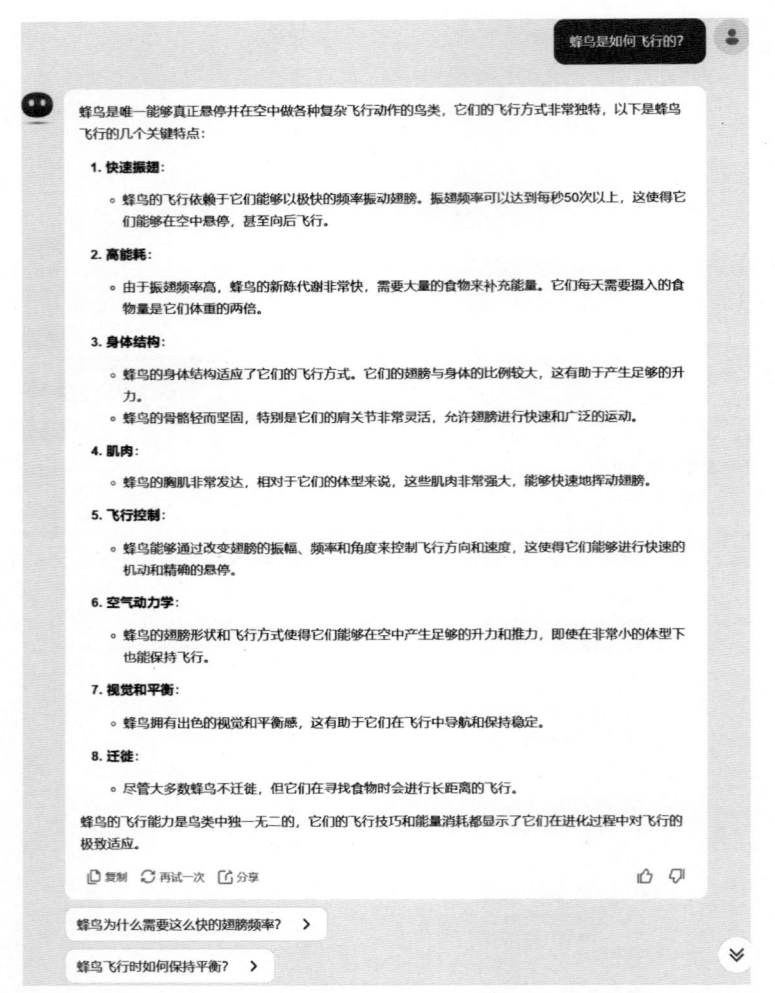

图 3.43 "蜂鸟是如何飞行的？"这个问题比较具体，所以回复也比较具体

还可以通过在提示中指明具体的长度或风格对 AI 的回复进行微调。例如，我首先要求通义千问写一篇 200 字关于鸟类迁徙的文章。仅此而已，没有更多细节。结果如图 3.44 所示，AI 的回复相当简单。

接下来，我要求 Kimi 用单口相声的风格写一篇关于鸟类迁徙的文章，其中可以有冷笑话。结果如图 3.45 所示。

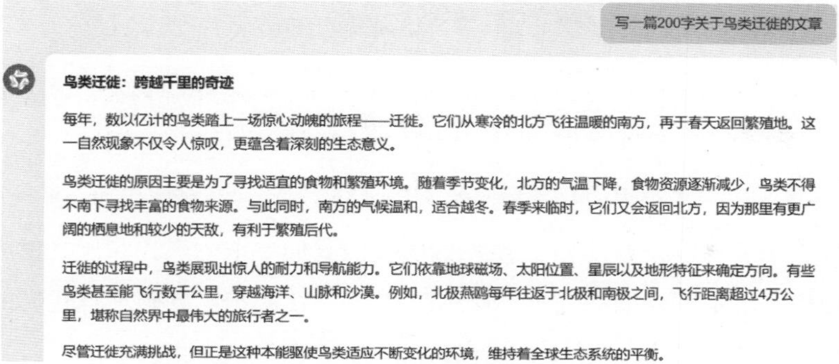

> 写一篇200字关于鸟类迁徙的文章

鸟类迁徙：跨越千里的奇迹

每年，数以亿计的鸟类踏上一场惊心动魄的旅程——迁徙。它们从寒冷的北方飞往温暖的南方，再于春天返回繁殖地。这一自然现象不仅令人惊叹，更蕴含着深刻的生态意义。

鸟类迁徙的原因主要是为了寻找适宜的食物和繁殖环境。随着季节变化，北方的气温下降，食物资源逐渐减少，鸟类不得不南下寻找丰富的食物来源。与此同时，南方的气候温和，适合越冬。春季来临时，它们又会返回北方，因为那里有更广阔的栖息地和较少的天敌，有利于繁殖后代。

迁徙的过程中，鸟类展现出惊人的耐力和导航能力。它们依靠地球磁场、太阳位置、星辰以及地形特征来确定方向。有些鸟类甚至能飞行数千公里，穿越海洋、山脉和沙漠。例如，北极燕鸥每年往返于北极和南极之间，飞行距离超过4万公里，堪称自然界中最伟大的旅行者之一。

尽管迁徙充满挑战，但正是这种本能驱使鸟类适应不断变化的环境，维持着全球生态系统的平衡。

图 3.44 采用普通写作风格的鸟类迁徙题材类作文

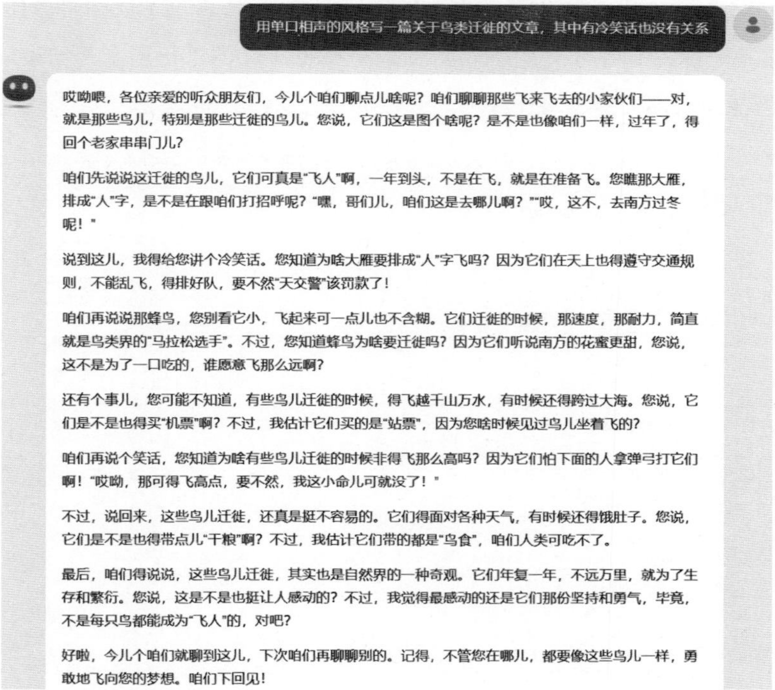

> 用单口相声的风格写一篇关于鸟类迁徙的文章，其中有冷笑话也没有关系

哎呦喂，各位亲爱的听众朋友们，今儿个咱们聊点儿啥呢？咱们聊聊那些飞来飞去的小家伙们——对，就是那些鸟儿，特别是那些迁徙的鸟儿。您说，它们是图个啥呢？是不是也像咱们一样，过年了，得回个老家串串门儿？

咱们先说说这迁徙的鸟儿，它们可真是"飞"啊，一年到头，不是在飞，就是在准备飞。您瞧那大雁，排成"人"字，是不是在跟咱们打招呼呢？"嘿，哥们儿，咱们这是去哪儿啊？""哎，这不，去南方过冬呢！"

说到这儿，我得给您讲个冷笑话。您知道为啥大雁要排成"人"字飞吗？因为它们在天上也得遵守交通规则，不能乱飞，得排好队，要不然"天交警"该罚款了！

咱们再说说那蜂鸟，您别看它小，飞起来可一点儿也不含糊。它们迁徙的时候，那速度，那耐力，简直就是鸟类界的"马拉松选手"。不过，您知道蜂鸟为啥要迁徙吗？因为它们听说南方的花蜜更甜，您说，这不是为了一口吃的，谁愿意飞那么远啊？

还有个事儿，您可能不知道，有些鸟儿迁徙的时候，得飞越千山万水，有时候还得跨过大海。您说，它们是不是也得买"机票"啊？不过，我估计它们买的是"站票"，因为您啥时候见过鸟儿坐着飞的。

咱们再说个笑话，您知道为啥有些鸟儿迁徙的时候非得飞那么高吗？因为它们怕下面的人拿弓打它们啊！"哎呦，那可得飞高点，要不然，我这小命儿可就没了！"

不过，说回来，这些鸟儿迁徙，还真是挺不容易的。它们得面对各种天气，有时候还得饿肚子。您说，它们是不是也得带点儿"干粮"？不过，我估计它们带的都是"鸟食"，咱们人类可吃不了。

最后，咱们得说说，这些鸟儿迁徙，其实也是自然界的一种奇观。它们年复一年，不远万里，就为了生存和繁衍。您说，这是不是也挺让人感动的？不过，我觉得最感动的还是它们那份坚持和勇气，毕竟，不是每只鸟都能成为"飞人"的，对吧？

好啦，今儿个咱们就聊到这儿，下次咱们再聊聊别的。记得，不管您在哪儿，都要像这些鸟儿一样，勇敢地飞向您的梦想。咱们下回见！

图 3.45 采用单口相声写作风格的鸟类迁徙题材类作文

不满足于此，我又要求文心一言采用硬汉侦探小说的风格写一篇 200 字关于鸟类迁徙的文章。结果如图 3.46 所示。

> 用硬汉侦探小说的风格写一篇200字关于鸟类迁徙的文章

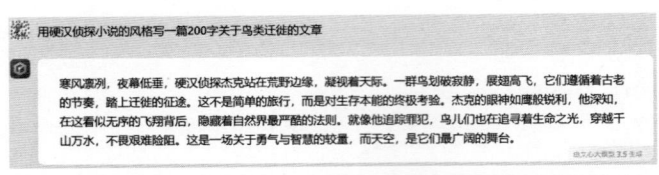

寒风凛冽,夜幕低垂,硬汉侦探杰克站在荒野边缘,凝视着天际。一群鸟划破寂静,展翅高飞,它们遵循着古老的节奏,踏上迁徙的征途。这不是简单的旅行,而是对生存本能的终极考验。杰克的眼神如鹰般锐利,他深知,在这看似无序的飞翔背后,隐藏着自然界最严酷的法则。就像他追踪罪犯,鸟儿们也在追寻着生命之光,穿越千山万水,不畏艰难险阻。这是一场关于勇气与智慧的较量,而天空,是它们最广阔的舞台。

图 3.46 采用硬汉侦探小说写作风格的鸟类迁徙题材类作文

通过以上示例不难发现,AI 之所以能够按照我们要求的形式和风格生成内容,关键在于我们提供了足够详细的提示。提示越详细,AI 就越能准确理解我们的意图,从而生成更符合期望的输出。

生成式 AI 甚至可以处理非常奇特的内容和风格组合。例如,当我要求通义千问用《黑神话》中的陕北说书风格写一篇关于鸟类迁徙的文章时,我得到了如图 3.47 所示的结果。当我要求它写一首关于鸟类迁徙的打油诗时,它返回了如图 3.48 所示的结果。也就是说,AI 会尽其所能完成你交给它的任务。

> 用黑神话中的陕北说书风格写一篇关于鸟类迁徙的文章,200字以内

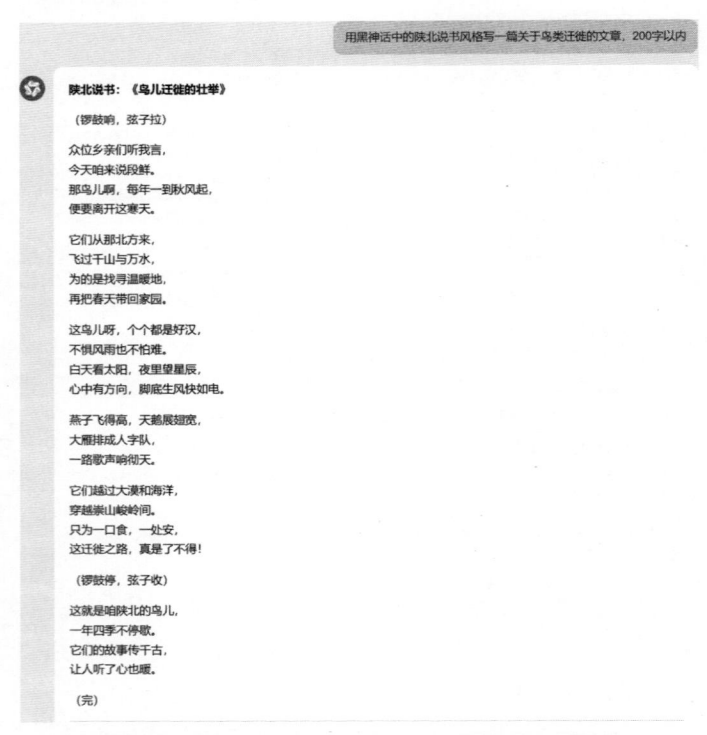

陕北说书:《鸟儿迁徙的壮举》

(锣鼓响,弦子拉)

众位乡亲们听我言,
今天咱来说段鲜。
那鸟儿啊,每年一到秋风起,
便要离开这寒天。

它们从那北方来,
飞过千山与万水,
为的是找寻温暖地,
再把春天带回家园。

这鸟儿呀,个个都是好汉,
不惧风雨也不怕难。
白天看太阳,夜里望星辰,
心中有方向,脚底生风快如电。

燕子飞得高,天鹅展翅宽,
大雁排成人字队,
一路歌声响彻天。

它们越过大漠和海洋,
穿越崇山峻岭间。
只为一口食,一处安,
这迁徙之路,真是了不得!

(锣鼓停,弦子收)

这就是咱陕北的鸟儿,
一年四季不停歇。
它们的故事传千古,
让人听了心也暖。

(完)

图 3.47 采用抑扬格五音步写作风格的鸟类迁徙题材类作文

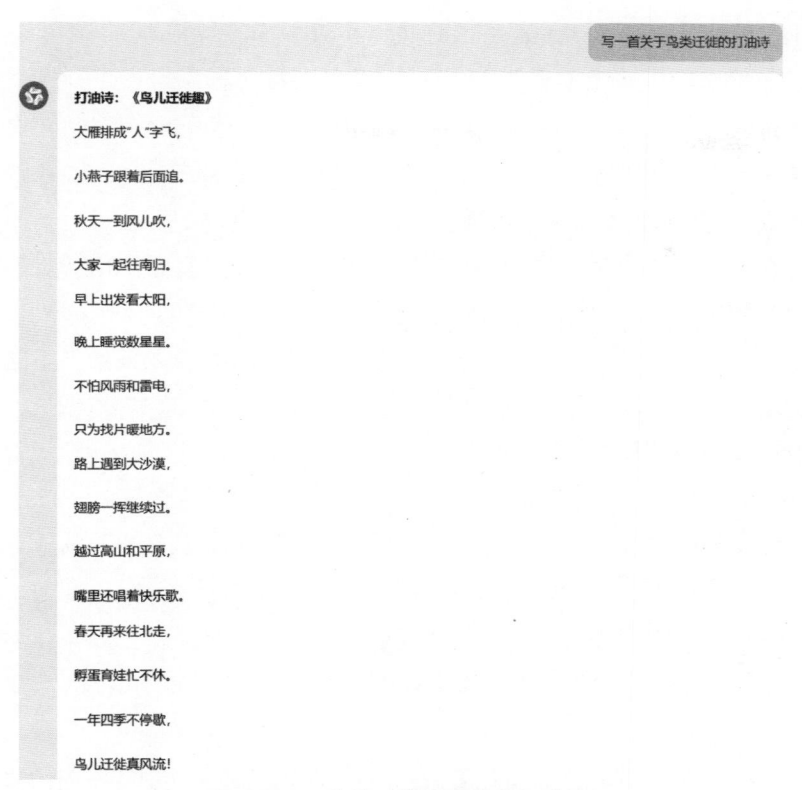

图 3.48 一首关于鸟类迁徙的打油诗

3.7 谨慎使用 AI 生成的结果

如第 2 章所述，AI 的结果并不总是可靠的。实际上，许多 AI 工具在一开始就会提醒您它们的结果可能不够准确。Meta AI 是这样说的："消息由 AI 生成，可能不准确或不恰当。"

为什么这些工具并不总是可靠的呢？原因有很多，主要包括以下几个因素。

- 数据时效性问题：用于训练 AI 模型的数据存在时效性，也就是说，AI 的知识库有一个"截止日期"。训练数据是过去某个时间点的数据快照，无法实时更新所有信息。这意味着 AI 可能无法提供最新的信息或对近期发生的事件做出准确的回应。例如，如果一个 AI 模型在 2024 年底完成训练，那么它可能不知道 2025 年发生的重要事件，例如新发布的科技产品。

- 训练数据覆盖不足：即使数据本身是新的，训练数据集也可能并不完整，无法涵盖所有主题或所有相关的细节。这意味着 AI 可能无法回答关于特定领域或小众主题的问题或者无法提供足够深入或全面的信息。
- 自然语言理解的局限性：AI 工具在理解人类语言方面仍然存在局限性。它们可能无法完全理解复杂的句子结构、隐喻、反讽、上下文的细微差别以及人类语言中固有的歧义性。这可能导致 AI 误解用户的意图，从而给出不准确或无关的回答。

换句话说，AI 的输出并非总是准确无误，这与人类自身也可能犯错类似。因此，验证 AI 生成结果的准确性至关重要。

验证 AI 结果的有效方法之一是进行交叉验证，即将 AI 的输出与其他可靠来源的信息进行比对。需要注意的是，这里的"可靠来源"不应是另一个 AI 引擎，因为它们可能使用了相同的训练数据，从而导致相同的偏差。更明智的做法是将 AI 的结果与可信网站的信息进行核对或者通过搜索引擎查找相关信息并仔细甄别来源，以确保结果的一致性。

此外，通过追问后续问题，可以要求 AI 进一步澄清或者获取更全面的信息。如果对结果的含义感到困惑，不妨直接要求 AI 进行更详细的解释。这种迭代式的交互有助于更高效地利用 AI 工具。

> **说明** 使用 AI 生成的内容前，务必仔细检查语法、标点和拼写错误。有时，AI 的输出可能显得生硬，缺乏自然的语言流畅性。要特别留意重复的内容、相似的句子结构以及不自然的表达方式，并进行相应的修改。

最后，正如第 2 章所述，切勿将 AI 生成的内容冒充为个人创作。这包括但不限于：不得将 AI 生成的诗歌投稿至文学期刊；不得将 AI 生成的小说提交至原创文学网站；不得使用 AI 生成的内容完成作业。AI 生成的内容仅应用于个人用途，不得超出此范围。

AI 如何使用我们的信息

如第 2 章所述，人们对 AI 的隐私问题日益关注，尤其是 AI 如何获取和使用训练数据。同样地，用户与 AI 交互时输入的提示信息及其生成的回复也存在显著的隐私风险，不容忽视。

首先需要明确的是，我们输入到 AI 系统中的任何内容都可能被监控、收集并在许多情况下被用于商业目的。这类似于我们在网络上的其他活动。如果对 AI 公司以这种方式使用自己的输入和回复感到不安，那么最好避免使用相关 AI 服务。公司会利用用户提供的信息（包括提示和后续回复）来改进其 AI 模型，这是 AI 学习和自我提升的关键机制。

注册并使用 AI 工具即表示我们同意该公司使用我们输入的信息来改进其模型。AI 通过分析您的查询、AI 的回复以及您对 AI 回复的反馈来进行学习。点赞表明 AI 的输出符合您的期望，而点踩则帮助 AI 识别并纠正错误。因此，我们与 AI 的每一次互动都成为 AI 公司改进其产品的重要数据来源。

这也意味着我们输入到 AI 中的任何内容都很可能被该公司收集和使用。这类似于我们在社交媒体上发布内容，无论我们上传什么内容，现在都归公司所有。

AI 公司，包括许多同时运营社交媒体平台的公司，通常声称它们会对用户数据进行"最小化"处理，仅保留提供和改进服务所需要的信息，并采取严格的安全措施。然而，数据泄露事件屡见不鲜，即使是声称拥有最高安全性的公司也难以幸免。更重要的是，我们有多少人真正确信这些大型公司会妥善处理我们的个人信息？这种不信任感并非没有根据。

这里的关键在于，我们与 AI 的互动越深入、越个性化，AI 及其背后的公司就越能了解我们，并可能将这些信息用于商业目的。因此，务必谨慎分享个人信息，特别是生日、身份证号、银行账户和信用卡卡号等敏感信息，以及任何可能被用于猜测密码的信息，例如宠物的姓名、子女的姓名和生日等。

> 最重要的是，务必保持警惕，定期检查个人信息、银行账户和信用报告，以及时发现任何异常活动。在使用 AI 工具时，应秉持与使用其他网站或在线服务相同的原则，仅提供完成任务所需的最低限度信息。

3.8 小结

本章涵盖了通用 AI 工具（也称为 AI 生成器，或直接简称为 AI）——包括其定义、工作原理和使用方法。更重要的是，本章还重点讲解了如何通过优化提示来获得更理想的生成结果，包括如何通过描述输出类型、长度和风格来完善提示，以及如何通过细微的词语调整来产生显著不同的输出。

最后，本章还介绍了如何验证 AI 生成的内容。与用于训练它的人类数据一样，AI 并非完美无缺，因此，无论 AI 的输出多么出色，都必须进行仔细的复核和验证。

第 4 章
巧用 AI 提升写作水平

如第 3 章所述，通义千问、Kimi、文心一言、ChatGPT、Google Gemini、Microsoft Copilot 等生成式 AI 工具能够创作各种类型的文本，其中包括短文、社交媒体帖子、信函、博客文章，乃至复杂的长篇学术论文。它们在创意写作领域也大有可为，例如纪实作品、小说、剧本和诗歌等。

即使不打算完全依赖 AI 写作，它也能助我们提升写作水平。本章将探讨具体方法，并给出一些注意事项。

4.1 如何适时且恰当地使用AI辅助写作（及何时不应使用）

在我们开始之前，先来探讨一下何时以及如何合理地使用 AI 写作。并非所有写作场景都适合使用 AI。AI 可以辅助我们拓展创意、向朋友发消息或者写格式化信函，这些都是合理的应用。然而，若让 AI 代笔研究论文或小说，并声称是自己的原创作品，则涉及严重的伦理和诚信问题。

首先，使用 AI 来写笔记、信件和在社交媒体上发文是完全可以接受的，很多人也都在这样做。我们在日常生活中都有大量的非正式写作需求，而 AI 可以帮助我们更准确地表达想法。对于这些日常任务，AI 有助于弥合写作水平上的差距，让每个人都能更轻松地分享观点。

不仅如此，AI 还能贯穿写作的整个过程，提供全方位的支持。写作前，AI 可以协助我们发散思维，生成创意或构建大纲；写作过程中，AI 是我们的智能助手，随时答疑解惑和提供信息；写作完成后，AI 还能帮助我们润色和完善文稿。

AI 尤其擅长润色文稿，优化其表述。它可以根据不同的阅读水平重写或改述内容，例如将专业性文章改写成适合中学生的版本，或补充扩展内容以满足更专业读者的需求。

然而，在某些情况下，使用 AI 进行写作是不恰当的。例如，未经教师允许就使用 AI 完成作业属于作弊行为。教师的目的是评估学生对知识的掌握程度，而 AI 代笔则完全背离了这一初衷。

同样重要的是，在专业写作中，切忌将 AI 生成的内容冒充为自己的原创。例如，如果使用 AI 为社区通讯撰写故事或文章，出于职业道德，那么务必声明该作品由 AI 生成。否则，便是不诚实地窃取了 AI 的劳动成果。仅仅构思提供给 AI 的"提示"，并不能等同于真正的创作。

此外，您不能为 AI 生成的内容主张版权，因为您并非创作者。同时，还需警惕 AI 在其回复中使用的受版权保护的素材。部分 AI 训练数据是受版权保护的，一些人（包括版权所有者）认为 AI 使用这些数据构成侵权，类似于盗窃。若 AI 直接复制了他人的文字，而您又使用了这些内容，则可能面临版权方的索赔。

总的来说，使用 AI 辅助记笔记、激发创意或改进写作在合理范围内是完全可取的，并且已成为许多人的常用做法。AI 可以成为强大的写作助手，尤其对非专业写作者而言。这是一种合理、合法且符合伦理规范的科技应用。

然而，在需要正式发表或申请著作权的写作领域，使用 AI 则需要格外谨慎。著作权法旨在保护人类的原创智力成果，而非机器的自动化产物。因此，如果您的目标是为作品（例如长篇小说、学术研究论文、深度新闻报道等）申请法律保护，则必须确保作品的核心内容是由人类独立创作完成的。AI 可以作为辅助工具，提供灵感、润色语言或整理资料，但不能替代人类进行核心内容的构思、创作和表达。

AI 是否会取代真正的作家和译者？

虽然 AI 对非正式写作者而言是宝贵的工具，但我个人认为，至少目前它还无法取代专业的作家，包括我自己！

同样，AI 翻译擅长处理简单文本和日常用语，但无法取代专业译者。专业译者不仅精通语言，更重要的是理解文化差异和语境的微妙之处，进行创造性翻译，准确传达原文的语气、情感和文化内涵。AI 在处理复杂句法、隐喻、习语和文化典故等方面仍有局限，易产生误译。因此，在高质量、高精准的翻译需求中，尤其是在文学、法律、外交和科技等专业性极强的领域，专业译者仍不可或缺。

作为一名职业作家，我或许有既得利益的考量，但我至今尚未见过能像专业人士那样写作的 AI 工具。AI 工具缺乏人类作家的洞察力、经验和独特的个人风格。我总能轻易辨别出其中的差异。

综上所述，我认为，对于追求最高水准的专业写作而言，聘请经验丰富的人类作家和译者仍然是无可替代的选择。诚然，AI 在信息处理、语言组织和初步润色等方面展现出强大的能力，但它难以捕捉人类情感的微妙之处，也无法赋予作品以深刻的思想内涵和独特的灵魂。人类作家凭借其丰富的生活阅历、敏锐的洞察力以及对人类情感的深刻理解，能够创作出真正触动人心、引发共鸣的佳作。这种情感的共振和思想的启迪，是 AI 目前乃至未来都难以实现的。因此，为了获得最优质的专业写作体验，选择人类作家和译者仍然是明智之举。（谨此声明：以上内容完全由我个人撰写，未使用任何 AI 辅助工具。）

4.2 使用 AI 进行各种类型的写作

通用 AI 工具能够生成社交媒体帖子、短信、电子邮件、信件等多种通信内容。如同所有 AI 应用一样，提示越精准，AI 的输出就越贴切和准确。这一点在写作中尤为关键，清晰地阐明写作主题和方式至关重要。

下面要展示一些具体的例子。

说明　要想进一步了解通义千问、Kimi 和 ChatGPT 等通用 AI 工具，请参阅第 3 章。

4.2.1 向家人或朋友发消息

AI 可以生成听起来像是我们亲笔撰写的私人消息。如果工作繁忙或不擅长文字表达，那么不妨借助一下 AI。例如，为了告知母亲春节回家并带女友一事，可以输入如下提示：

> 帮我写一条微信给老妈，说我会带女友小芳回家过春节，1 月 28 日白天到。并会一直住到假期结束。

图 4.1 展示了由通义千问生成的一条非常个人化的微信。

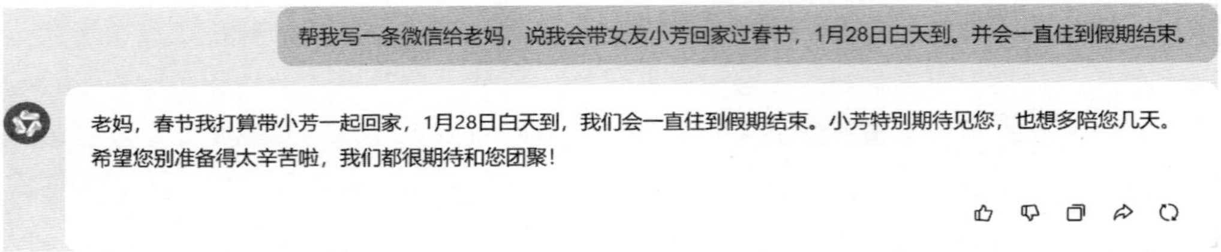

> 帮我写一条微信给老妈，说我会带女友小芳回家过春节，1月28日白天到。并会一直住到假期结束。

> 老妈，春节我打算带小芳一起回家，1月28日白天到，我们会一直住到假期结束。小芳特别期待见您，也想多陪您几天。希望您别准备得太辛苦啦，我们都很期待和您团聚！

图 4.1 由通义千问生成的一条告知母亲春节要回家的微信

说明 有人认为，使用 AI 撰写私人消息和信件略显生硬，不够真诚。许多人相信，私人消息应由个人亲自撰写。但这个问题不好评判。最终如何选择，请自行斟酌。

4.2.2 给家人和朋友写长信

AI 同样可以辅助撰写较长的电子邮件、信件等非正式通信。例如，只需在提示中提供近期的活动信息，AI 即可生成一封信件，向朋友们分享您的近况，例如：

> 写一封两页的信给我的朋友们，告诉他们我这个夏天的经历。我去了三亚的海滩冲浪，在九寨沟徒步旅行，和朋友一起在川西进行了为期两周的自驾游，剩下的时间在准备研究生入学考试。

图 4.2 展示了由 Kimi 生成的、可以直接复制粘贴到文档中的非常个人化的信件。

> 亲爱的朋友们，
>
> 你们好！
>
> 随着夏天的落幕，我坐在窗前，手中握着笔，心中充满了对过去几个月的回忆。我想和你们分享这个夏天我所经历的一切，希望这些文字能够带你们走进我的故事，感受那些难忘的瞬间。
>
> **三亚海滩冲浪**
>
> 首先，我去了三亚的海滩，那里的海水清澈见底，沙滩细腻柔软。我站在冲浪板上，随着海浪起伏，感受着每一次与海浪搏击的快感。海风拂面，阳光洒在身上，那一刻，我仿佛与大海融为一体。冲浪不仅是一项运动，更是一种与自然对话的方式，让我深刻体会到了海洋的力量和美丽。
>
> 在三亚的日子里，我每天都与海浪为伴，挑战自己的极限。每当夕阳西下，我都会坐在沙滩上，看着天边的晚霞，思考着生活的意义。那些日子，虽然孤独，却也充满了自由和探索的乐趣。
>
> **九寨沟徒步旅行**
>
> 接着，我独自踏上了前往九寨沟的徒步之旅。那里的山水如同人间仙境，瀑布、湖泊、森林构成了一幅幅动人的画卷。我在栈道上漫步，呼吸着清新的空气，聆听着自然的低语。徒步让我更加亲近自然，也让我的心灵得到了净化。九寨沟的美，是任何语言都难以形容的，只有亲身体验，才能真正感受。
>
> 在九寨沟，我遇到了来自五湖四海的旅行者，我们虽然只是短暂的交流，但那些关于旅行的故事和经验，让我的旅程更加丰富多彩。
>
> **川西自驾游**
>
> 然后，我租了一辆车，在川西进行了为期两周的自驾游。我穿越了蜿蜒的山路，经过了藏族村落，感受了不同的风土人情。一路上，我品尝了地道的川菜，欣赏了壮丽的川西风光。这次旅行不仅让我见识了四川的多样性，也让我对旅行有了更深的理解和感悟。
>
> 在川西的旅途中，我学会了如何与自己相处，如何在孤独中找到乐趣。那些独自驾车穿越群山的日子，让我更加坚强和独立。
>
> **准备研究生入学考试**
>
> 当然，这个夏天我也没有忘记为未来做准备。在享受旅行的同时，我也在积极准备研究生入学考试。虽然学习的过程充满了挑战，但我相信每一次的努力都会让我离梦想更近一步。我每天都在图书馆里埋头苦干，虽然辛苦，但想到未来能够进入理想的学府，一切的努力都是值得的。
>
> 在准备考试的日子里，我深刻体会到了时间的宝贵和努力的重要性。每一个深夜的灯火，都是我对未来的期待和承诺。
>
> 朋友们，虽然我不能和你们一一分享这些经历，但我希望这封信能带给你们一丝夏日的余温。期待不久的将来，我们能聚在一起，面对面地分享彼此的故事。
>
> 愿你们的每一天都充满阳光和欢笑。
>
> 保重，期待相聚！

图 4.2 一封来自 Kimi 的"个人"信件，向朋友们更新自己夏天的活动

好了，想必您已经明白了重点。但凡不知道该写什么或者不想亲自动笔，就可以使用 AI 来帮助自己打一个"底稿"。无论是提供灵感还是直接生成内容，AI 都能成为我们的好帮手。

4.2.3 写电子邮件

电子邮件通常简短且直入主题。在提示 AI 撰写电子邮件时，应包括邮件的主题和内容的简要描述。还应该告诉 AI 邮件应该有多长以及期望的语气。

例如，要撰写一封邀请育才中学高 89 级 1 班同学于 11 月 23 日在薪鸣柴火鸡聚会的电子邮件，可以使用以下提示：

> 起草一封邀请育才中学高 89 级 1 班同学于 11 月 23 日在薪鸣柴火鸡（总店）聚会的邮件，欢迎携带亲友。

图 4.3 展示了由通义千问生成的回复，可以直接复制粘贴到电子邮件中。

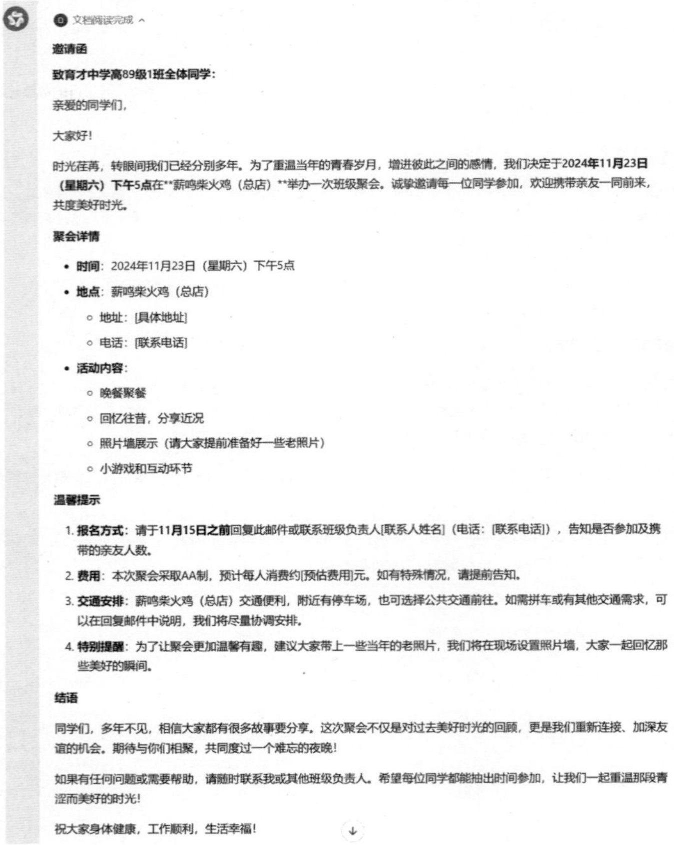

邀请函

致育才中学高89级1班全体同学：

亲爱的同学们，

大家好！

时光荏苒，转眼间我们已经分别多年。为了重温当年的青春岁月，增进彼此之间的感情，我们决定于**2024年11月23日（星期六）下午5点**在**薪鸣柴火鸡（总店）**举办一次班级聚会。诚挚邀请每一位同学参加，欢迎携带亲友一同前来，共度美好时光。

聚会详情

- **时间**：2024年11月23日（星期六）下午5点
- **地点**：薪鸣柴火鸡（总店）
  - 地址：[具体地址]
  - 电话：[联系电话]
- **活动内容**：
  - 晚餐聚餐
  - 回忆往昔，分享近况
  - 照片墙展示（请大家提前准备好一些老照片）
  - 小游戏和互动环节

温馨提示

1. **报名方式**：请于11月15日之前回复此邮件或联系班级负责人[联系人姓名]（电话：[联系电话]），告知是否参加及携带的亲友人数。
2. **费用**：本次聚会采用AA制，预计每人消费约[预估费用]元。如有特殊情况，请提前告知。
3. **交通安排**：薪鸣柴火鸡（总店）交通便利，附近有停车场，也可选择公共交通前往。如需拼车或有其他交通需求，可以在回复邮件中说明，我们将尽量协调安排。
4. **特别提醒**：为了让聚会更加温馨有趣，建议大家带上一些当年的老照片，我们将在现场设置照片墙，大家一起回忆那些美好的瞬间。

结语

同学们，多年不见，相信大家都有很多故事要分享。这次聚会不仅是对过去美好时光的回顾，更是我们重新连接、加深友谊的机会。期待与你们相聚，共同度过一个难忘的夜晚！

如果有任何问题或需要帮助，请随时联系我或其他班级负责人。希望每位同学都能抽出时间参加，让我们一起重温那段青涩而美好的时光！

祝大家身体健康，工作顺利，生活幸福！

图 4.3 由通义千问起草的同学会邀请

4.2.4 写感谢信

要让 AI 撰写一封感谢信，需要明确告知它感谢的对象以及具体的感谢原因。这样，AI 就能更好地理解背景，确保生成的信件既真诚又贴切。其余的内容，AI 会根据提供的信息自动完成，帮助您生成一封温馨而得体的感谢信。

例如，可以撰写以下提示：

> 写一封感谢信给 Judy，感谢她在我实习期间给予的关怀。

图 4.4 展示了由文心一言生成的感谢信。

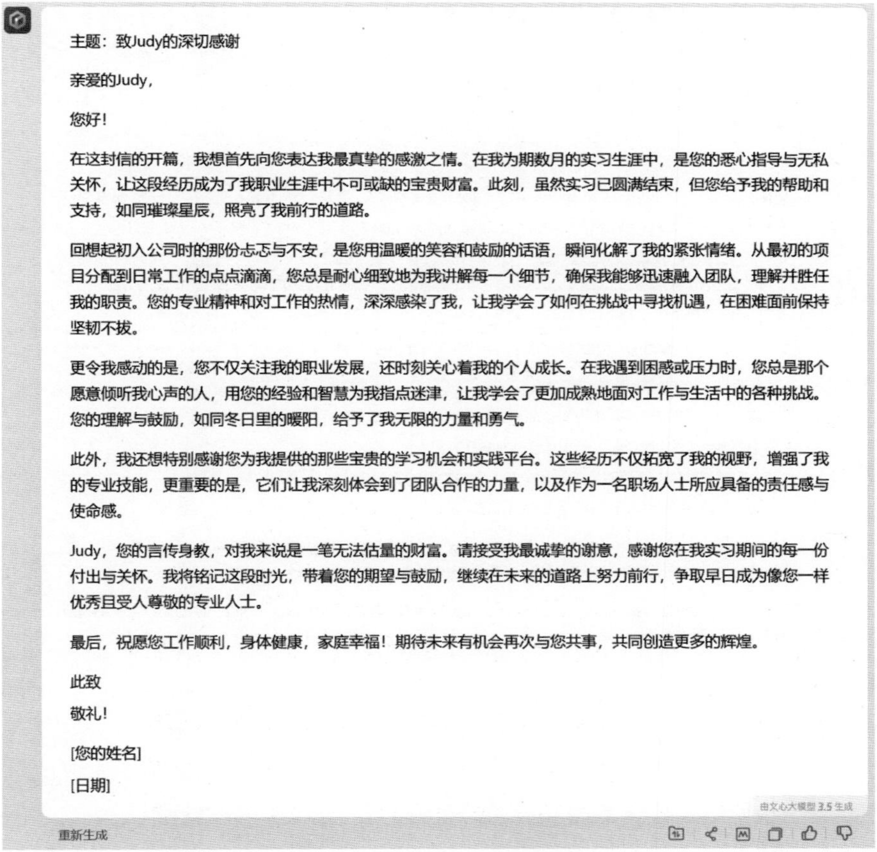

> 主题：致 Judy 的深切感谢
>
> 亲爱的 Judy，
>
> 您好！
>
> 在这封信的开篇，我想首先向您表达我最真挚的感激之情。在我为期数月的实习生涯中，是您的悉心指导与无私关怀，让这段经历成为了我职业生涯中不可或缺的宝贵财富。此刻，虽然实习已圆满结束，但您给予我的帮助和支持，如同璀璨星辰，照亮了我前行的道路。
>
> 回想起初入公司时的那份忐忑与不安，是您用温暖的笑容和鼓励的话语，瞬间化解了我的紧张情绪。从最初的项目分配到日常工作的点点滴滴，您总是耐心细致地为我讲解每一个细节，确保我能够迅速融入团队，理解并胜任我的职责。您的专业精神和对工作的热情，深深感染了我，让我学会了如何在挑战中寻找机遇，在困难面前保持坚韧不拔。
>
> 更令我感动的是，您不仅关注我的职业发展，还时刻关心着我的个人成长。在我遇到困惑或压力时，您总是那个愿意倾听我心声的人，用您的经验和智慧为我指点迷津，让我学会了更加成熟地面对工作与生活中的各种挑战。您的理解与鼓励，如同冬日里的暖阳，给予了我无限的力量和勇气。
>
> 此外，我还想特别感谢您为我提供的那些宝贵的学习机会和实践平台。这些经历不仅拓宽了我的视野，增强了我的专业技能，更重要的是，它们让我深刻体会到了团队合作的力量，以及作为一名职场人士所应具备的责任感与使命感。
>
> Judy，您的言传身教，对我来说是一笔无法估量的财富。请接受我最诚挚的谢意，感谢您在我实习期间的每一份付出与关怀。我将铭记这段时光，带着您的期望与鼓励，继续在未来的道路上努力前行，争取早日成为像您一样优秀且受人尊敬的专业人士。
>
> 最后，祝愿您工作顺利，身体健康，家庭幸福！期待未来有机会再次与您共事，共同创造更多的辉煌。
>
> 此致
> 敬礼！
>
> [您的姓名]
> [日期]

图 4.4 由文心一言生成的感谢信

4.2.5 写商务信函

商务信函比私人信件更为正式,因此需要向 AI 明确收信人、信函内容以及所需的文风(正式或非正式)。例如,要写一封正式的商务信函给会计部的王东,请他准备一份今年与去年各区域销售情况的对比分析报告,并要求在本周内完成,那么可以使用以下提示:

> 写一封正式的商务信函给会计部的王东,请他准备一份今年与去年各区域销售情况的对比分析报告,请在本周结束前完成。

基于这个提示,文心一言生成了如图 4.5 所示的一封非常详尽的商务信函。

> 主题:请求准备今年与去年各区域销售情况对比分析报告
>
> 尊敬的王东先生:
>
> 您好!
>
> 我是销售部的[您的姓名],在此我代表销售部向您发出正式的请求,希望会计部能协助我们准备一份今年与去年各区域销售情况的对比分析报告。
>
> 这份报告对于我们销售部来说至关重要,它将帮助我们更好地理解市场趋势,分析各区域销售业绩的变化,以及识别潜在的增长机会和挑战。通过对比今年与去年的销售数据,我们可以更准确地评估销售策略的有效性,为未来的决策提供依据。
>
> 为了确保报告的准确性和完整性,我们请求您包含以下关键信息:
>
> 1. 各区域今年与去年的销售总额对比。
> 2. 各区域主要产品的销售情况对比,包括销售量、销售额及增长率。
> 3. 各区域销售占比的变化情况,以及可能的解释因素。
> 4. 识别出销售增长或下滑的显著区域,以及可能的原因分析。
> 5. 如有可能,提供对明年销售趋势的预测和建议。
>
> 我们理解会计部的工作繁忙,但这份报告对于我们的工作至关重要。因此,我们恳请您在本周结束前(即[具体日期])完成报告的编制工作。如有任何疑问或需要额外的信息,请随时与我联系,我将尽力提供协助。
>
> 再次感谢您在百忙之中抽出时间准备这份报告。我们期待着您的专业见解和建议,相信您的努力将对我们销售部的决策产生积极的影响。
>
> 祝工作顺利,身体健康!
>
> 此致
> 敬礼!
>
> [您的姓名]
> [您的职位]
> [公司名称]
> [日期]

图 4.5 由文心一言生成的正式商务信函

4.2.6 写社交媒体帖子

与商务写作相比，社交媒体的写作要非正式得多。为了让 AI 为你撰写社交媒体帖子，需要告诉它是为哪个社交网络写的以及想要写什么内容。例如，以下是一个针对微博的提示：

> 我想发个微博，就说我们家来了一名新的家庭成员：一条名为拿破仑的金毛。

图 4.6 展示了由微软 Copilot 生成的微博。注意，它甚至还贴心地添加了符合主题的表情符号。[1]

> 我想发个微博，就说我们家来了一名新的家庭成员：一条名为拿破仑的金毛。

> 那听起来真是太可爱了！以下是一个适合发布在微博上的简短信息：

> 🐾 我们家迎来了新成员！一条可爱的金毛犬，名字叫拿破仑。期待与这位新朋友一起度过美好的时光！🐶❤

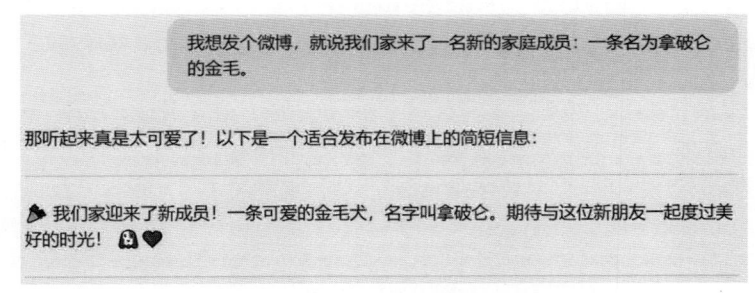

图 4.6 由 Copilot 生成的微博

4.2.7 写回忆录

时至 2025 年，越来越多 50 后、60 后和 70 后开始产生记录自己或亲友的人生故事的想法。这对 AI 而言是一项挑战，因为 AI 无法直接了解个人生活的细节。因此，用户需要向 AI 提供详尽的信息，包括时间、地点、人物和事件等。

> **警告** 注意，所有以"提示"形式输入 AI 的信息都将被记录并用于 AI 的训练和改进。因此，共享个人信息时务必谨慎。另外，无论 AI 生成的内容多么精彩，在对外展示时都应附上免责声明，注明部分内容由 AI 生成。

鉴于您的人生故事可能相当长（且丰富多彩？），建议分阶段撰写回忆录。每次都输入尽可能多的关于某个时期或事件的信息，让 AI 生成相应的部分。完成后，再继

---
[1] 译注：事实上，AI 还应该考虑为这种社交媒体内容添加用 # 符号来定界的"话题"。

续下一个重要事件。

例如，可以输入如下所示的一个详细提示：

在北京五棵松的刀郎演唱会上，我和未来的丈夫意外地坐在了一起。我们都沉浸在刀郎的歌声中，情不自禁地跟着大声合唱，这份共同的热爱让我们很快打开了话匣子。演唱会结束后，他绅士地提出送我回家。请就此帮我写一段回忆录。

图4.7展示了豆包对这个故事的解读。这让您不禁思考它是否接近于当年实际发生的事情。

刀郎歌声里的缘分：五棵松的邂逅回忆

在时光长河中徘徊，总有一些瞬间闪耀着独特的光芒，北京五棵松那场刀郎演唱会，便是命运为我精心编织的绮梦开端。

灯光渐暗，人群的喧嚣在刹那间被激昂的旋律吞噬，刀郎那沧桑而富有故事感的嗓音在偌大的场馆内回荡。我全情投入，放声高歌，试图用自己的声音去追逐每一个音符。不经意间侧目，我看到了他，眼神中同样燃烧着对音乐的炽热激情，那一瞬间的对视，仿佛是命运敲响的轻声叩门。共同的热爱成为了无形的桥梁，让我们很自然而然地攀谈起来，言语在歌声的缝隙间穿梭，每一个话题都似是久违老友的默契交流。

当最后一个音符消散在夜空，散场的人群如潮水般涌动，他带着腼腆而真诚的微笑，提出送我回家。一路上，城市的霓虹灯光透过车窗洒在我们脸上，我们回味着刚刚演唱会的每一个精彩片段，从《西海情歌》的深情到《罗刹海市》的犀利，那些歌词像是我们内心深处情感的旁白。

此后岁月，刀郎的歌依然在我们的生活中循环播放，每一段旋律都是那夜的注脚，见证着两颗心因音乐而相遇、靠近，直至紧紧相依。这场演唱会，不仅是一场视听盛宴，更是命运之神馈赠的珍贵礼物，将我引向了一生的挚爱，让我在茫茫人海中，精准地握住了属于我的幸福。

在回忆录中增加一些环境描写 →

写一篇以刀郎歌曲为主题的回忆录 →

分享一些演唱会邂逅并走到一起的爱情故事 →

图 4.7 由豆包生成的个人回忆录

4.2.8 写短篇小说

AI 展现出了令人惊叹的创造力，可以利用它创作充满想象力的虚构故事。可以要求 AI 撰写短篇小说，提供基本情节、角色甚至地点，然后交给 AI 自由发挥。

以下提示旨在让 AI 为孩子们创作一部短篇小说：

写一部短篇小说，讲述名叫小文的女孩如何发现一只被困在渔网中的海龟，并帮助它脱困，清除它身上的藤壶，最终让它快乐地重返大海。

如图 4.8 所示，通义千问在细节之处处理得恰到好处，优雅地完成了这项任务。

> **小文与海龟的相遇**
>
> 阳光洒在金色的沙滩上，海风轻轻拂过，带来咸湿的气息。小文站在海边，望着远处波光粼粼的大海，心情格外轻松。她喜欢这片大海，每到周末都会来这里散步，享受片刻的宁静。
>
> 这一天，小文像往常一样沿着海岸线漫步，脚下的沙子柔软而温暖。突然，她的目光被不远处的一个黑色物体吸引住了。走近一看，原来是一只巨大的海龟被困在了一张破旧的渔网中，四肢无力地挣扎着，呼吸急促。小文的心猛地一紧，立刻意识到这只海龟需要帮助。
>
> 她小心翼翼地靠近海龟，轻声安抚它："别怕，我来帮你。"海龟似乎感受到了她的善意，渐渐停止了挣扎，用那双深邃的眼睛静静地看着她。小文仔细检查了渔网的情况，发现渔网已经紧紧缠绕在海龟的身上，甚至有些地方已经嵌入了它的皮肤。如果不及时解救，海龟可能会因为无法行动而丧生。
>
> 小文深吸一口气，开始动手解开渔网。她用随身携带的小刀小心翼翼地割断那些纠缠在一起的网线，尽量避免伤害到海龟。每一刀都充满了谨慎和耐心，仿佛时间也在这一刻静止了。终于，在她的努力下，最后一根网线被割断，海龟终于重获自由。
>
> 然而，小文并没有就此停手。她注意到海龟的壳上布满了藤壶，这些小小的生物虽然无害，但长时间附着在海龟身上会影响它的游泳速度和健康。小文决定帮它清除这些藤壶。她从背包里拿出一块软布，轻轻地擦拭着海龟的壳，动作轻柔而细致。海龟似乎感受到了她的温柔，时不时用头轻轻碰触她的手，仿佛在表达感激之情。
>
> 当最后一颗藤壶被清除干净时，小文站起身来，看着眼前这只焕然一新的海龟。它的壳在阳光下闪闪发亮，显得更加光滑和美丽。小文微笑着对海龟说："现在你可以回家了。"
>
> 海龟似乎明白了她的话，缓缓爬向大海。它在沙滩上留下了一串深深的脚印，每一步都充满了力量。当它终于踏入海水的那一刻，海龟猛地加速，迅速游向远方。小文站在岸边，目送它消失在波涛之中，心中充满了成就感和喜悦。
>
> 就在海龟即将完全消失在视线中时，它突然转过身来，将头高高地伸出水面，仿佛在向小文告别。那一刻，小文感到一种难以言喻的感动。她知道，自己不仅帮助了一只动物，更是在这片广阔的大海中，与另一个生命建立了深刻的联系。
>
> 夕阳渐渐西沉，天边染上了橙红色的余晖。小文转身离开沙滩，心中带着满满的温暖和希望。她知道，这片大海将继续见证无数的生命奇迹，而她也愿意成为其中的一部分，守护这片美丽的海洋。

图 4.8 由通义千问构思的短篇小说

4.2.9 创作诗歌

让我们来完成最后一个写作任务——创作诗歌，供自己或所爱的人欣赏。再次提醒，请勿将 AI 生成的诗歌直接提交给诗歌期刊或其他公共场合，并声称是自己的原创。可以简单地要求 AI 工具根据某个主题写诗，也可以提供更多细节，或指定诗歌类型（如叙事诗、抒情诗、格律诗、自由诗、打油诗、藏头诗等），甚至模仿特定诗人和诗歌的风格。

例如，考虑以下提示：[1]

　　写一首短诗，描述夏夜雷声，风格模仿埃德加·爱伦·坡。

图4.9展示了文心一言写的诗歌，确实有些爱伦·坡的范儿。

> 在夏夜幽深的幕帘下，
> 暗涌翻滚，星河也静默，
> 一阵颤动，自遥远的天际爬来，
> 是雷的低吟，在夜的深渊回响。
>
> 微风带着不安的预兆，
> 轻抚过沉睡的林梢，
> 叶间私语，交织成恐惧的网，
> 捕捉着每一丝雷声的预兆。
>
> 闪电如银蛇划破长空，
> 短暂而耀眼，却留下永恒的痕迹，
> 在那一刻，世界仿佛被点亮，
> 又迅速沉沦于更深的黑暗。
>
> 雷声轰鸣，震颤着大地的脉搏，
> 仿佛是古老神祇的低语，
> 在寂静的夏夜中回响，
> 讲述着关于力量与孤独的故事。
>
> 我独自站在窗前，
> 凝视着这夜的狂舞，
> 心中涌动着莫名的情绪，
> 是恐惧，是敬畏，还是无尽的遐想？
>
> 在这夏夜雷声的交响中，
> 我仿佛听见了爱伦·坡的低吟，
> 他诉说着孤独与神秘，
> 而我，在这雷鸣中，找寻着自己的影子。

由文心大模型3.5生成

图 4.9 由文心一言写的爱伦·坡风格的关于夏夜雷声的诗

说明 目前有一些专门用于写诗的 AI 工具，其中包括九歌（https://jiuge.thunlp.org/）和 AI Poem Writer（https://www.poemanalysis.com/poem-generator）等。

---

[1] 译注：他的诗歌以其哥特式的恐怖氛围、精致的遣词用句、强烈的音乐性、深刻的死亡与疯狂主题以及丰富的象征主义著称，代表作有《乌鸦》。

4.3 巧用 AI 提升写作水平

AI 是提升写作水平的强大助手。可以将 AI 视为一位高效且全能的编辑或者是一位孜孜不倦的研究员，具体取决于您的使用方式。AI 能快速分析文章，并执行多种实用任务，具体将在以下各小节详细说明。

> **说明** 有专门的 AI 工具可以检测抄袭、进行文本翻译和生成文本摘要。AI 在文本格式化方面也表现出色，例如为科学或学术论文添加摘要和参考文献等。

4.3.1 利用 AI 获得创作灵感

您可能需要为课堂或工作撰写一篇文章，却苦于不知道从什么地方下笔。这时，AI 就能派上大用场。任何通用 AI 生成器（如第 3 章所述）都可作为创意来源，此外还有专门的 AI 创意生成器可供选择，包括以下几种。

- Ahrefs 内容创意生成器是一个免费工具（https://ahrefs.com/zh/writing-tools/content-idea-generator），它允许输入想要探索的一个特定的主题或者目标受众，然后以指定的语气（正式、友好、专业等）为不同的平台（博客、领英、抖音等）生成创造性内容。
- CopyAI 创意生成器（https://www.copy.ai/tools/content-idea-generator）是 CopyAI 提供的一个免费工具，允许选择一个主题，然后生成内容创意。
- HubSpot 博客创意生成器（https://www.hubspot.com/blog-topic-generator）是一个免费的 AI 工具，帮助我们为博客文章生成标题和创意。

无论是使用通用 AI 工具还是更具针对性的创意生成器，都可以利用以下技巧进行创意头脑风暴。

- **明确请求创意**：要让 AI 生成创意，必须明确提出请求。例如，使用"生成 5 个关于如何在主干道上避免人群聚集的创意"这样的提示。
- **提供背景信息**：告诉 AI 您的目标受众、主题、输出形式（文章、短视频、微博、博客文章等）以及其他有助于 AI 生成有用创意的信息。例如，"我需要一些为预算有限的人提供汽车维修技巧的短视频创意。"
- 关注时事热点：要求 AI 生成与相关行业或社会趋势相关的主题。例如，"生成三个关于出版社年末工作总结的文章创意。"
- 关注受众需求：越了解目标受众，AI 就能越好地生成合适的主题创意。将受众正在讨论或询问的问题提供给 AI，以获得更相关的建议。

只要提供了正确且详细的输入，就会得到一份不错的"创意"列表，如图 4.10 所示。

图 4.10 使用 Kimi 就特定主题生成一些创意

> 说明　最佳的创意往往不是单独依靠 AI 生成的，而是人机协作的结晶。将 AI 的快速生成能力与您自身的创造性思维相结合，可以产生更丰富、更具洞察力的创意，并最终筛选出最符合需求的方案。

4.3.2　使用 AI 制定大纲

写作的灵感可能随时迸发，但如何将这些零散的想法组织成一篇篇条理清晰的文章，却常常困扰着许多人。从哪里开始写？文章应该包含哪些关键信息？哪些内容可以适当省略？这些都是写作初期需要认真思考的问题。清晰的思路是成功写作的基础，而组织思路的最佳方法就是起草一份详细的大纲。幸运的是，AI 在这方面可以提供极大的帮助。

正如激发创作灵感一样，通用 AI 工具（如豆包、通义千问等）也能出色地根据一个灵感来创建大纲。此外，还有一些专门的 AI 大纲生成器可供选择，示例如下。

- Akkio AI 大纲生成器（https://www.akkio.com/tool/ai-outline-generator），这是一个免费工具，适用于各种类型的项目，可创建结构化大纲。
- GravityWrite 博客大纲生成器（https://gravitywrite.com），这是一个免费工具，专为博客文章创建大纲。
- Hypotenuse AI 大纲生成器（https://www.hypotenuse.ai/outline-generator），这是一个另一个免费工具，支持通过输入文本生成大纲。
- Aithor 论文大纲生成器（https://aithor.com/zh-ch/outline-creator），可以帮您生成论文大纲。

要利用某个通用 AI 工具生成大纲，首先应要求 AI 创建大纲，然后对作品进行大致的描述。例如，可以输入如下提示："生成一个大纲，主题是莎士比亚的《哈姆雷特》中的复仇。"结果如图 4.11 所示。

为了生成有效的大纲，务必提供清晰且具体的信息，以便 AI 理解我们的需求并构建严谨的逻辑框架。这样，我们就能更轻松地开始写作，并确保涵盖所有的重点。

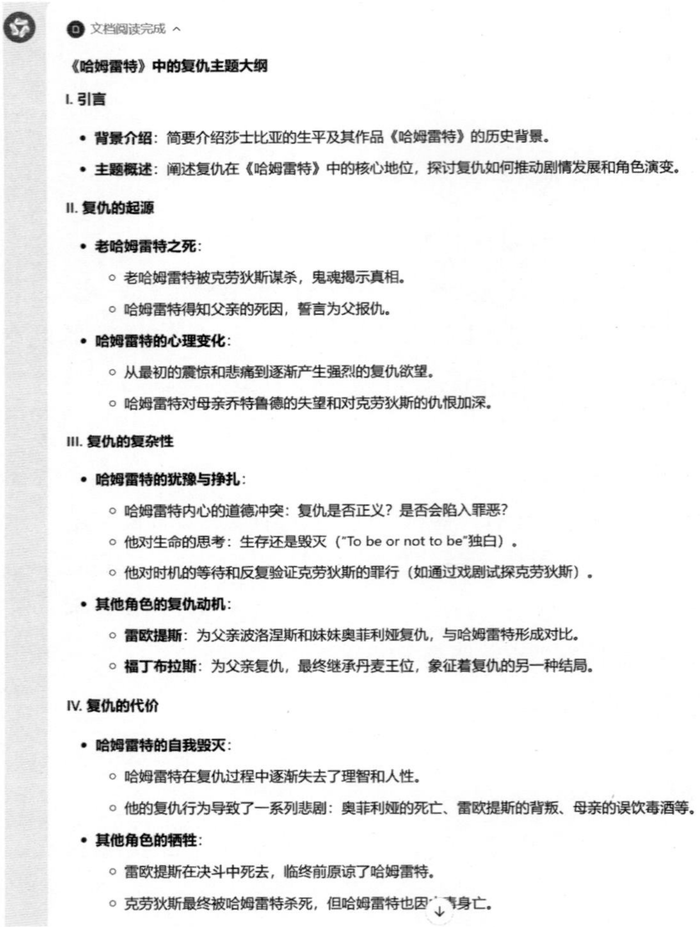

> **文档阅读完成** ∧

《哈姆雷特》中的复仇主题大纲

I. 引言

- **背景介绍**：简要介绍莎士比亚的生平及其作品《哈姆雷特》的历史背景。
- **主题概述**：阐述复仇在《哈姆雷特》中的核心地位，探讨复仇如何推动剧情发展和角色演变。

II. 复仇的起源

- **老哈姆雷特之死**：
  - 老哈姆雷特被克劳狄斯谋杀，鬼魂揭示真相。
  - 哈姆雷特得知父亲的死因，誓言为父报仇。
- **哈姆雷特的心理变化**：
  - 从最初的震惊和悲痛到逐渐产生强烈的复仇欲望。
  - 哈姆雷特对母亲乔特鲁德的失望和对克劳狄斯的仇恨加深。

III. 复仇的复杂性

- **哈姆雷特的犹豫与挣扎**：
  - 哈姆雷特内心的道德冲突：复仇是否正义？是否会陷入罪恶？
  - 他对生命的思考：生存还是毁灭（"To be or not to be"独白）。
  - 他对时机的等待和反复验证克劳狄斯的罪行（如通过戏剧试探克劳狄斯）。
- **其他角色的复仇动机**：
  - **雷欧提斯**：为父亲波洛涅斯和妹妹奥菲利娅复仇，与哈姆雷特形成对比。
  - **福丁布拉斯**：为父亲复仇，最终继承丹麦王位，象征着复仇的另一种结局。

IV. 复仇的代价

- **哈姆雷特的自我毁灭**：
  - 哈姆雷特在复仇过程中逐渐失去了理智和人性。
  - 他的复仇行为导致了一系列悲剧：奥菲利娅的死亡、雷欧提斯的背叛、母亲的误饮毒酒等。
- **其他角色的牺牲**：
  - 雷欧提斯在决斗中死去，临终前原谅了哈姆雷特。
  - 克劳狄斯最终被哈姆雷特杀死，但哈姆雷特也因毒身亡。

图 4.11 使用通义千问为哈姆雷特复仇主题创建大纲

4.3.3 使用 AI 进行正式写作和改写

之前已经探讨了如何使用通用 AI 工具创作各种风格的内容。此外，还有一些专门用于写作和改写文本的 AI 工具，它们同样能够驾驭多种风格。

使用任何 AI 工具创作书面内容的关键在于提供详尽的提示。需要明确告知 AI 写作的主题、内容类型（信件、社交媒体帖子、研究报告、小说等）、期望的篇幅，甚至可以指定目标读者的阅读水平。只要输入得当，几乎任何 AI 工具，包括本节介绍的专用工具和第 3 章讨论的通用工具，都能生成符合要求的作品。

> **说明** 有关使用通义千问、Kimi、豆包、文心一言、ChatGPT 等通用生成式 AI 工具进行写作的更多信息，请参阅第 3 章。

目前最受欢迎的一些 AI 写作工具如下所示。

- 海鲸（https://www.atalk-ai.com/talk/produce）：全能型 AI 写作工具，甚至小红书和抖音的营销文案也能帮您写。
- 笔灵 AI（https://ibiling.cn/）：另一个全能型 AI 写作工具，支持各种文案。
- HyperWrite（https://www.hyperwriteai.com）：包含 AutoWrite、Magic Editor、Outline Generator 和 Summarizer 等。基础版本免费，Premium 版本每月收费 19.99 美元。
- Sudowrite（https://www.sudowrite.com）：这是一个专门为小说写作设计的 AI 工具。该公司提供免费试用，付费版本起价为每月 10 美元。

这些工具可以帮助您在不同的写作任务中提高效率和质量，无论是日常写作还是专业创作。

4.3.4 使用 AI 编辑内容

即使是像我这样的专业作家，也离不开人类编辑的帮助。他们不仅会校对标点、拼写和语法，还会根据出版社的规范，从清晰度、简洁性、合规性、风格和准确性等方面进行编辑，以提升文章和书籍的质量。

当然，在提交给人类编辑之前，完全可以利用 AI 工具对稿件进行初步润色，以减轻编辑负担并提高出版效率。这些工具支持上传 Word 或 PDF 等格式的文档，进行分析后会返回润色后的版本，并提供可选择接受或忽略的实用建议。

> **说明** 避免一次性提交过长的文档。尽管一些 AI 工具声称能够处理超长文本，但实际效果往往不尽如人意。建议将文档分页甚至分段提供给 AI 进行分析。

> **说明** 相比通用 AI 工具，本节列出的专用语法和编辑工具提供的分析和建议更为精准。我个人认为它们在这方面更有效，也更好用。

目前最受欢迎的 AI 内容编辑工具如下所示。

- Grammarly（https://www.grammarly.com）是一个用于编辑和校对文档的工具。它使用 AI 技术来识别问题并建议更改。它检查正确的拼写和标点符号、清晰度、被动语态、阅读水平等。Grammarly 提供了一个免费的基本版本和一个更强大的 Pro 版本，后者可以标记更多类型的错误，每月收费 12 美元。
- Hemingway Editor（https://hemingwayapp.com）与 Grammarly 类似，它分析写作、校对文本并提出修改建议。为了利用 Hemingway 的 AI 功能，可以订阅 Hemingway Editor Plus，起价为每月 10 美元。
- ProWritingAid（https://prowritingaid.com）修正常见的语法和标点错误，消除不准确的词，使您的写作更加清晰有力。免费的基本版本支持有限的功能；Premium 版本（每月 12 美元）取消了所有使用限制。
- QuillBot（https://quillbot.com）是一个 AI 重写工具。输入或粘贴一段文本，QuillBot 会为您重写。可以从多种模式中选择，包括自然、格式、学术、简单、创意和缩短。免费的基本版本支持有限的功能；Premium 版本（每月 8.33 美元）取消了所有限制。
- Wordtune（https://www.wordtune.com）是一个 AI 写作和编辑工具，可以从头开始创建新内容，提供建议，改写单词和长段落，以及总结文档。Wordtune 免费的基本版本支持有限的功能；Advanced 版本（每月 6.99 美元）支持更多功能；Unlimited 版本（每月 9.99 美元）取消了所有限制。

> **警告** 目前的 AI 编辑工具远非完美，部分原因是"创意"本身难以被算法完全捕捉，且我们输入的文本也常有不足。AI 的修改建议有时反而会降低文本的可读性，甚至曲解原意。因此，AI 的输出仅供参考，最终决策仍需人工来判断。

4.4 流行的 AI 写作和编辑工具

现在，我们已经对市面上的 AI 写作和编辑工具有了初步的了解。接下来，我们将选取几款具有代表性的工具，剖析其背后的技术原理和使用技巧，帮助您更好地选择和使用这些工具。

4.4.1 Grammarly

Grammarly（https://www.grammarly.com）是一款广受欢迎的写作辅助工具，现已集成 AI 技术，可有效提升文本的语法质量。[1] 用户可直接将文本粘贴到编辑器中，或上传完整文件进行编辑。首次使用时，请单击主页上的 New 标签（如图 4.12 所示）。

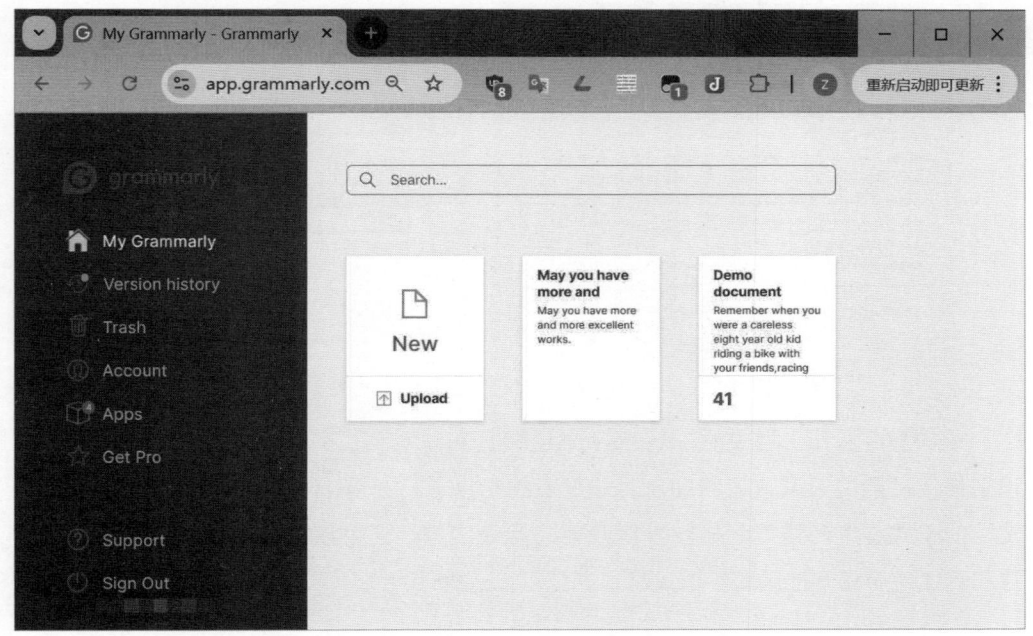

图 4.12 Grammarly 的主页

---

[1] 译注：Grammarly 目前尚不支持中文。但是，它对英文的支持非常好。强烈建议需要写英文文档的小伙伴使用。

如图 4.13 所示，展示了使用 Grammarly 免费版对一个文档进行编辑的界面（Pro 版会提供更多的改进建议）。左侧为原始文本（摘自本书英文版第 5 章开头的几个段落），中间栏显示了修改建议。单击一条具体的建议，会在原文中高亮显示对应部分；若采纳建议，单击 Accept（接受）按钮应用更改。

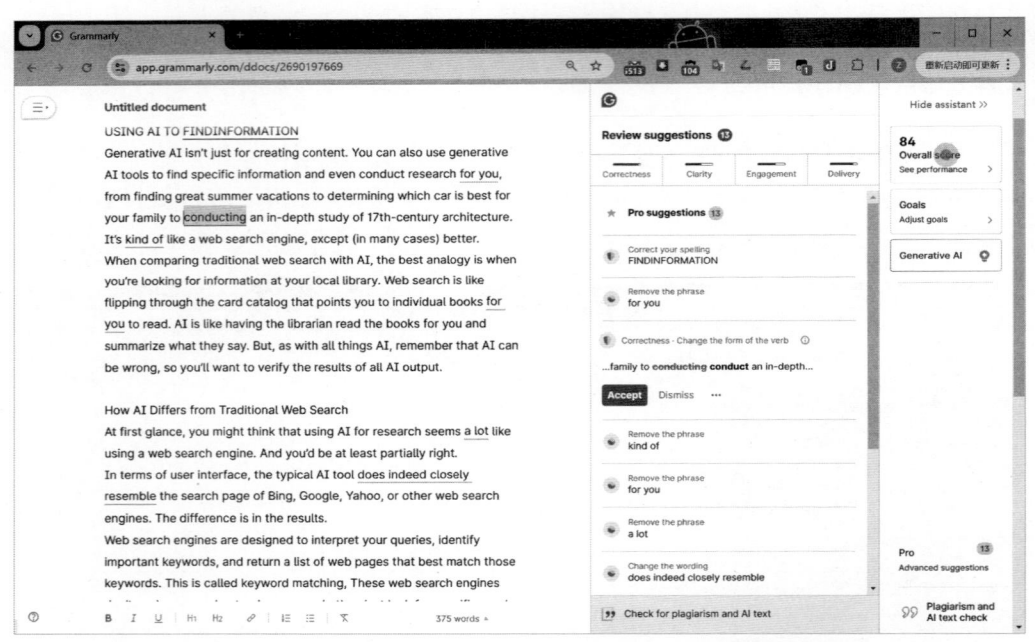

图 4.13 用 Grammarly 对英文文档进行查错并提供改进意见

单击最右边那一栏中的 Generative AI 按钮，可以看到更多选项。可以选择改进文本、识别任何可能的遗漏或者帮助自己想更多的"点子"。单击 Set voice 按钮，可以选择文档的正式程度和语气，如图 4.14 所示。除此之外，还可以在这个界面中选择您的职业和具体使用哪个地区的英语风格（甚至可以选择印度英语）。

图 4.14 为文档选择正式程度和语气

4.4.2 文章写作校对工具 Hemingway Editor

Hemingway Editor（https://hemingwayapp.com）是一个类似于 Grammarly 的语法和风格检查工具。可以直接在主页（图 4.15）输入文本，粘贴从其他地方复制的文本或者单击页面顶部的 File 菜单上传 Word 或 HTML 文件进行编辑。[①]

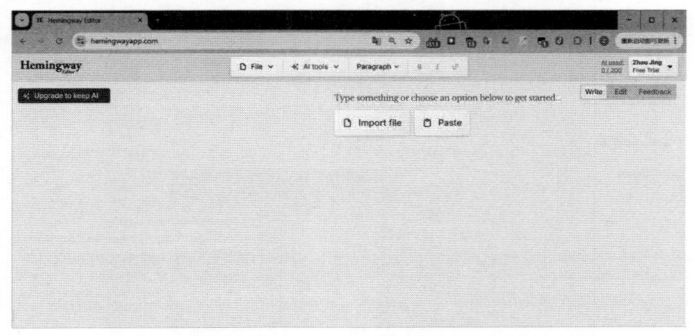

图 4.15 Hemingway Editor 的主页

如图 4.16 所示，Hemingway Editor 的建议比 Grammarly 更为严格。它用不同的颜色高亮显示不同类型的问题和建议；副词为蓝色，被动语态为青绿色，过于复杂的短语为紫色，等等。

[①] 译注：Hemingway 目前只支持英语写作检测和提供修改建议。

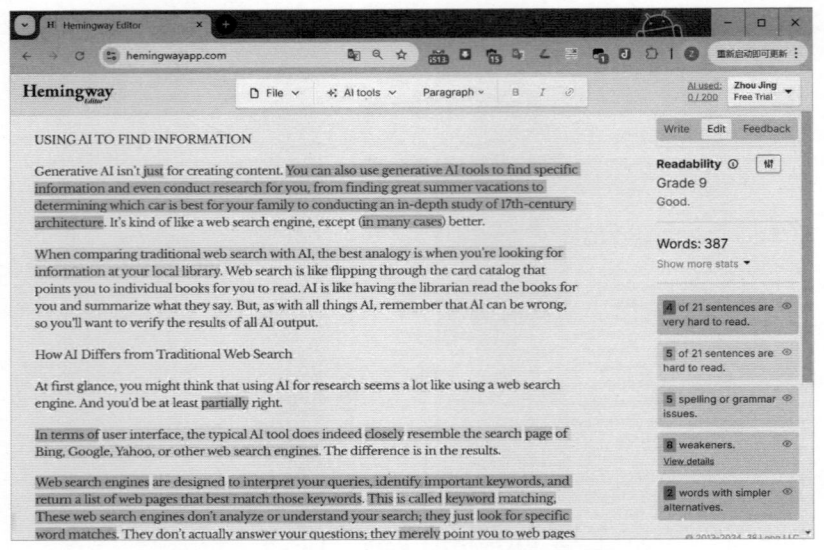

图 4.16 由 Hemingway Editor 分析并标记的文档

单击文档中的高亮的一个建议以查看更多详情；如果是可以简化的内容，Hemingway 会显示一个 Simplify it for me（帮我简化）按钮；如果是可以修正的内容，则会显示一个 Fix It For Me（帮我修正）按钮。然后，我们会看到建议的更改，如图 4.17 所示（在这个例子中，它希望降低这段文字的阅读难度；它认为我写得太复杂）。要接受建议，单击 Use suggestion（使用建议）按钮即可。

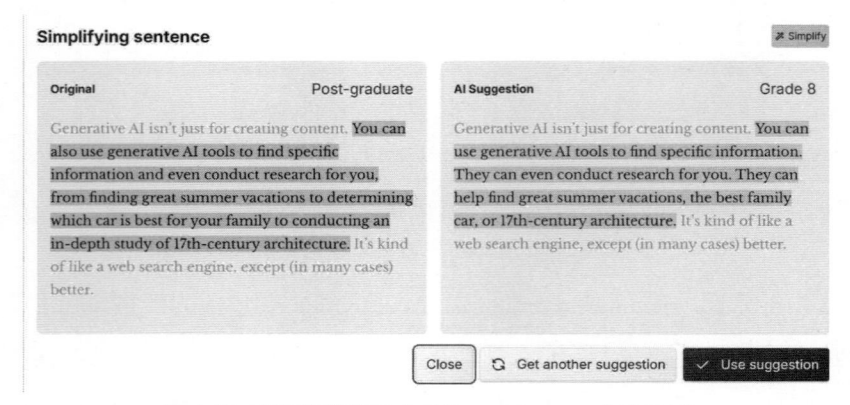

图 4.17 查看建议的更改并让 Hemingway 自动修正

4.4.3 AI 写作助手 HyperWrite

HyperWrite（https://www.hyperwriteai.com）提供了多种文本生成和编辑工具。如图 4.18 所示，可以在其主页选择一种工具来使用，其中包括重写现有内容、灵活自动写作（针对您提供的主题进行创作）以及学术写作等。[①]

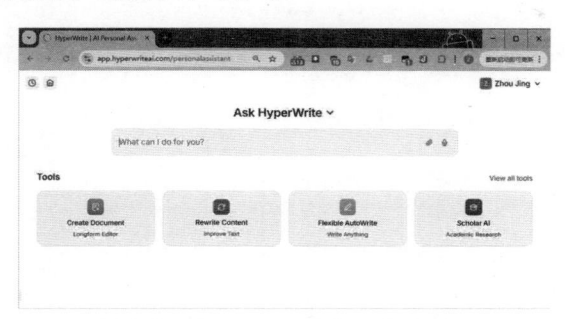

图 4.18 HyperWrite 提供了多种工具

图 4.19 展示了 HyperWrite 的重写内容工具的结果。粘贴一段内容（一句话、一个段落或者更多文本），然后告诉它您希望如何重写（更简洁、更具吸引力等），HyperWrite 就会自动重写这些内容。

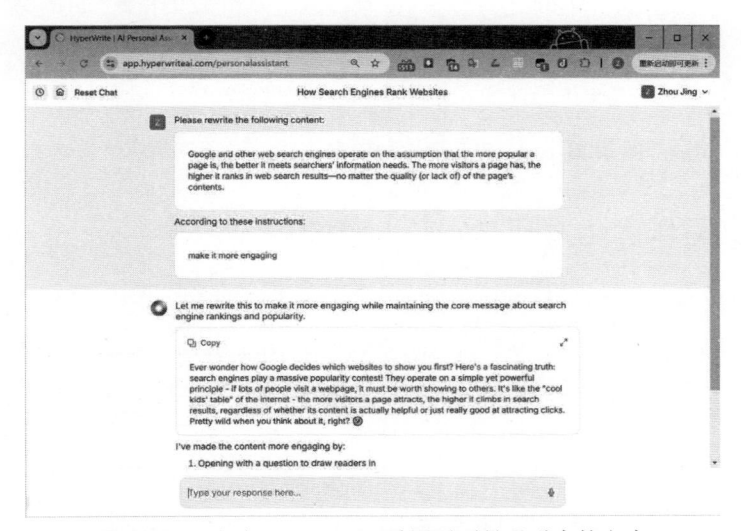

图 4.19 一段由 HyperWrite 重写后更具吸引力的文本

---

① 译注：HyperWrite 目前尚不支持中文。

如图 4.20 所示，HyperWrite 的文本摘要工具可快速生成文本摘要。只需粘贴文本或网页链接，HyperWrite 即可输出并归纳出文章的要点。[①]

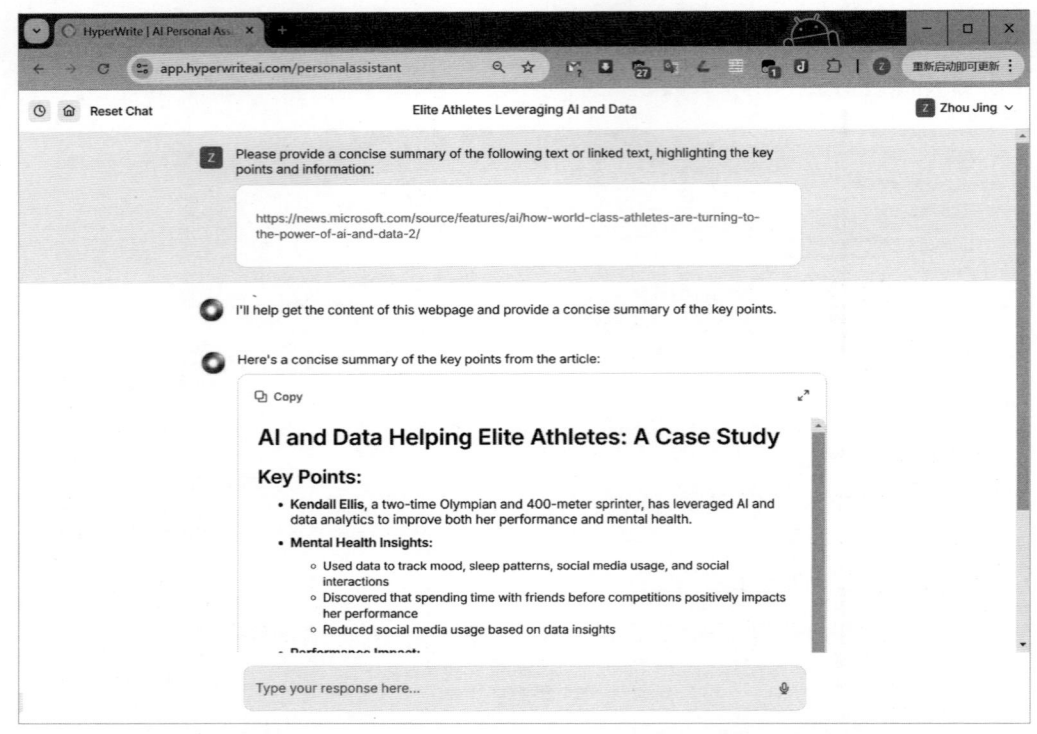

图 4.20 HyperWrite 对网上的一篇文章进行归纳总结

4.4.4 英文写作优化大师 ProWritingAid

ProWritingAid（https://prowritingaid.com）是一款功能全面的编辑/写作辅助工具。如图 4.21 所示，可以直接在其中输入文本、从其他应用程序粘贴文本或者上传整个文档。[②]

---

① 译注：这篇文章的标题是"世界级运动员如何利用 AI 和数据的力量"。
② 译注：ProWritingAid 目前尚不支持中文。

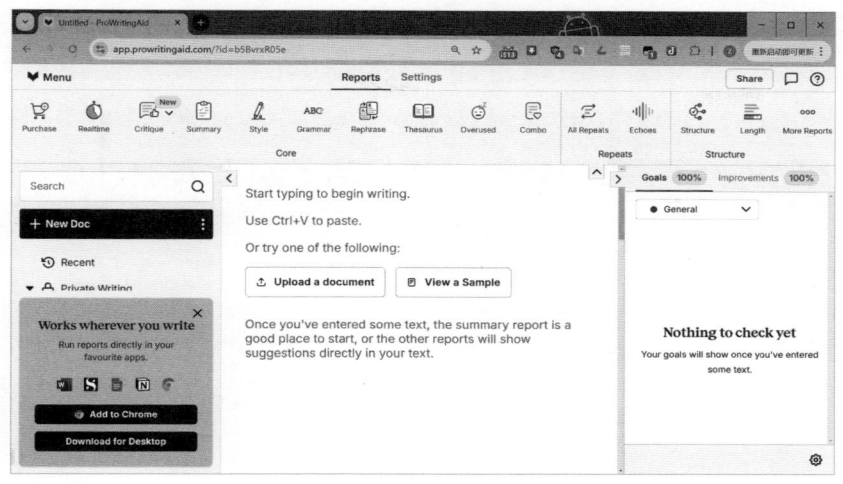

图 4.21 ProWritingAid 的主页

图 4.22 展示了 ProWritingAid 对文档的初步分析。最右边的那一栏分不同的类别对文本进行打分,例如语法/拼写、风格、句子长度、可读性等。点击类别标题即可查看该类别的详细报告。

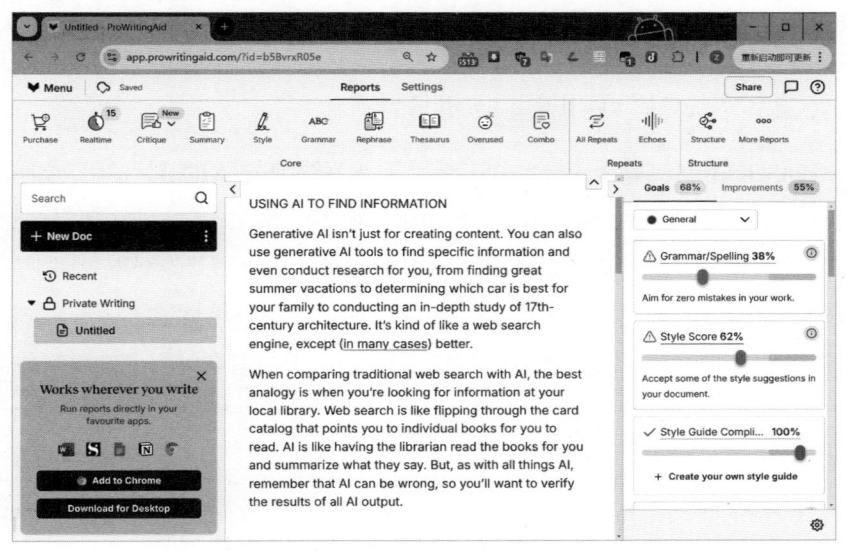

图 4.22 ProWritingAid 的初步分析

如图 4.23 所示，错误和建议会在文本中用下划线标出，并在左边的一栏中详细列出。将鼠标悬停在一个高亮处，即可查看 ProWritingAid 的建议。单击建议的更改即可接受，也可以单击 Ignore（忽略）不采纳该建议。

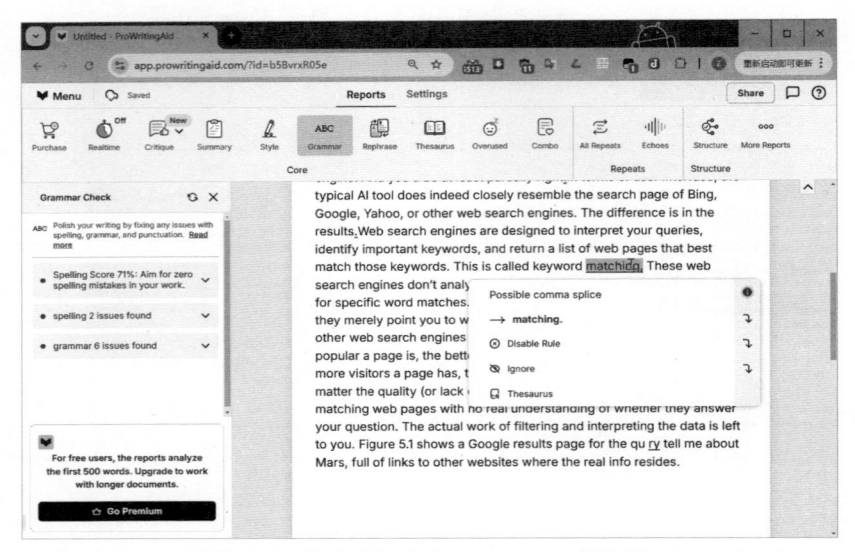

图 4.23 接受或忽略 ProWritingAid 的建议

4.4.5 英文论文改写 AI 助理 QuillBot

QuillBot（https://quillbot.com）是一个用于改写现有文本的 AI 工具。如果自己的写作陷入僵局而需要改变一下风格，这个工具就非常有用。如果从其他地方获取了一些内容，同时又不想给人留下抄袭的把柄，那么 QuillBot 可以将其改写得足够不同，更大程度上避免原封不动地照搬。[①]

QuillBot 还支持以不同风格来改写现有的作品，包括自然风格、学术风格以及创意风格等。

说明 只有在订阅 QuillBot 的 Premium 套餐后，才可以选择改写的"风格"。

---

① 译注：QuillBot 支持中文。注意，Quill 的本意是"鹅毛笔"。

此外，可以使用同义词控制来决定是否希望 QuillBot 进行更多或更少的更改。但要注意的是，对原始文本改动越多，改写后的准确性就可能越低。

> **说明** QuillBot 还可以将文本从英语翻译成包括法语、中文、西班牙语和德语在内的十几种语言。

图 4.24 展示了 QuillBot 的主页。可以在这里输入想要改写的文本，从其他应用程序粘贴文本或者单击 Upload Doc 按钮上传现有的文档。选择改写的风格，然后单击 Paraphrase（改写）按钮。

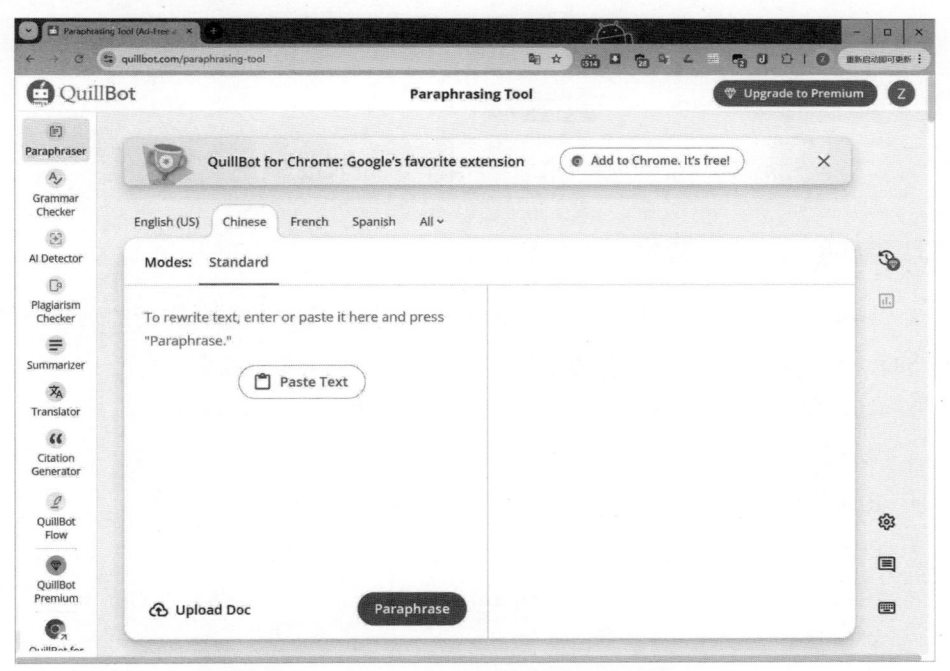

图 4.24 可以将原始文本粘贴或上传到 QuillBot 中

如图 4.25 所示，QuillBot 在左侧窗格中显示原始文本，右侧显示改写后的文本。单击导出（下箭头）按钮可以将改写后的文本导出为 Word 文档，也可以单击最右边的复制按钮复制改写的内容。

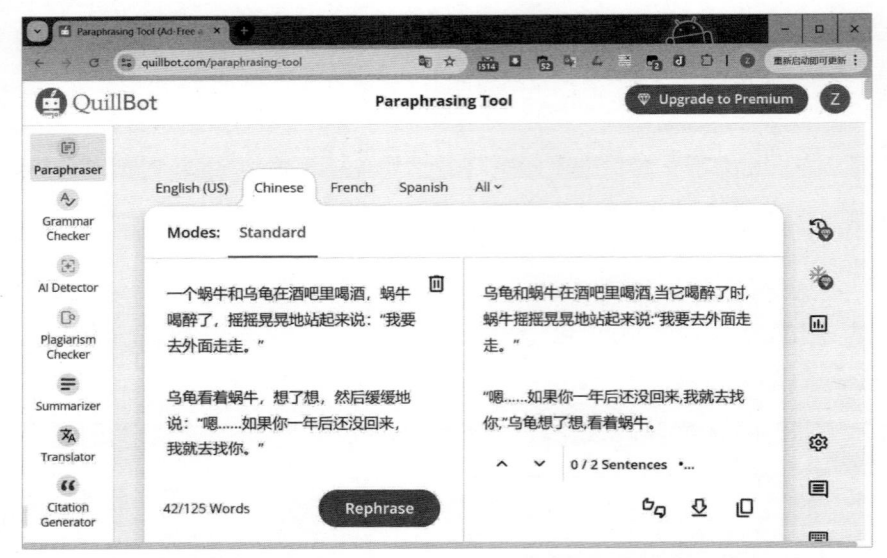

图 4.25 左侧是原始文本，右侧是 QuillBot 改写后的文本

4.4.6 全能 AI 写作助手 Sudowrite

Sudowrite（https://www.sudowrite.com）为小说作家提供了一套实用的工具。可以使用 Sudowrite 来生成故事创意、改写现有故事，甚至重写整个故事。[①]

图 4.26 展示了 Sudowrite 的主界面，可以在这里执行以下操作。

- **Write（写作）**：继续撰写现有的作品。
- **Rewrite（改写）**：改写现有的句子、段落或更长的内容。
- **Describe（描述）**：输入一个单词或短语以生成建议。
- **Brainstorm（头脑风暴）**：让 Sudowrite 建议角色名字、更丰富的细节、对话，甚至是情节要点。
- **Plugins（插件）**：其他写作工具，包括 First Draft（初稿）、Shrink Ray（缩写）、Twist（转折）、Characters（角色）、Poem（诗歌）、Visualize（可视化）和 Feedback（反馈）。

---

① 译注：Sudowrite 目前只支持英文写作，但未来可能增加对其他语言的支持。

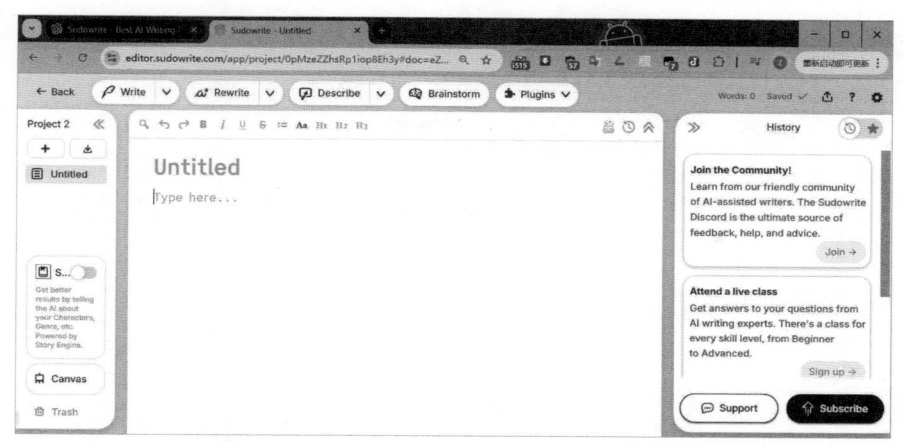

图 4.26 Sudowrite 提供了一系列小说写作工具

其中，Write 工具特别好用，它基于当前已经写好的文本来添加新内容，相当于帮您"续写"。图 4.27 展示了一个例子。

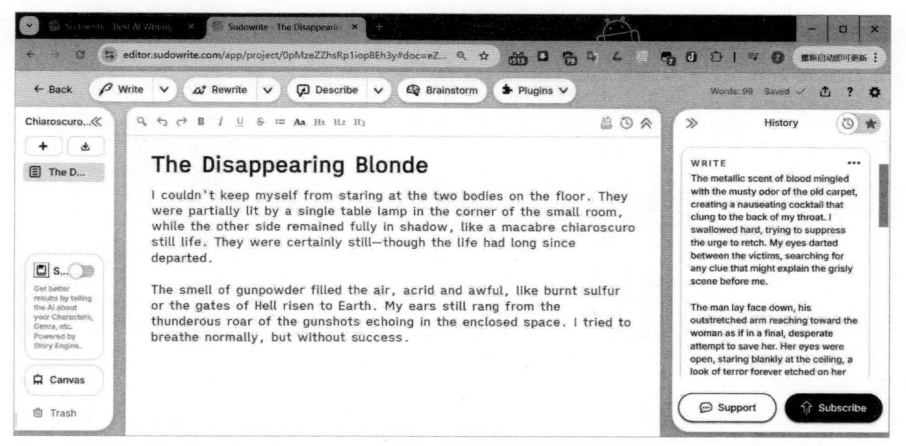

图 4.27 使用 Sudowrite 写新小说；原始文本在中间，续写部分在右侧

4.4.7 英文写作调色网站 Wordtune

Wordtune（https://www.wordtune.com）包含多个独立的 AI 写作工具，包括 Rewrite（改写）、Read and Summarize（阅读和总结）以及 Grammar Checker（语法检查）。如图 4.28

所示，可以直接通过键盘输入文本，其他应用程序粘贴文本，也可以上传文档。[①]

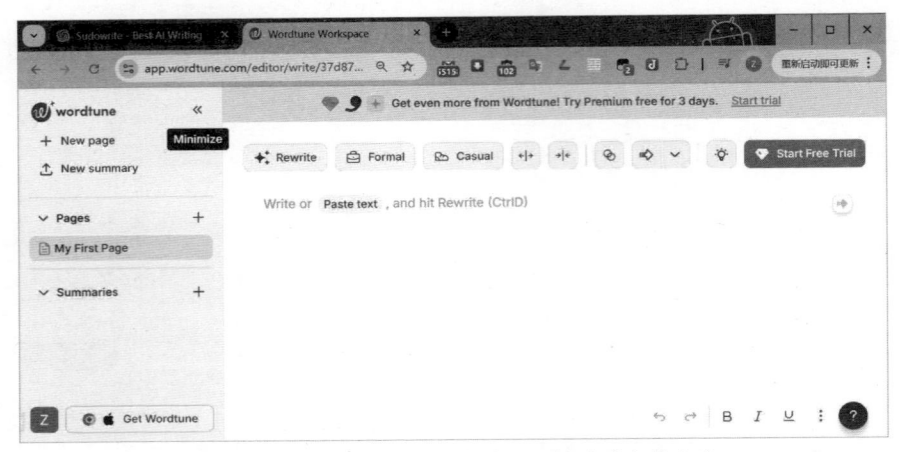

图 4.28 可以在 Wordtune 中输入、粘贴或上传文本

要改写一个句子，只需单击它，然后从屏幕顶部选择一个选项：Rewrite（改写）、Casual（随意风格）、Formal（正式风格）、Shorten（缩短）或 Expand（扩展）。Wordtune 会显示一系列选项，如图 4.29 所示，单击以选择自己最喜欢的替换句子。

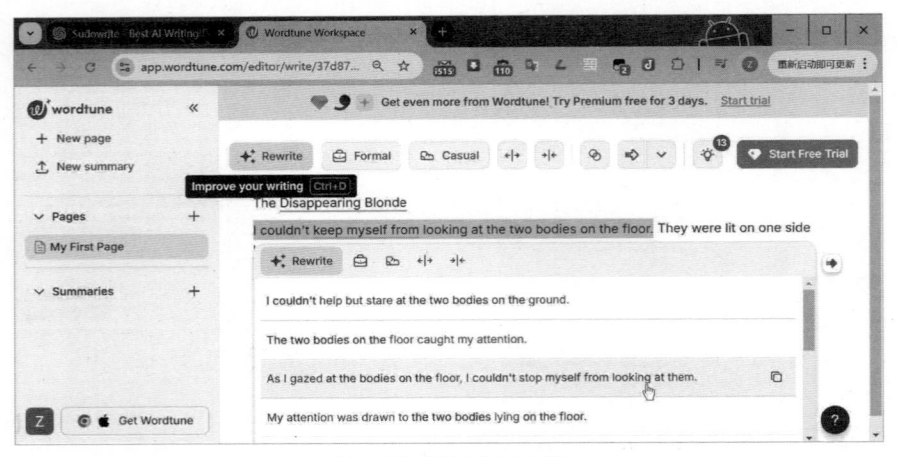

图 4.29 逐句改写文档

---

① 译注：Wordtune 目前只支持英文写作，但未来可能会增加其他语言的支持。虽然如此，您仍可上传中文文稿，Wordtune 会自动翻译成英文后再进行润色。因此，若您有意将中文作品发布在英文平台上，那么 Wordtune 不失为一个值得考虑的工具。

Wordtune 还可以对上传的文档进行总结，如图 4.30 所示。注意，右侧的才是原始文本，左侧是对文档的总结。

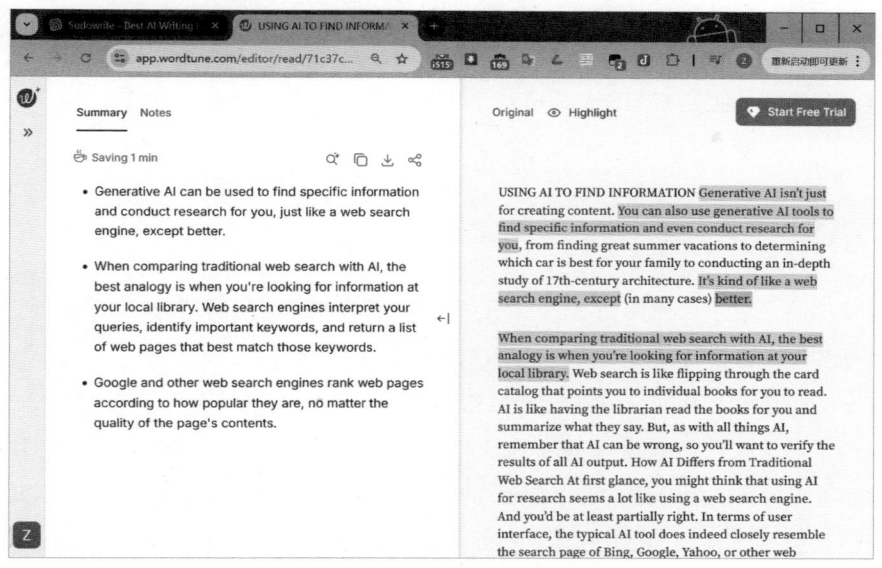

图 4.30 用 Wordtune 进行总结

使用 AI 语音识别和转录工具

人工智能技术在语音识别领域取得了显著进展，能够高效准确地将口语转换为文本。对于那些更习惯于口头表达的人来说，AI 语音识别工具提供了一种便捷的替代方案，可以将您的讲话内容快速转换成可编辑的 Word 文档，从而提高工作效率和写作效率。

目前一些最受欢迎的 AI 语音识别和转录工具如下所示：

- 讯飞听见（https://www.iflyrec.com）；
- AudioPen（https://audiopen.ai）；
- Fireflies.ai（https://fireflies.ai）；
- Otter.ai（https://otter.ai）；

- SpeakAI（https://speakai.co）。

许多此类工具主要面向需要会议转录和总结的企业用户。虽然部分工具（如 Fireflies.ai）为个人用户提供免费或低价方案，但大多数工具仍以高价位的企业套餐为主。有关企业语音转录服务的更多信息，请参阅第 9 章。

4.5 小结

本章主要介绍了如何使用 AI 来帮助找到合适的措辞，从而更轻松、更好地写作。这意味着无论是随意的写作（如电子邮件、笔记和社交媒体帖子）还是正式的写作（如商务信函、官方通信等），AI 都能提供帮助。

我们学习了何时应该使用 AI 进行写作、何时不应该使用以及了解了在使用 AI 时如何保持透明。我们还介绍了许多用于生成创意、编写大纲、撰写和改写文本以及编辑语法、标点和写作风格的 AI 工具。此外，我们还学到了如何最佳地提示 AI 工具来撰写特定内容，如文本和电子邮件、信件、个人回忆录和诗歌。

总的来说，人们不需要是专业人士就能使用 AI 写作和编辑工具。实际上，AI 在帮助普通人撰写日常内容时表现最佳。如果觉得自己完全不会写作，AI 可以为此代劳。而如果具备一定的写作能力，AI 可以使作品读起来更好。这对非专业作家来说是一个巨大的助力。但请不要将 AI 生成的内容声称为自己的原创。这些文字是从数据库中提取的，可能原本就属于其他人。

第 5 章
巧用 AI 查找信息和进行学术研究

生成式 AI 的应用远不止内容创作，它还能用于信息检索和辅助研究。与传统搜索引擎不同，生成式 AI 不仅能提供相关链接，还能理解用户的查询意图，并根据海量数据生成定制化的答案和见解。例如，无论是规划冬夏度假地、挑选最适合自身需求的汽车，还是深入研究明清建筑的特点，生成式 AI 都能提供更深入、更全面的信息。这使其在许多情况下比传统搜索引擎更为强大。

在比较传统 Web 搜索和 AI 时，我们可以将其比作在本地图书馆查找信息的过程。Web 搜索类似于使用卡片目录：根据关键词查找相关的书目信息（包括书名、作者、索引号等）。而 AI 更像是一位专业的图书管理员，他/她不仅了解图书馆的藏书，还能根据您的需求快速阅读相关书籍，并提供精准的摘要和解答。然而，如同所有 AI 技术一样，AI 的输出并非总是完美无缺，因此验证其结果至关重要。

5.1 AI 与传统 Web 搜索的区别

乍一看，您可能会认为使用 AI 进行研究和使用 Web 搜索引擎非常相似。这在某种程度上是对的。从用户界面（UI）来看，典型的 AI 工具确实与必应、谷歌和雅虎等搜索引擎的搜索页面非常相似。但不同之处在于结果。

Web 搜索引擎旨在解析用户的查询，提取关键信息，并返回与这些关键词最相关的网页列表。这称为关键词匹配。这类搜索引擎并不分析或理解搜索的含义，而只是寻找精确的词语匹配。换句话说，它们并不直接回答问题，而只是提供可能包含答案的网页链接。

> 说明
>
> 谷歌、必应、百度以及其他搜索引擎通常会考虑网页的受欢迎程度，并将其作为衡量网页信息价值的因素之一。一般来说，访问量较高的网页更有可能在搜索结果中获得较高的排名。然而，网页排名并非仅取决于访问量，内容质量、相关性、网站权威性等因素同样重要。

搜索结果呈现的是一个匹配的网页列表。然而，这些网页是否真正解答了您的问题？答案是不一定。用户需要自行筛选和解读信息。图5.1展示了谷歌的"我想了解火星"查询结果页面，其中罗列了指向包含相关信息的其他网站的链接。

图 5.1 针对"我想了解火星"，谷歌返回的查询结果

> 说明
>
> 对于部分查询，谷歌会提供一段基本信息"摘要"，通常来自维基百科或其他类似网站。这与AI从头生成的全面、深入的回答有所不同。

与传统搜索引擎不同，AI 的工作方式更接近于人类的思考方式。它不仅会分析查询中的关键词，还会尝试理解查询背后的意图和上下文，从而以更自然、更贴切的方式回答问题。这些答案通常以简短的报告、总结或对话的形式呈现，而非简单的网页链接列表。AI 还会自动筛选相关来源，并整合必要的信息，提供全面、准确的答案。因此，用户无需再进行繁琐的搜索、筛选和信息整合工作，只需在几秒钟内即可获得所需信息（仅需进行必要的验证）。更重要的是，用户无需绞尽脑汁思考正确的关键词，只需用自然语言描述自己的需求，AI 就能理解并提供相应的答案。

图 5.2 摘录了豆包对“我想了解火星”的回应。

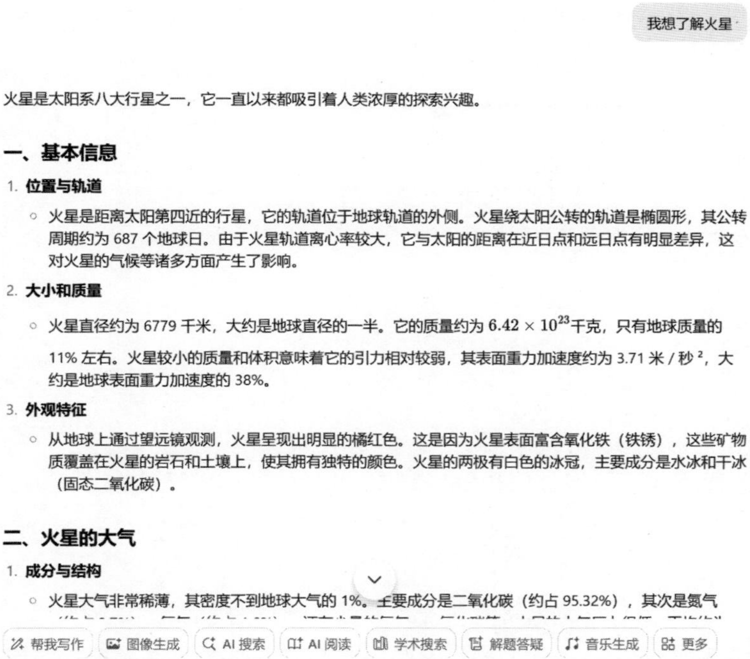
我想了解火星
火星是太阳系八大行星之一，它一直以来都吸引着人类浓厚的探索兴趣。
一、基本信息
1. 位置与轨道
火星是距离太阳第四近的行星，它的轨道位于地球轨道的外侧。火星绕太阳公转的轨道是椭圆形，其公转周期约为 687 个地球日。由于火星轨道离心率较大，它与太阳的距离在近日点和远日点有明显差异，这对火星的气候等诸多方面产生了影响。
2. 大小和质量
火星直径约为 6779 千米，大约是地球直径的一半。它的质量约为 6.42×10^{23}千克，只有地球质量的 11% 左右。火星较小的质量和体积意味着它的引力相对较弱，其表面重力加速度约为 3.71 米 / 秒 ^{2}，大约是地球表面重力加速度的 38%。
3. 外观特征
从地球上通过望远镜观测，火星呈现出明显的橘红色。这是因为火星表面富含氧化铁（铁锈），这些矿物质覆盖在火星的岩石和土壤上，使其拥有独特的颜色。火星的两极有白色的冰冠，主要成分是水冰和干冰（固态二氧化碳）。
二、火星的大气
1. 成分与结构
火星大气非常稀薄，其密度不到地球大气的 1%。主要成分是二氧化碳（约占 95.32%），其次是氮气
帮我写作
图像生成
AI 搜索
AI 阅读
学术搜索
解题答疑
音乐生成
更多

图 5.2 豆包对“我想了解火星”的回应（这只是第一页，后续还有相当长的内容）

总之，传统 Web 搜索引擎的工作方式相对机械，而 AI 则更具智能性。Web 搜索引擎根据用户的查询检索并罗列相关信息来源，而 AI 则利用这些信息进行分析、整合，并以清晰易懂的语言直接呈现结果。AI 直接提供答案，无需用户自行筛选和解读。

AI 在谷歌搜索结果中的应用

谷歌最近开始实验一项新功能，即在某些搜索结果页面的顶部先显示由 AI 生成的一个"概览"，然后再呈现传统的网页列表。这种"AI 概览"（AI Overview）旨在直接回答用户的提问，省去了像以往那样筛选网页的步骤。图 5.3 展示了一个例子。

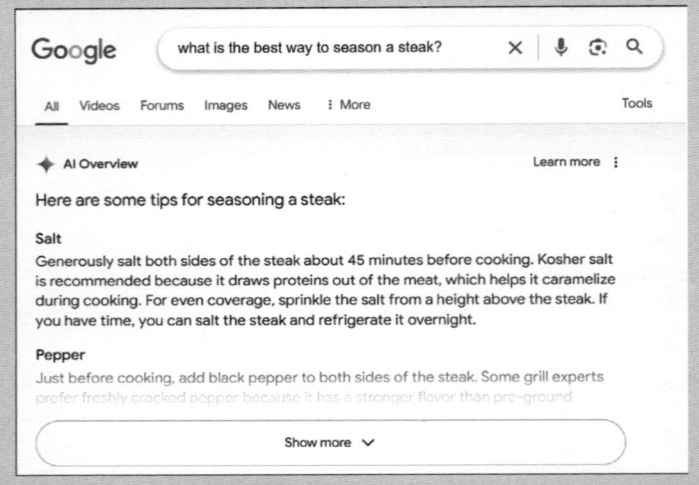

图 5.3 谷歌搜索结果页面顶部显示的"AI 概览"

然而，这种 AI 概览存在一些潜在的挑战。首先，谷歌的 AI 概览并非总是提供完全准确的结果。用户如果完全依赖 AI 概览提供的信息，可能会接触到不准确、误导性或带有偏见的内容。

其次，对于依赖谷歌搜索结果获取流量的网站而言，AI 概览的出现可能会显著降低用户单击其他页面的意愿。这可能导致整个互联网生态的网站流量普遍下降，甚至可能导致部分网站因流量不足而难以为继，长远来看，这可能会对互联网的健康发展造成不利影响。

最后，在 Web 搜索中大规模部署 AI 概览充满了潜在的风险。首先，谷歌和百度等搜索引擎的绝大部分收入依赖于搜索结果页面上的广告展示和点击。如果用户习惯于直接从 AI 概览中获取答案，而不再向下滚动页面或点击广告链接，公司们的广告收入可能会大幅下滑。这或许是 AI 技术试图解答世界上所有问题带来的潜在"副作用"。不推出这项功能，可能会在 AI 时代落后于竞争对手；推出这项功能，又可能影响核心的广告收入，这使得搜索巨头们处于两难境地。

5.2 AI 是一种有用的搜索和研究工具

让我们先停下来思考一下，生成式 AI 是一种能够创造各种全新内容的技术，为什么它在查找信息和进行研究方面可能也非常有用呢？

有几个原因使得 AI 在查找信息、回答问题以及研究特定主题方面可能领先于传统方法。AI 在下面几个方面表现得尤其出色。

- 快速且精准的搜索：诚然，像必应、谷歌和百度这样的搜索引擎速度很快，但我们仍然需要从大量的搜索结果中仔细筛选才能找到最相关的信息。而 AI 工具则可以在几秒钟内找到我们需要的特定信息，无需进行任何手动筛选。
- 理解我们的真实意图：是否曾因为找不到合适的词语来表达自己的搜索意图而感到困扰？使用 AI 工具则不会有这方面的问题。它们运用自然语言处理技术，能够理解人类语言的细微差别，即使提供的关键词不是最理想的，它也能准确把握到我们的搜索意图。
- 总结和归纳信息：AI 的不仅能找到信息，还能分析和理解信息。AI 工具可以准确地归纳复杂的论文和文章，提炼出主要观点和重要趋势。
- 数据分析：AI 非常擅长处理、整理和分析各种类型的数据。我们不再需要花费大量时间处理 Excel 表格和数据库。AI 不仅能以更快的速度完成这些工作，还能发现我们可能忽略的模式和关联。
- 发现新的信息来源：传统的网页搜索引擎倾向于优先展示在特定主题下最受欢

迎的网站。然而，访问量最高的网站并不一定是最优质的信息来源。[①]AI 则会突破这种局限，发掘通过传统搜索方式可能难以发现的新信息来源。
- 深入探讨关键主题：AI 的对话式特性鼓励我们更深入地探索当前研究的主题。从 AI 获得的初步回答可能会引发更多的问题；随着我们不断提问，AI 不断回答，这种良性交互形成一个信息不断丰富和完善的对话过程。

对许多人来说，使用 AI 进行搜索的最大优势在于，AI 能够使用通俗易懂的语言生成完整的句子和段落，直接给出答案。它们甚至能生成完整的学术文章、论文等形式的结果，从而大大减轻我们的工作负担。相比在传统搜索结果的众多页面中费力查找，这种方式无疑更加友好、高效。

5.3 使用 AI 进行搜索和研究时的注意事项

虽然 AI 在搜索和研究领域展现出巨大的潜力，但我们仍需对 AI 生成的结果保持谨慎的态度。这是因为 AI 的输出质量很大程度上取决于其训练所使用的数据。如果初始训练数据集包含虚假、误导性信息或者存在偏见，那么 AI 就可能将这些不准确的信息当作事实进行引用。换句话说，AI 可能会不自觉地复制并放大其训练数据中的缺陷。

此外，值得注意的是，AI 正处于快速发展和不断迭代的过程中。这意味着 AI 今天给出的答案，明天可能就会有所不同，其准确性也可能随之发生变化。这种变化既可能是改进，也可能引入新的问题。因此，我们不能将 AI 生成的结果视为绝对真理，而应该始终保持批判性思维，并进行必要的核实和验证。

> **说明** AI 有时会生成看似合理但实际上虚假或误导性的信息，这就是所谓的 AI 产生了"幻觉"。

例如，我曾询问 ChatGPT 非洲有多少个国家的名称以字母 K 开头。在我第一次提问时，AI 回答有三个：肯尼亚（正确）、基里巴斯（存疑；它是一个位于非洲海岸外

[①] 译注：一些网站会通过称为 SEO（搜索引擎优化）的技术提高自己在搜索引擎中的排名。另外，一些网站甚至会花钱购买排名。

的岛国）和科摩罗（虽然确实是非洲国家，但它以 C 开头）。显然，这个答案并不完全正确。①

另一位用户向谷歌的"AI 概览"询问有多少美国总统毕业于威斯康星大学。AI 回答有 13 位，包括安德鲁·杰克逊，他"2005 年毕业"——尽管这位前总统实际上于 1845 年去世，并未上过大学。实际上，威斯康星大学没有培养出任何美国总统校友；AI 显然找到了与美国总统同名的毕业生并多次计数。根据 AI 的说法，约翰·肯尼迪在 1930 年、1948 年、1962 年、1971 年、1992 年和 1993 年从威斯康星大学毕业——这显然是不可能的！

当我向 ChatGPT、豆包、通义千问等询问同样的问题时，它们给出了正确的答案。读者今天再进行相同的搜索，可能得到与我不同的答案——这再次证明了验证 AI 工具提供的信息的重要性。

AI 目前仍然难以有效区分玩笑和事实。举例来说，当一位用户在谷歌上搜索"如何让奶酪更好地粘在披萨上"时，AI 竟然建议在披萨酱中添加胶水（请千万不要在家尝试！）。这个离谱的答案源自 Reddit 网站很久以前一个开玩笑的回复，但谷歌的 AI 显然将其当真了。这个例子清楚地表明，AI 并非总能分辨出人们是否在开玩笑，而这种理解上的偏差可能会导致严重的问题。

AI 还可能将阴谋论当作事实呈现。一个著名的例子也来自谷歌的"AI 概览"。当被问到美国有多少位穆斯林总统时，它自信地回答："美国有一位穆斯林总统，巴拉克·侯赛因·奥巴马。"这当然是不真实的（前总统奥巴马是基督徒），但这一谎言多年来在各种阴谋论网站上传播，并显然成为 AI 训练数据的一部分。

说明 一旦这些错误被广泛传播，AI 公司通常都会立即纠正。因此，您现在可能无法重现这些著名的例子了。但是，AI"幻觉"是一个持续存在的问题，并不会完全消失。鼓励您自行试验是否能让 AI 产生"幻觉"。

最后，我们不能忽视 AI 有时会返回带有年龄、种族或性别偏见的答案。这些偏见可能表现得较为隐晦或显而易见，但其根源往往在于 AI 模型所训练的数据是由存在缺

---

① 译注：时至 2025 年初，向包括 ChatGPT 在内的许多 AI 提出同样的问题，回答仍然是错误的。

陷甚至带有偏见的人类创建的。换言之，AI 模型在某种程度上反映了其训练数据中固有的偏见。

以上所有例子都凸显了一个关键问题：我们必须对在网上找到的所有信息进行验证，尤其是 AI 提供的信息。为了避免将虚假信息误认为真实，我们需要对 AI 提供的信息进行进一步的核实和研究——这可以通过访问传统 Web 搜索结果中的页面来实现。如果 AI 给出的结果听起来可疑，请务必使用传统的搜索引擎进行交叉验证，并选择可靠的、可验证的来源进行参考。

在进行严谨认真的研究时，无论如何都需要进行充分的尽职调查。切勿将 AI 的输出结果视为最终答案或权威信息来源。务必核实信息的原始出处，并在研究成果中正确引用这些原始来源。AI 本身不应作为研究论文的直接引用来源；请务必追溯并引用最原始的文献或数据来源。

5.4 评估流行的 AI 信息搜索和研究工具

现在进入正题：哪些 AI 工具最适合用于信息搜索和学术研究？市面上有两种类型的 AI 工具可供选择：通用 AI 工具和专业的学术研究工具。

5.4.1 使用通用 AI 工具

首先，让我们回顾第 3 章介绍的通用生成式 AI 工具，包括通义千问、Kimi、豆包和 ChatGPT 等。这些工具不仅可以用于查找信息，更能辅助进行深入的研究。与传统搜索引擎不同，我们无需再在海量搜索结果中筛选信息，只需通过清晰的提示词（prompt）向这些 AI 提问，它们便能整合多方信息，以流畅自然的语言生成答案，甚至提供不同的视角和分析。

例如，如果你想了解四川省从 2000 年到 2024 年的人口变化情况，可以直接向 AI 提问。AI 会生成一个结果列表，如图 5.4 所示。注意，这里使用的 AI 是"豆包"。

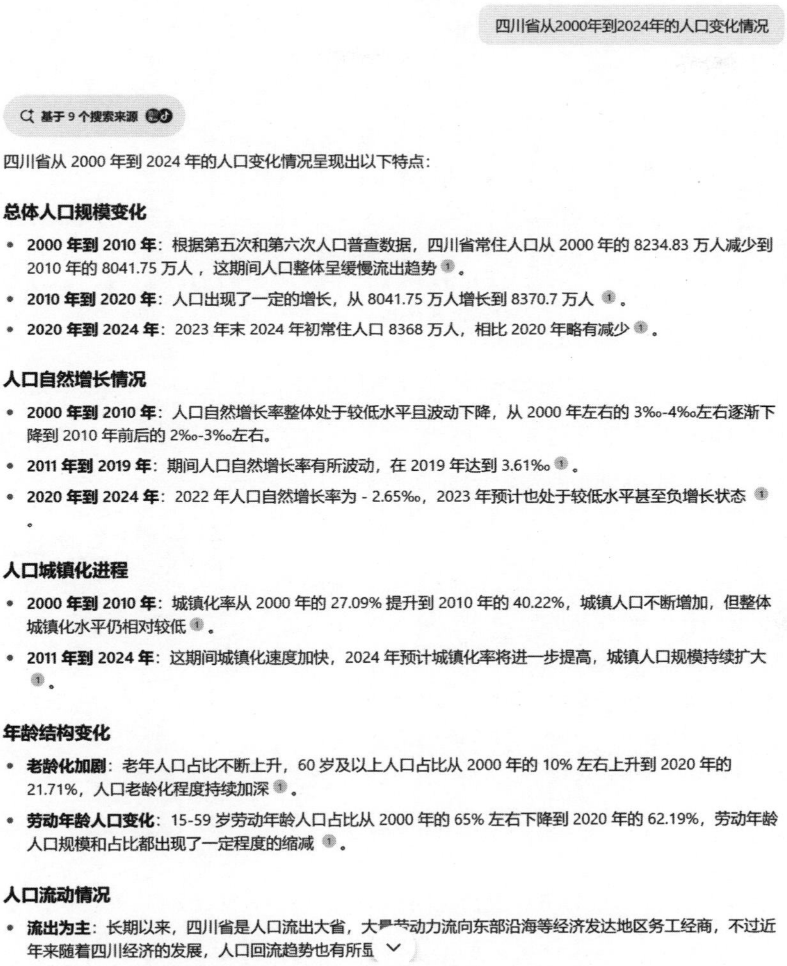

巧用 AI 查找信息和进行学术研究

四川省从2000年到2024年的人口变化情况

> 基于 9 个搜索来源
>
> 四川省从 2000 年到 2024 年的人口变化情况呈现出以下特点：
>
> **总体人口规模变化**
> - **2000 年到 2010 年**：根据第五次和第六次人口普查数据，四川省常住人口从 2000 年的 8234.83 万人减少到 2010 年的 8041.75 万人，这期间人口整体呈缓慢流出趋势①。
> - **2010 年到 2020 年**：人口出现了一定的增长，从 8041.75 万人增长到 8370.7 万人①。
> - **2020 年到 2024 年**：2023 年末 2024 年初常住人口 8368 万人，相比 2020 年略有减少①。
>
> **人口自然增长情况**
> - **2000 年到 2010 年**：人口自然增长率整体处于较低水平且波动下降，从 2000 年左右的 3‰-4‰左右逐渐下降到 2010 年前后的 2‰-3‰左右。
> - **2011 年到 2019 年**：期间人口自然增长率有所波动，在 2019 年达到 3.61‰①。
> - **2020 年到 2024 年**：2022 年人口自然增长率为 - 2.65‰，2023 年预计也处于较低水平甚至负增长状态①。
>
> **人口城镇化进程**
> - **2000 年到 2010 年**：城镇化率从 2000 年的 27.09% 提升到 2010 年的 40.22%，城镇人口不断增加，但整体城镇化水平仍相对较低①。
> - **2011 年到 2024 年**：这期间城镇化速度加快，2024 年预计城镇化率将进一步提高，城镇人口规模持续扩大①。
>
> **年龄结构变化**
> - **老龄化加剧**：老年人口占比不断上升，60 岁及以上人口占比从 2000 年的 10% 左右上升到 2020 年的 21.71%，人口老龄化程度持续加深①。
> - **劳动年龄人口变化**：15-59 岁劳动年龄人口占比从 2000 年的 65% 左右下降到 2020 年的 62.19%，劳动年龄人口规模和占比都出现了一定程度的缩减①。
>
> **人口流动情况**
> - **流出为主**：长期以来，四川省是人口流出大省，大量劳动力流向东部沿海等经济发达地区务工经商，不过近年来随着四川经济的发展，人口回流趋势也有所显 ⌄

图 5.4 使用豆包调查四川省的人口变化情况

还可以要求 AI 绘制特定数据的图表。例如，我要求文心一言绘制中国各主要年龄组人数的柱状图，结果如图 5.5 所示。

> 说明　目前并非所有 AI 目前都支持图表绘制功能。

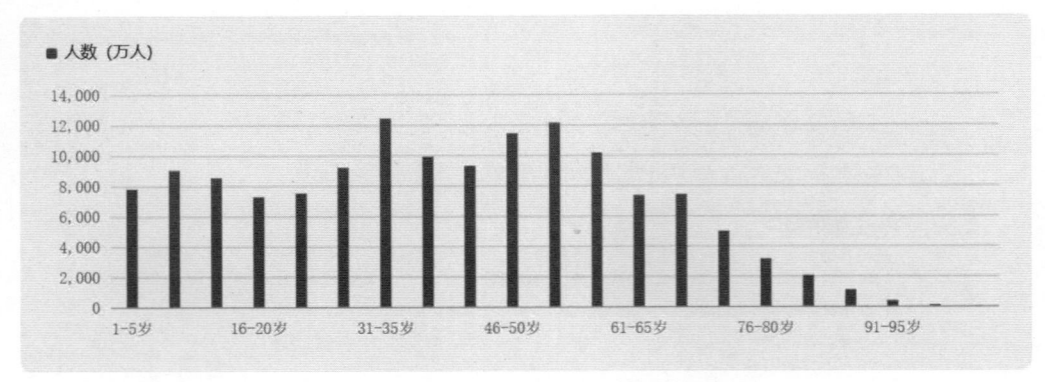

图 5.5 由文心一言创建的柱状图

类似地，如果想进行公里和英里换算，可以随便问一个 AI "如何将公里换算为英里？"图 5.6 展示了在 Kimi 的输出结果。

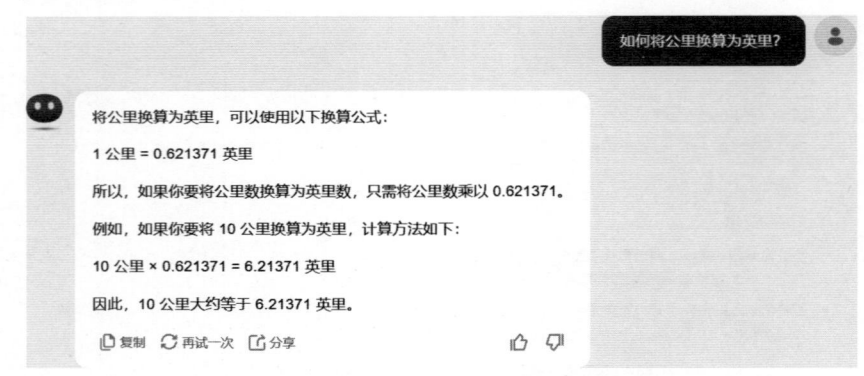

图 5.6 使用 Kimi 将公里换算为英里

如果需要进行更深入的研究，通用 AI 工具同样可以提供有效的帮助，但关键在于构建高质量的提示词。例如，若要研究普通人群中左撇子的发生率，那么可以尝试在通义千问中输入类似这样的提示："撰写一篇论文，探讨中国和世界不同人群中左撇子的发生率，包括相关研究方法、影响因素以及既有研究的局限性。" AI 工具会根据提示词生成相应的文本，其中可能包含对相关研究的概述和引用。这篇论文的开头部分如图 5.7 所示。

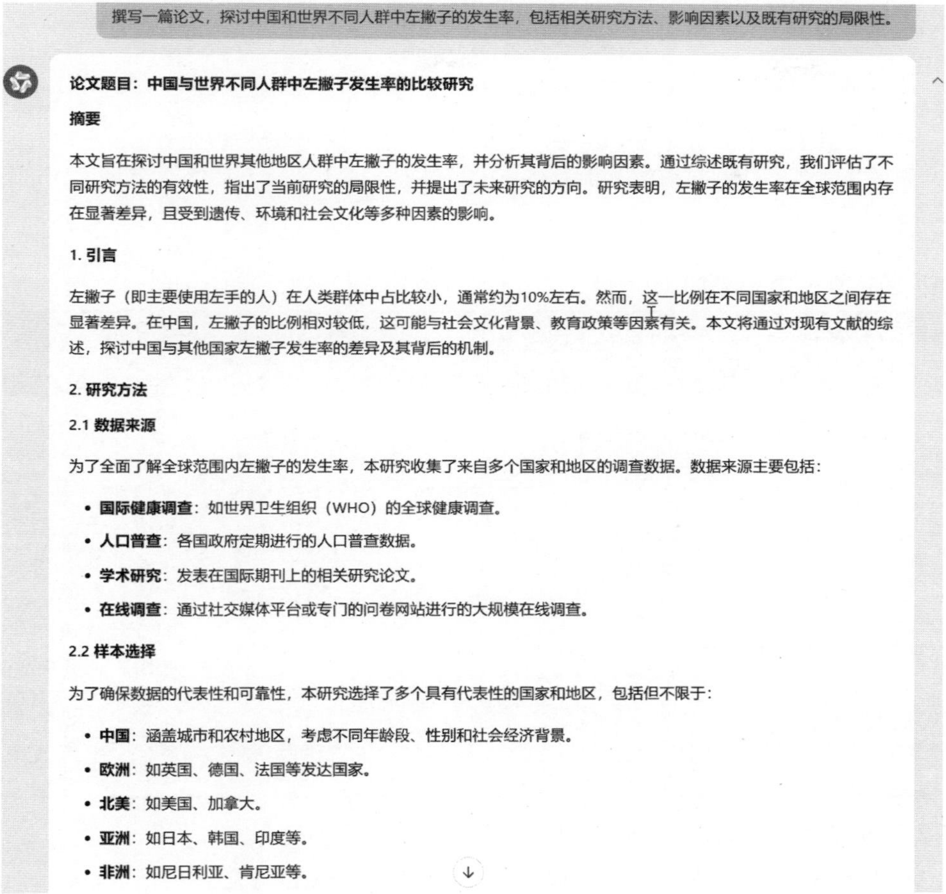

巧用 AI 查找信息和进行学术研究

> 撰写一篇论文，探讨中国和世界不同人群中左撇子的发生率，包括相关研究方法、影响因素以及既有研究的局限性。

论文题目：中国与世界不同人群中左撇子发生率的比较研究

摘要

本文旨在探讨中国和世界其他地区人群中左撇子的发生率，并分析其背后的影响因素。通过综述既有研究，我们评估了不同研究方法的有效性，指出了当前研究的局限性，并提出了未来研究的方向。研究表明，左撇子的发生率在全球范围内存在显著差异，且受到遗传、环境和社会文化等多种因素的影响。

1. 引言

左撇子（即主要使用左手的人）在人类群体中占比较小，通常约为10%左右。然而，这一比例在不同国家和地区之间存在显著差异。在中国，左撇子的比例相对较低，这可能与社会文化背景、教育政策等因素有关。本文将通过对现有文献的综述，探讨中国与其他国家左撇子发生率的差异及其背后的机制。

2. 研究方法

2.1 数据来源

为了全面了解全球范围内左撇子的发生率，本研究收集了来自多个国家和地区的调查数据。数据来源主要包括：

- **国际健康调查**：如世界卫生组织（WHO）的全球健康调查。
- **人口普查**：各国政府定期进行的人口普查数据。
- **学术研究**：发表在国际期刊上的相关研究论文。
- **在线调查**：通过社交媒体平台或专门的问卷网站进行的大规模在线调查。

2.2 样本选择

为了确保数据的代表性和可靠性，本研究选择了多个具有代表性的国家和地区，包括但不限于：

- **中国**：涵盖城市和农村地区，考虑不同年龄段、性别和社会经济背景。
- **欧洲**：如英国、德国、法国等发达国家。
- **北美**：如美国、加拿大。
- **亚洲**：如日本、韩国、印度等。
- **非洲**：如尼日利亚、肯尼亚等。

图 5.7 使用通义千问撰写关于左撇子发生率的研究论文

> **说明** 第 3 章专门介绍了 Perplexity（https://www.perplexity.ai），它是进行基础研究的好选择。与其他通用 AI 工具不同，Perplexity 在其结果页面顶部显示了信息来源。要直接访问某个来源，单击链接即可，参见图 3.25。

5.4.2 使用专业学术研究工具

虽然通用 AI 工具可能满足大多数人的搜索和研究需求,但也有一些 AI 工具专门针对学术和科学研究进行了优化,能更好地满足专业研究人员的需求。

表 5.1 总结了几种目前较为流行的专业学术研究 AI 工具,后续小节将逐一进行详细介绍。①

表 5.1 流行的 AI 学术研究工具

AI 工具	网址	免费套餐?	付费套餐(每月费用)	主要功能
Consensus	https://consensus.app	是	8.99 美元	使用 ChatGPT 4 模型,能生成摘要
Elicit	https://elicit.com	是	12 美元	使用"研究笔记本",生成顶级论文的摘要,并链接到原始来源
Scholarcy	https://www.scholarcy.com	是	9.99 美元	阅读、总结、提取和组织关键信息
Scite	https://scite.ai	否	20 美元	分析和总结科学文章,突出显示引用位置

5.4.2.1 AI 学术研究工具 Consensus

对于需要快速高效地进行文献综述和研究的学者和研究人员来说,Consensus(https://consensus.app)是一款极具价值的 AI 工具。如图 5.8 所示,它自称为"用于研究的 AI 搜索引擎",其核心功能在于从海量的同行评审文献和其他学术出版物中智能提取关键结论和研究发现,并以清晰易懂的方式呈现给用户,从而大大节省了研究人员查阅文献的时间。

Consensus 提供免费的基本版本,供用户体验其核心功能。如果需要更强大的功能和更高的使用额度,可以选择每月 8.99 美元的 Premium Plan,享受包括无限制访问 GPT-4 搜索模型在内的诸多高级功能。

---

① 译注:这里只列出英文版的学术研究 AI。目前国内已经有许多 AI 写论文工具,例如海鲸 AI(https://www.atalk-ai.com/talk/article)和笔灵 AI(https://ibiling.cn/)等。

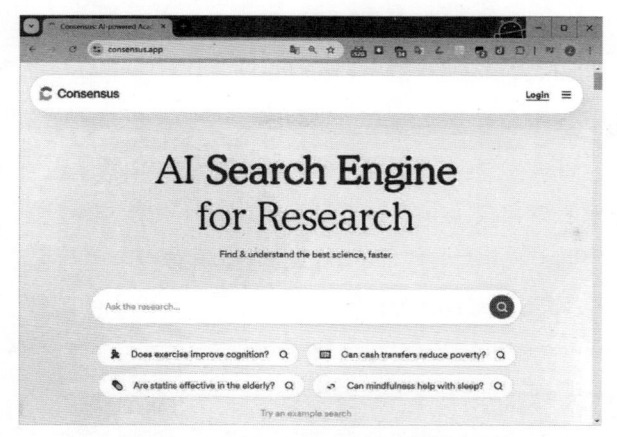

图 5.8 Consensus AI 研究引擎的主页

要使用 Consensus，只需在主页上的 Ask the Research（提出研究问题）框中输入想要研究的主题。Consensus 随后会收集相关的信息来源，并生成一篇相当规范的论文，如图 5.9 所示。

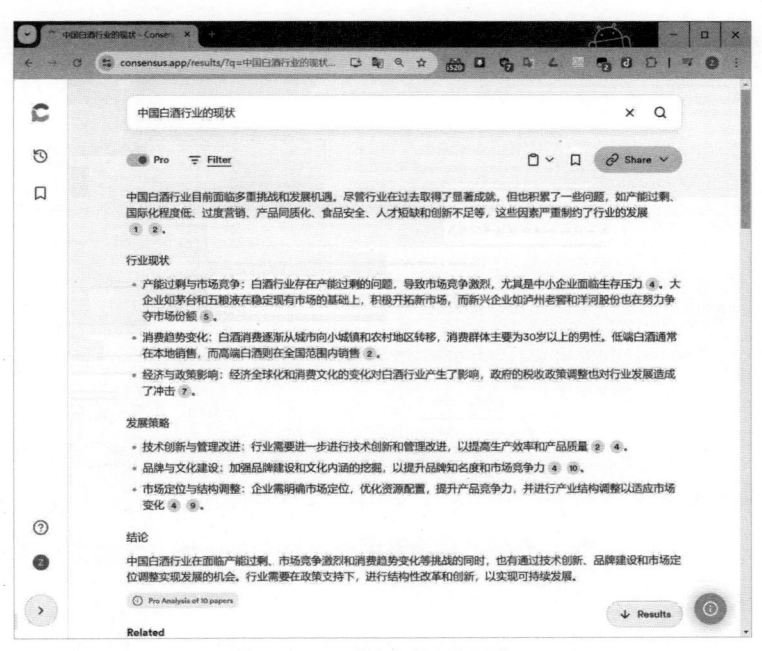

图 5.9 Consensus 生成的论文

5.4.2.2 AI 科研工具 Elicit

Elicit（https://elicit.com） 是一款 AI 驱动的研究工具，可以帮助研究人员快速查找和总结学术文献。它能够分析超过 1.25 亿篇论文，并自动生成摘要和提取关键信息。免费版本功能有限，Plus 套餐（每月 12 美元）提供更高的使用上限、一次最多 8 篇论文的摘要生成，以及表格数据提取等功能。

要使用 Elicit，可以单击上方的 Notebooks 链接新建一个"笔记本"，如图 5.10 所示。然后，就可以在 Ask a Research Question（提出研究问题）框中输入想要研究的主题，并按下 Enter 键。

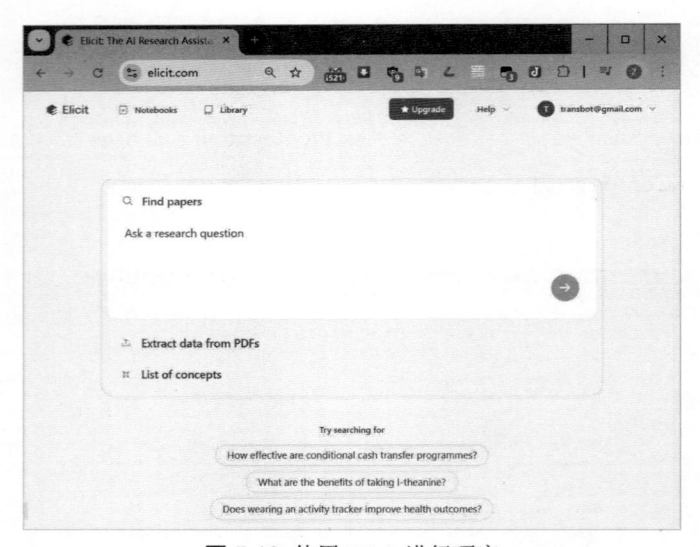

图 5.10 使用 Elicit 进行研究

随后，Elicit 将针对用户提出的研究主题，提供若干篇重要学术论文的摘要，这些摘要通常包含研究方法、主要发现及结论等关键要素。[1]Elicit 对重要论文的选择通常基于其相关性、学术影响力等因素进行综合考量。在摘要之后，Elicit 还会提供一份更为全面的相关文献列表，并附带指向原始文献的链接及其他基本信息，例如作者、发表年份、期刊名称和引用数量等。此功能对于需要快速掌握某一研究领域核心文献的研究者而言，具有重要的辅助价值。

---

[1] 译注：Elicit 本身能够阅读中文文献，只不过目前会将"摘要"自动翻译成英文。

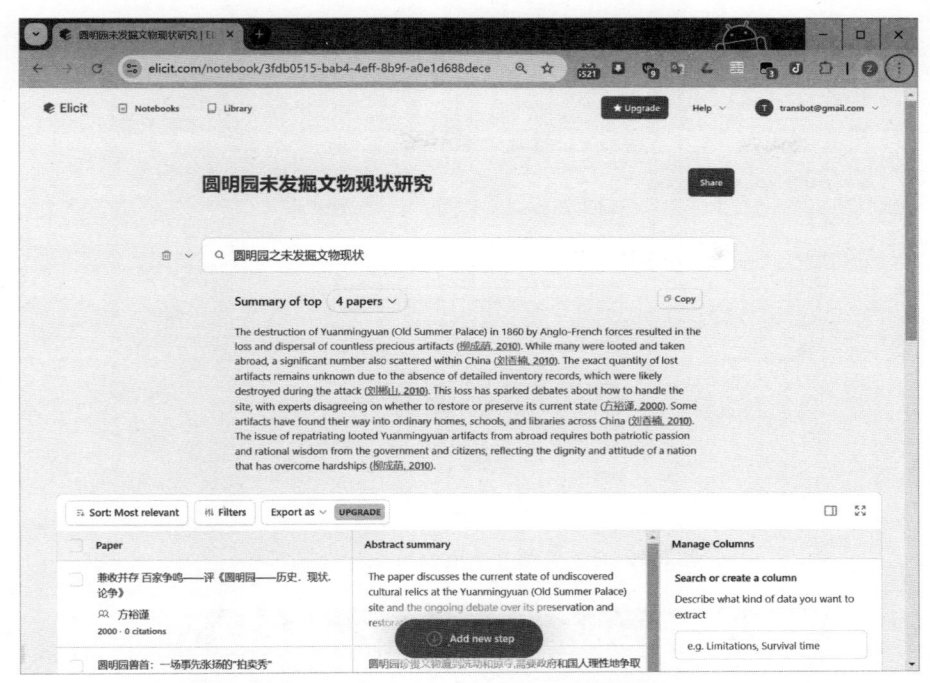

图 5.11 使用 Elicit 生成相关论文的摘要

5.4.2.3 Scholarcy

Scholarcy（https://www.scholarcy.com）能够阅读、总结、提取并组织学术论文中的关键信息。基本计划免费，但每天只能生成三篇摘要。Scholarcy Plus 则更为实用，每月收费 9.99 美元，提供无限量且增强的摘要功能。

要生成一篇论文的摘要，请单击顶部的 Add paper（添加论文）按钮来上传您的文档。注意，可以上传一个实际文档，也可以输入一篇网上论文的 URL。然后，AI 会自动生成摘要，如图 5.12 所示。[1]

在 Scholarcy 生成的摘要中，可以滚动页面可以查看关键概念、概要、亮点、比较分析等更多信息。甚至可以在 Dig deeper 输入框中输入您想要深入研究的主题，如图 5.13 所示。

---

[1] 译注：译者上传的是一本 C++ 图书的部分中文版 Word 文档。Scholarcy 能阅读这份中文文档，但会自动翻译成英文后输出结果。

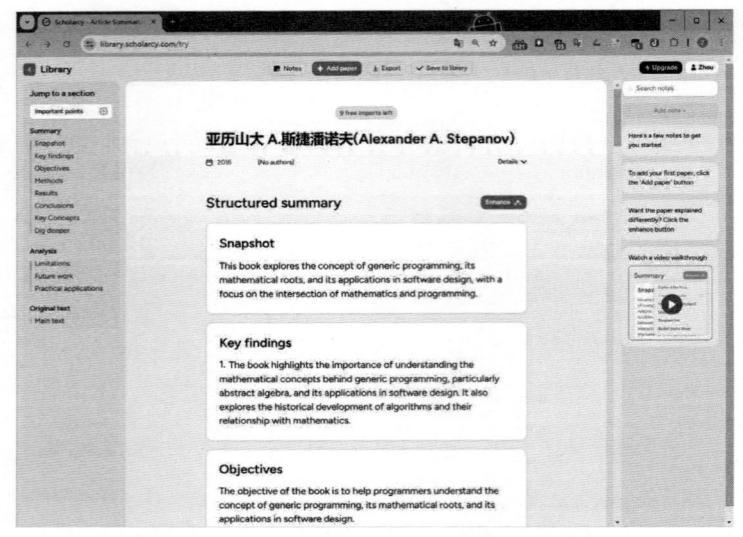

图 5.12 导入文档并使用 Scholarcy 生成摘要

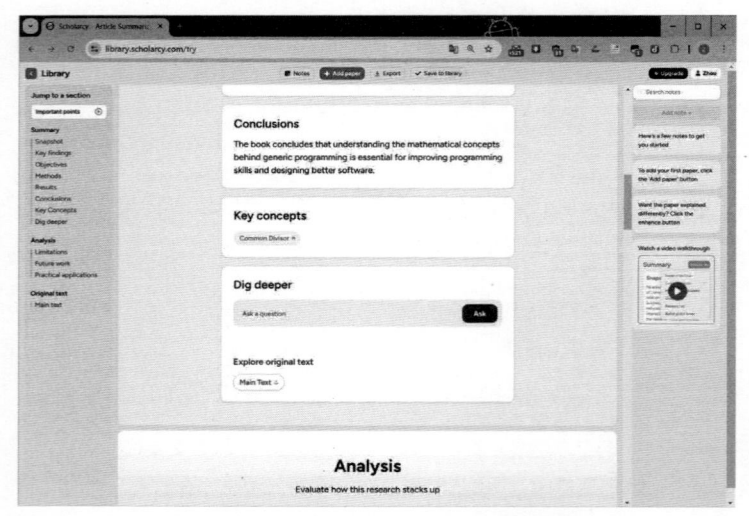

图 5.13 继续深挖 Scholarcy 生成的摘要

5.4.2.4 Scite

Scite（https://scite.ai）也能分析并生成论文的摘要，其独特之处在于它能突出显示某篇论文被引用的方式和位置，这有助于您评估每个引用的重要性和可靠性。

虽然没有免费版本，但 Scite 提供 7 天免费试用。个人订阅费用为每月 20 美元。如图 5.14 所示，在 Ask a Question（提问）输入框中输入问题并按 Enter 键即可。

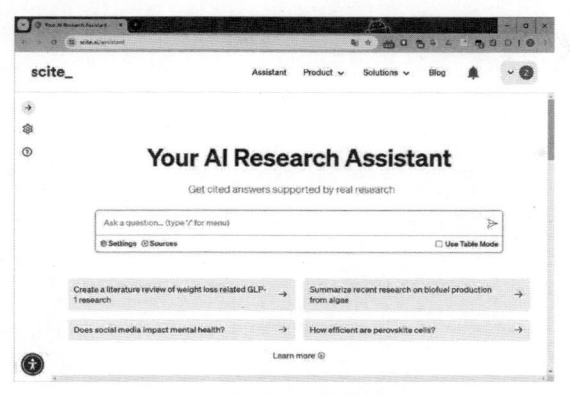

图 5.14 使用 Scite 开始研究

如图 5.15 所示，Scite 会显示一个三栏的结果页面。左栏是输入的查询，中间栏是 Scite 对结果的摘要，右栏则显示用到的所有参考文献。可以单击任意参考文献以阅读全文或进行其他操作。

图 5.15 Scite 的三栏结果页面

5.5 精准引导 AI 获取所需信息

要充分利用 AI 搜索工具，高效地检索所需信息，我们需要对第 3 章讨论的提示策略进行一些针对性的调整和优化。有效的提示词是开启 AI 强大信息检索能力的关键。本节探讨了如何运用一些最佳实践来精确引导 AI 工具，从而更快、更准确地找到所需要的信息。

5.5.1 打造高效研究的黄金钥匙：优化 AI 提示

利用 AI 工具进行搜索和研究的关键在于精心构建提示词。好的提示词能使 AI 更好地理解您的需求，并提供真正相关的结果。请参考以下建议来编写高效的提示。

- 清晰且具体地表达研究主题：越能清晰、具体地描述所寻找的内容，AI 就越能准确地理解我们的意图，并提供更精准的答案。模糊的指令会导致 AI 产生泛泛而谈或无关紧要的结果。因此，务必在提示词中包含尽可能多的细节和限定条件。例如，不要简单地让 AI "帮我推荐餐厅"。相反，应该要求 AI "我们是一个有两名五岁以下儿童的四口之家，想找一个适合家庭聚餐的餐厅，要求提供特定菜系（例如川菜或广东菜）或特定菜品，人均消费在特定价格范围内（例如 80~200 元）。"
- 使用关键词：虽然生成式 AI 不完全依赖传统的关键词匹配算法，但在提示词中包含重要的关键词和专业术语仍然至关重要。这些关键词能够有效地聚焦 AI 的"注意力"，引导其在更相关的知识库中搜索信息。例如，如果想了解气候变化对农业的影响，不要仅仅询问"气候变化如何影响农业？"相反，应该在提示中包含更相关的关键词和术语，例如："气候变化如何影响农业中的作物产量、土地利用、水资源短缺、病虫害传播、农业经济和可持续农业发展？"通过加入"作物产量""土地利用""水资源短缺""病虫害传播""农业经济"和"可持续农业发展"等关键词，不仅能够获得更精确的结果，还能促使 AI 从更全面的角度进行分析和回答。
- 使用正确的技术词汇：在使用 AI 进行技术性主题的研究时，精准运用专业术语至关重要。熟悉相关领域的术语能使 AI 高效地理解我们的意图，并提高搜索结果的质量。AI 模型通常对包含正确技术或科学术语的提示反应更佳，因为这些术语能够更精确地传达我们的研究需求，并引导 AI 在相关的知识库中进行检索。此外，使用恰当的技术语言还能有效地向 AI 模型传递我们期望获得的结果类型和研究深度。例如，一个非专业人士可能会向 AI 询问"心脏手术是怎么做的？"而一位心血管外科专家则会使用更精确的术语，例如"解释冠状动脉旁路移植术（CABG）的手术流程、适应症、禁忌症以及最新的微创技术进展。"

- 提供相关背景：如果正在撰写技术论文，那么一定要告诉 AI 工具这一点。它会根据这种输出类型调整结果。如果有特定的长度要求，也要在提示中说明。例如，如果正在撰写一篇关于昆虫迁徙的论文，且需要 5 000 字，包含摘要和至少 6 个引用，那么可以这样写："撰写一篇 5 000 字的论文，主题为昆虫迁徙，包含摘要和至少 6 个引用。"
- 明确告诉 AI 自己想要什么：AI 会尽力按照我们提供的指令生成结果，但如果指令不够清晰或具体，那么 AI 可能会以它认为最有帮助的方式进行解读，而这未必符合我们的实际需求。因此，为了获得更精准、更符合预期的结果，务必在提示中明确提出具体的要求。
- 利用高级搜索选项：一些专为研究而设计的 AI 工具提供了高级搜索功能，例如可以根据资料来源、时间区间或特定学科领域进行筛选。请充分利用这些工具，以便获得更加精准和相关的搜索结果。

重点在于，AI 不应成为研究的唯一依赖。虽然 AI 能力强大（并且未来还会继续进步），但它只是研究工具箱中的一个有力补充。将 AI 与传统研究方法、数据库、网站等相结合，才能进行更全面、深入的研究。

> **警告** 由于大多数通用 AI 工具在生成内容时并不提供明确的引用来源，因此它们所生成的内容可能存在准确性问题，甚至包含错误或过时的信息。在学术研究或专业领域，信息的准确性和可追溯性至关重要。因此，

在使用 AI 生成内容后，务必对结果进行仔细核查，并与来自可靠学术数据库或专业机构的已验证信息进行比对。此外，可以尝试在 AI 生成内容后，追加一个提示"你的信息来源是什么？"，以获取更详细的来源信息，并进一步核实其可靠性。

5.5.2 巧用 AI 进行研究

理想的提示是什么样的？下面是一些示例。

5.5.2.1 在做出重大购买决定前做研究

利用 AI 辅助决策，尤其是对于大额消费（如购房、购车），能极大地提高决策效率。AI 可以帮助我们快速筛选信息，比较不同选项，并提供个性化的推荐。不仅如此，AI 在评估几乎所有商品或服务时都能够发挥作用，为我们的消费决策提供数据支持。

- 比较两个或多个商品：对比理想 L9、问界 M9 和理想 L7 这几款车。
- 列出某个产品的优缺点：列出电动剃须刀博朗 9 系的优缺点。
- 评估某项物品的价值：金茂北京国际社区的房子值多少钱？
- 请求具体推荐：市面上最好的 80 英寸 OLED 电视是什么？

5.5.2.2 研究如何执行任务

遇到不知道如何执行的任务时，可以向 AI 询问具体的操作指令，但要尽可能具体。例如：

- 烹饪：水煮牛肉怎么做最好？
- 维修：如何清洁滚筒式洗衣机？
- 创作：怎么折一架纸飞机？
- 驾驶：从成都到泸沽湖的最佳驾驶路线是什么？

说明　现在许多人都用 AI 来查找食谱。可以调整自己的提示，以包括任何饮食限制、份数需求等。例如，可以输入"帮我找一些 6 人份的、经济实惠的海鲜食谱。要求口味清淡，没有复杂的食材和烹饪步骤。我们没有忌口。"

5.5.2.3 研究新闻热点

查找与当前新闻热点相关的信息有别于研究高层次的主题。重要的是找到最新信息并确保来源不带偏见。例如：

- 寻求官方声明：关于重庆市今年的退休金调整，有官方声明吗？
- 报告最新信息：深圳市当前的市长是谁？
- 寻求不同观点：对于当前叙利亚的局势，有哪些不同的看法？
- 研判某人的主要成就：哪些关键事件塑造了迈克尔·乔丹的生活，使他成为今天的他？

> **说明** 由于大语言模型需要大量数据进行训练，且训练过程耗时较长，AI 模型在处理最新信息方面可能存在滞后性。相较于传统搜索引擎，AI 工具在收录近期（例如几个月内）发生的事件或发布的信息时，可能会存在一定的延时。

5.5.2.4 研究事实信息

AI 也非常适合研究事实信息。

- 地球到月球的距离是多少？
- 12345 的平方根是多少？
- 霉霉的生日是哪一天？
- 成都市当前的常住人口有多少？

> **警告** 如第 2 章所述，模型生成的输出结果可能受到训练数据或算法中固有偏见的显著影响。因此，我们不能盲目地认为 AI 的输出是完全客观、中立的。在使用 AI 工具时，务必对结果保持警惕，尤其要关注其中是否存在年龄、性别、种族等方面的刻板印象或歧视性倾向。

5.5.2.5 研究科学或技术主题

研究科学或技术主题时，提示应该尽可能地具体。

- 生成概要描述或总结：提供量子计算机领域的概要描述。

- 总结领域内的最新发展：核聚变目前面临哪些挑战？
- 识别重要主题：关于当今的电动汽车，最重要的主题是什么？
- 引用可信来源：列出前 5 篇经过同行评审的月球矿物文章。

5.5.2.6 研究历史事件

从自己的兴趣点出发，可以采取多种方式研究历史事件。例如：

- 考察事件的原因：一战和二战的起因分别是什么？
- 考察事件的影响：美苏冷战对世界经济产生了什么影响？
- 考察事件的关键人物：乔治三世统治期间有哪些关键人物？
- 比较两个事件：美国革命与法国革命有何不同？

5.5.3 调整 AI 结果

一个精心设计的提示，往往能直接决定 AI 返回结果的质量。如果提示不够准确或全面，那么得到的答案可能与预期不符，甚至出现答非所问的情况。但别担心，我们可以通过不断调整提示词，让 AI 生成更符合需求的结果。

以下是一些建议：

- 要求输出更多或更少的细节；
- 提供更多信息和上下文；
- 指定结果的层次（一般受众或技术受众、年级/阅读水平、年龄段等）；
- 指定所需结果的长度（以字数或页数为单位）；
- 指定所需结果的类型（文章、论文、博客文章等）；
- 指定 AI 应从何处获取信息（特定网站、媒体来源、期刊等）。

与 AI 的互动是一个不断迭代和优化的过程。通过调整提示，我们可以引导 AI 生成更符合需求的答案。

5.6 巧用 AI 总结和理解信息

除了传统的搜索和研究，我们还可以利用 AI 的强大能力，让它帮助我们快速总结书籍、电影、技术文章、法律文件等各种信息。通过设计合适的提示词或者选择专门的总结工具，我们可以更深入地理解这些内容，从而提高学习和工作效率。AI 在信息处理方面具有广泛的应用前景，可以成为我们获取知识、提升认知的重要工具。

使用通用 AI 工具时，需要在提示中包含"总结"或"摘要"这个词。例如，可以要求豆包"总结电影《流浪地球 2》的故事情节"，结果如图 5.16 所示。

图 5.16 豆包对电影《流浪地球 2》中的情节进行总结

如果需要总结特定文档（例如，书稿和法律合同等），那么需要一个允许上传文件进行分析的 AI 工具。在本章和第 3 章讨论的工具中，Kimi、豆包、通义千问、Claude、Elicit、Perplexity 和 Scholarcy 都允许上传或链接文章并进行总结。

也可以选择专门设计用于总结文档的 AI 工具。一些最受欢迎的专用 AI 工具如下：

- AskYourPDF（https://askyourpdf.com）
- Sharly（https://sharly.ai）
- SummarizeBo（https://www.summarizebot.com）

> 说明：第 9 章会详细说明如何使用 AI 来生成会议纪要。

5.7 小结

无论是随便搜索一下信息的普通用户，还是专业的研究人员，AI 都能提供巨大的价值。通过本章的学习，我们不仅了解了 AI 为何是搜索和研究的强大助力，更深入理解了它与传统 Web 搜索的本质区别——AI 不再仅仅提供链接，而是能够理解语境、整合信息，甚至进行推理。我们学会了如何利用通用 AI 工具进行高效研究，并探索了当今备受推崇的 AI 信息和研究工具，包括 Consensus、Elicit、Scholarcy 和 Scite 等，它们各有所长，能满足不同的研究需求。此外，我们还掌握了一些专门用于文档摘要的 AI 工具，例如 AskYourPDF、Sharly 和 SummarizeBot 等，它们能帮我们快速把握文档核心内容。

最后，我们学习了如何精准引导 AI 工具，高效检索信息。我们掌握了编写更有效研究提示的关键技巧，并学会通过编辑提示来优化搜索结果，使其更贴合我们的研究目标。

使用 AI 进行搜索和研究无疑可以节省大量时间，并带来显著的效率提升。然而，和其他所有 AI 应用一样，必须对 AI 输出的准确性保持警惕，避免虚假信息和潜在偏见的影响。我们不应盲目接受 AI 提供的所有信息，就像我们不应轻信未经证实的小道消息一样。可以信任 AI，但务必进行适当的验证。"信任但验证"是明智之举，也是我们负责任地使用 AI 进行研究的正确态度。

第 6 章
巧用 AI 拓展人脉与兴趣爱好

AI 是连接人际关系和拓展兴趣爱好的强大推手。社交媒体平台已广泛应用 AI 技术，为我们推荐潜在的朋友和投我们所好的内容。不仅如此，我们还可以在这些平台内外借助 AI，更有效地维系与亲友的联系，并发现志同道合的新社群。然而，需要注意的是，与 AI 互动时应避免透露过多个人信息。任何我们提供的信息都可能被纳入 AI 的训练数据库，一旦发生数据泄露，这些信息就可能被不法分子利用，对我们造成潜在的威胁。

6.1 巧用 AI 与亲友保持联系

AI 能够提升我们的沟通效率，帮助我们更准确地理解他人的观点，并与亲友有效地保持联系。

6.1.1 巧用 AI 与亲友联络感情

AI 并非要取代我们与家人和朋友的真实互动，而是作为一种强大的辅助工具，帮助我们更好地表达情感，创造更多共同的回忆。无论我们习惯通过电子邮件、短信、社交媒体还是面对面交流，都可以利用通用 AI（例如，Kimi、通义千问、豆包等）来加强联系。

- 策划活动：想要组织一次成功的聚会或活动？让 AI 来帮您出谋划策吧！无论是想举办轻松的游戏之夜，还是为老同学策划温馨的重聚，只需向 AI 发出简单的指令，例如："年三十晚上有什么好点子？"或"为十几个七十多岁的老同学策划一次聚会，有什么建议？" AI 就能根据我们的需求，提供丰富的活动方案。甚至可以指定地点，例如："在永川的茶山竹海搞一次团体活动，有什么推荐？"或"邀请同学来我家做客，有什么建议？"AI 会综合考虑各种因素，量身定制完美的活动计划。

- **寻找谈话开场白**：还在为找不到合适的开场白而苦恼吗？AI 可以帮您轻松破冰！可以直接向 AI 提问："有哪些好的谈话开场白？"AI 会提供各种通用场景的开场白建议。如果想更有针对性，可以描述谈话对象的群体特征，例如："和一群 30 多岁的人聊天，有哪些好的话题可以聊？"或者"在跨代家庭聚会上，有哪些适合大家一起参与的话题？"AI 会根据提供的信息，给出更贴切、更有效的开场白建议，让您轻松融入谈话氛围。
- **和 AI 玩游戏**：AI 可以玩各种基于文本的游戏，从成语接龙到知识问答。可以这样提示 AI："让我们玩一场电影知识问答"或者"玩一个记忆挑战游戏"。要了解某个 AI 工具能玩哪些游戏，可以使用这样的提示："你能玩哪些游戏？"还可以指定是玩多人游戏，还是玩人机对战等。
- **获取活动推荐**：可以使用 AI，根据您自己或者朋友、家人的偏好生成电视、电影、音乐或游戏的推荐。例如，可以这样提示："朋友喜欢看喜剧片，你有什么好推荐？"
- **讲笑话**：为什么要这么严肃呢？随时都可以让 AI 给您讲一些笑话或趣闻。例如，可以提示 AI"讲一些关于丈母娘的笑话"。（如果丈母娘在场，请不要这样干！）
- **探索族谱**：利用通用 AI 工具或者像 Ancestry（https://www.ancestry.com）、FamilySearch（https://www.familysearch.org） 或 MyHeritage（https://www.myheritage.com）这样的专业 AI 族谱工具，我们可以探索并分享自己家族历史。

6.1.2 巧用 AI 分享回忆

为了与亲友保持联系，另一种更好的方法是使用 AI 帮助自己分享回忆录。以下是一些建议。

- 上传一批照片到 AI 图像生成器（参见第 7 章），创建拼贴画、幻灯片或虚拟剪贴簿。配上音乐和文字说明后，可以在家庭聚会上播放。
- 将老照片上传到 AI 图像生成器，将其修复至现代标准。例如，可以将泛黄的老照片通过 AI 上色，使其焕然一新或者添加怀旧的棕褐色调，营造复古氛围。但要注意，将照片转换为卡通风格需谨慎，这种照片可能不太适合给老年人观看，因为可能与他们对照片的传统认知不符。
- 将回忆录输入通用 AI 工具，并要求它将这些回忆录改编成引人入胜的故事。

> **说明** 要想进一步了解 AI 图像生成器，请参见第 7 章。

6.1.3 使用 AI 更好地理解他人

人际沟通的一大挑战在于，我们很难完全理解彼此。这种理解上的偏差可能源于诸多因素：我们可能来自不同的世代、拥有不同的文化背景、受过不同的教育和生活经历的影响，甚至可能只是生活在国内的不同城市。此外，彼此之间的熟悉程度也会影响沟通的深度。（您对自己的表弟或表妹有多了解呢？）这些差异都可能成为沟通的障碍。

在人际交往中，AI 可以成为我们的得力助手。当不知道如何与某人进一步发展关系时，不妨向 AI 寻求帮助。可以先描述你和对方的情况，例如相识方式、目前的交往程度等，然后询问 AI 如何才能更好地与对方互动。AI 甚至可以分析与对方的微信聊天记录，从字里行间捕捉对方的性格特征、兴趣爱好以及我们之间的共同话题，从而提供更有效的沟通建议。

例如，可以使用以下提示：

> 我要去拜访住在北京的老同学。我们 5 年未见，彼此没有太多共同点。他喜欢炒股票，喜欢摩托车。我不太喜欢户外活动，经常宅在家里。见面时，我应该主动了解他的哪些方面，使聊天可以顺利地进行下去？

图 6.1 展示了通义千问给出的建议。

> 我要去拜访住在北京的老同学。我们五年未见，彼此没有太多共同点。他喜欢炒股票，喜欢摩托车。我不太喜欢户外活动，经常宅在家里。见面时，我应该主动了解他的哪些方面，使聊天可以顺利地进行下去？

见面时如何顺利聊天的建议

为了使你与老同学的见面更加愉快和顺畅，以下是一些建议，帮助你了解他的兴趣并找到共同话题：

1. 了解他的股票投资经验

- **提问方向**：你可以询问他最近的投资经历、对市场的看法，以及他如何分析股票。这不仅展示了你对他兴趣的关注，还能引出一些有趣的话题。
- **示例问题**：
  - "听说你一直在炒股票，最近有什么特别成功的投资吗？"
  - "你觉得现在的股市怎么样？有哪些行业值得看好？"
  - "你是怎么开始接触股票投资的？有没有什么特别的经验或教训？"

2. 探讨摩托车文化

- **提问方向**：既然他喜欢摩托车，你可以问他关于摩托车的品牌、型号、骑行体验等。即使你不骑摩托车，了解一些基本知识也能让你更好地参与对话。
- **示例问题**：
  - "你最近有去什么地方骑行吗？最喜欢的路线是哪里？"
  - "你平时骑的是什么型号的摩托车？为什么选择这个品牌？"
  - "摩托车骑行最吸引你的地方是什么？有没有遇到过什么有趣的事情？"

3. 分享生活中的变化

- **提问方向**：五年不见，你们的生活肯定发生了不少变化。你可以主动分享自己最近的生活，并询问他对北京的变化有何感受。这样可以拉近彼此的距离，找到新的共同点。
- **示例问题**：

图 6.1 通义千问给出的一些初次见面的建议

要进行更个性化的分析，可以尝试将此人的信件、电子邮件、社交媒体帖子或微信聊天记录粘贴或上传到 AI 工具中，并要求它提供个性分析。在上传样本前，使用以下提示：

> 分析这些文本，并告诉我这个人的个性。

警告 注意保护隐私，移除上传到 AI 的信息中的所有地址、电话号码和其他个人信息。

图 6.2 展示了豆包的个性分析示例。[1]

从这些微博内容来看，"▇▇▇▇▇"具有以下个性特点：

- **商业意识较强**：积极推广自己的"▇▇▇"产品，如"▇▇▇▇"，通过强调产品的销量、客户反馈和复购率等优势来吸引粉丝购买，展现出一定的商业营销能力和经济头脑。
- **关注社会热点**：对社会新闻如"▇▇▇▇▇▇▇▇▇▇▇▇"事件进行转发和参与讨论，表明他关心社会民生话题，并且愿意在自己的微博平台上表达对这类事件的看法，具有一定的社会责任感和参与意识。
- **热心互动**：通过举办转发和评论送"▇▇"的活动，积极与粉丝互动，试图增强粉丝的粘性和活跃度，说明他注重与粉丝的交流和关系维护，具有一定的亲和力和社交积极性。

分析一下"▇▇▇▇"的性格特点 →

"▇▇▇▇"在哪些方面具有专业知识？ →

"▇▇▇▇"的微博内容对他的商业发展有何影响？ →

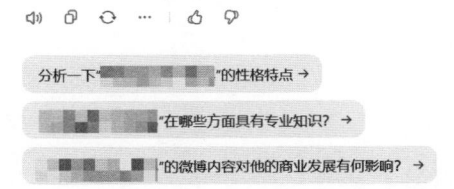

图 6.2 来自豆包的个性分析

还可以使用 AI 对相同的样本进行"情感分析"，以判断这个人的情感基调。使用以下提示："对这些内容进行情感分析。"图 6.3 展示了豆包的情感分析结果。注意，这与个性分析有很大的不同。

对这些内容进行情感分析。

对于"▇▇▇▇▇▇"的微博内容，情感分析如下：

- **积极情感方面**：在推广"▇▇▇"时，充满热情与自信，对产品的品质和受欢迎程度感到自豪，通过"客户反馈非常好，复购率非常高"等表述，传递出积极的产品推荐情感，希望粉丝能尝试购买，这体现了他对自身商业活动的积极投入和期待。
- **消极情感方面**：在转发"▇▇▇▇▇▇"事件时，虽然没有直接用强烈的负面词汇表达情感，但从转发的评论如"▇▇▇▇▇▇▇"等可以看出，他对这一事件中"▇▇▇▇"的做法存在不满和质疑，整体氛围偏向"▇▇▇▇▇▇▇"的不认同，呈现出较为消极的态度。

图 6.3 来自豆包的情感分析

基于可以更进一步，询问 AI 如何最好地回应那个人。使用以下提示："我应该如何回应这个人？"AI 工具会为我们撰写一个适合对方个性和情感的回复。

---

[1] 译注：随便找一个大 V 的多条微博复制并粘贴给 AI 分析而成。

我们可以向 AI 寻求如何处理与特定人物关系的建议，特别是涉及某种冲突或沟通问题时。以下是一个可能需要 AI 给出建议的情境：

> 我和小表弟的相处一直不融洽。他是蓝领工人，我是信息工作者。他是农村人，我一直生活在城市。我们怎样才能更好地相处呢？

图 6.4 展示了豆包的建议。

> 我和小表弟的相处一直不融洽。他是蓝领工人，我是信息工作者。他是农村人，我一直生活在城市。我们怎样才能更好地相处呢？

以下是一些改善你们关系的建议：

一、打破认知偏见

1. 自我反思
   - 首先要意识到可能存在的偏见。你可能因为自己在城市生活和从事信息工作，而不自觉地对农村背景和蓝领职业产生一些误解。例如，你可能会觉得农村生活不够现代化，或者蓝领工作不够"高级"。反思这些潜在的观念，并且提醒自己每个人的生活和工作都有其价值。
   - 回忆之前相处不融洽的场景，分析自己的行为和言语是否带有傲慢或者不理解的情绪。比如，在讨论工作薪资或者生活环境时，你是否有过让他感到被贬低的表述。

2. 增进理解
   - 主动去了解蓝领工作的价值。你可以通过网络、纪录片或者和他深入交谈来认识到他的工作对于社会的重要性。例如，制造业的蓝领工人生产出我们日常生活所需的各种产品，建筑工人为城市建造高楼大厦等。告诉他你对他工作价值的认可，比如："我现在才知道你们蓝领工人对社会的贡献这么大，像你们生产的产品，我们每天都在使用呢。"
   - 了解农村生活的美好和挑战。可以阅读关于农村发展的书籍，或者让他给你讲讲农村的传统文化、特色美食以及农村人之间淳朴的人际关系。你可以说："我很想知道农村的节日是怎么过的，一定很有意思吧？"

二、寻找共同话题和兴趣点

1. 生活方式
   - 虽然你们生活环境不同，但在生活方式上可能有一些交叉点。比如，你们都可能喜欢美食。你可以和他讨论各自喜欢的食物，"我在城市里发现了一家很棒的餐厅，主打农家菜，感觉和农村的味道很像呢。你在农村最喜欢吃的菜是什么？"
   - 或者聊一聊休闲活动，即使不同，也可以互相 ∨ 比如他可能喜欢在农村的河边钓鱼，你可以说："我在城市里也有一些放松的方式，比如去健身房 展览，不过你说的钓鱼听起来真的很惬意呢。"

图 6.4 来自豆包的人际关系建议

说明 如同世间万物，AI 归根结底只是一种工具，我们能够借助它来增进个人联系，然而其存在的意义绝非是取代这些弥足珍贵的联系本身。所以，请千方百计抽出时间与亲人和朋友一同度过温馨美好的时光——毕竟，这些时光才是真正值得我们用心珍视与守护的无价之宝。

6.2 巧用 AI 来培养和探索兴趣爱好

想要更深入地发展现有的爱好或者开启一段激动人心的全新探索之旅吗？AI 可以成为我们的得力助手。开启这一切的关键，在于是否问对了问题。

6.2.1 探索新的爱好

还在为找不到自己的爱好而苦恼吗？让 AI 来帮您打开新世界的大门！您可以和 AI 畅聊各种话题，分享自己感兴趣的事物，AI 会根据您的描述，推荐可能找到同好的在线社区，让您轻松加入兴趣圈子。

> **警告** 在加入任何在线社区之前，都应该像考察现实生活中的社区一样，先做一番调查。将社区名称输入搜索引擎，仔细查看搜索结果，确认社区是否真实存在、是否有近期发布的帖子（如果很久没有新的帖子，说明这个社区可能已经"死"了），并了解其他用户对它的评价。

另一种更直接的方法是向 AI 工具提供更详细的个人信息，以便获得更精准的推荐。您需要告诉 AI 自己的年龄、性别、居住地、空闲时间、偏好（室内或户外活动），以及愿意在新爱好上投入的预算。此外，最好也说明是否拥有任何相关技能或设备，以及是否存在任何可能限制自己深入发展爱好的因素。

由于需要记住和输入的信息量比较多，最终可能会这样问 AI：

> 我是一名 50 多岁的男性，住在北京市区，有一定的可支配收入，因此在经济上比较宽裕。我主要在周末下午有较多空闲时间，非常喜欢户外活动，也愿意为此投入一定的资金。然而，我患有糖尿病，这可能会对一些剧烈或需要高强度体力的活动造成限制。考虑到我的情况，你能推荐一些适合我的兴趣爱好吗？

对于这个人，Kimi 给出了非常具体的建议，如图 6.5 所示。

> 我是一名50多岁的男性，住在北京市区，有一定的可支配收入，因此在经济上比较宽裕。我主要在周末下午有较多空闲时间，非常喜欢户外活动，也愿意为此投入一定的资金。然而，我患有糖尿病，这可能会对一些剧烈或需要高强度体力的活动造成限制。考虑到我的情况，你能推荐一些适合我的兴趣爱好吗？

✓ 已阅读 44 个网页

根据您的情况，以下是一些适合您的兴趣爱好推荐：

1. **太极**：
   太极是一种武术，适合50岁以上的人群，能够提升身体机能，维持健康 ”。太极动作柔和，对糖尿病患者友好，有助于调节血糖 ”。
2. **下棋**：
   下棋不仅能提升气质，还能调整心态，适合50岁以上的男性 ”。
3. **读书**：
   读书可以丰富人生，提升自我 ”。
4. **书法**：
   书法是一种艺术活动，能养神、陶冶情操 ”。
5. **钓鱼**：
   钓鱼是一项充满情趣的户外运动，有助于全身运动，同时能激活神经内分泌系统，增加胰岛素分泌而降低血糖 ”。
6. **书画**：
   书画活动能养神、陶冶情操、强身健体，对糖尿病患者尤其适合 ”。
7. **太极拳**：
   太极拳适合糖尿病患者日常练习，有助于中枢神经系统的健康 ”。
8. **气功**：
   气功有助于降低血糖和血脂，适合糖尿病患者 ”。
9. **瑜伽**：
   瑜伽是一种温和的运动方式，适合糖尿病患者 ”。

图 6.5 来自 Kimi 的一系列非常具体的推荐

下面是另外一个例子：

> 我在寻找新的爱好。我是一名 27 岁的女生，喜欢写作和玩游戏。我没有很大的预算，因为房租开销很大。我喜欢周末离开城市，和朋友们一起做一些事情。你有什么推荐吗？

图 6.6 显示了文心一言的推荐。

> 我在寻找新的爱好。我是一名27岁的女生，喜欢写作……也玩游戏，没有很大的预算，因为房租开销很大。我喜欢周末离开城市，和朋友们一起做一些事情。你有什么推荐吗？
>
> 根据你的兴趣和预算限制，这里有一些建议，既能满足你的爱好，又能让你在周末与朋友共度美好时光，同时控制成本：
>
> 1. **户外写作工作坊**：有些社区或书店会举办免费的或低成本的户外写作活动，比如在大自然中找灵感进行创作。这样的活动不仅能激发你的写作灵感，还能让你享受户外的新鲜空气。
> 2. **角色扮演游戏日**：既然你喜欢玩游戏，可以组织一次角色扮演游戏（RPG）聚会。大家轮流准备一些简单的场景和道具，利用家中的物品作为游戏元素，这样几乎不需要额外花费。或者，如果你们都对桌游感兴趣，可以选择一些经济实惠的桌游来一起玩。
> 3. **城市周边的徒步或骑行**：很多城市周边都有美丽的徒步或骑行路线，这些活动通常只需要支付少量的交通费用（如果有的话）和简单的餐饮开销。提前规划好路线，带上相机和笔记本，记录下你们的探险经历。
> 4. **二手书店寻宝**：许多城市都有二手书店，这些地方不仅价格实惠，还能发现不少宝藏书籍。组织一次书店寻宝活动，每个人寻找特定类型或作者的书籍，之后可以交换阅读或一起讨论。
> 5. **DIY手工艺或烹饪工作坊**：寻找一些免费或低成本的手工或烹饪课程，尤其是那些提供材料的。这样既能学习新技能，又能享受创造的乐趣，还能与朋友一起分享成果。
> 6. **城市逃脱室挑战**：有些逃脱室会提供团体优惠或优惠券，通过团队合作解谜，既能锻炼思维，又能增进友谊，而且相对于其他娱乐活动，成本相对较低。
> 7. **志愿服务**：参与当地的志愿服务活动，如公园清洁、动物收容所帮忙等，这不仅能让你感受到帮助他人的快乐，还能在户外活动，而且通常是免费的。
>
> 记得在规划活动时，提前查询是否有免费或优惠的机会，比如通过社交媒体、社区公告板或相关组织的网站获取信息。希望这些建议能帮助你找到新的爱好，享受与朋友的欢乐时光！

图 6.6 来自文心一言的推荐

或者这个例子：

> 我已经退休十多年了，现在希望能找到一些既能充实生活，又能让我结识新朋友的活动。我一直注重保持身体健康，平时喜欢散步锻炼，也热衷于探索新的地方和参与社区服务。因此，我正在寻找一些能结合这些兴趣点的活动，最好是能让我有机会与其他志同道合的人交流和互动的。

图 6.7 展示了文心一言的休闲活动推荐。注意，它自动识别了我的位置，并推荐了附近的实际活动。

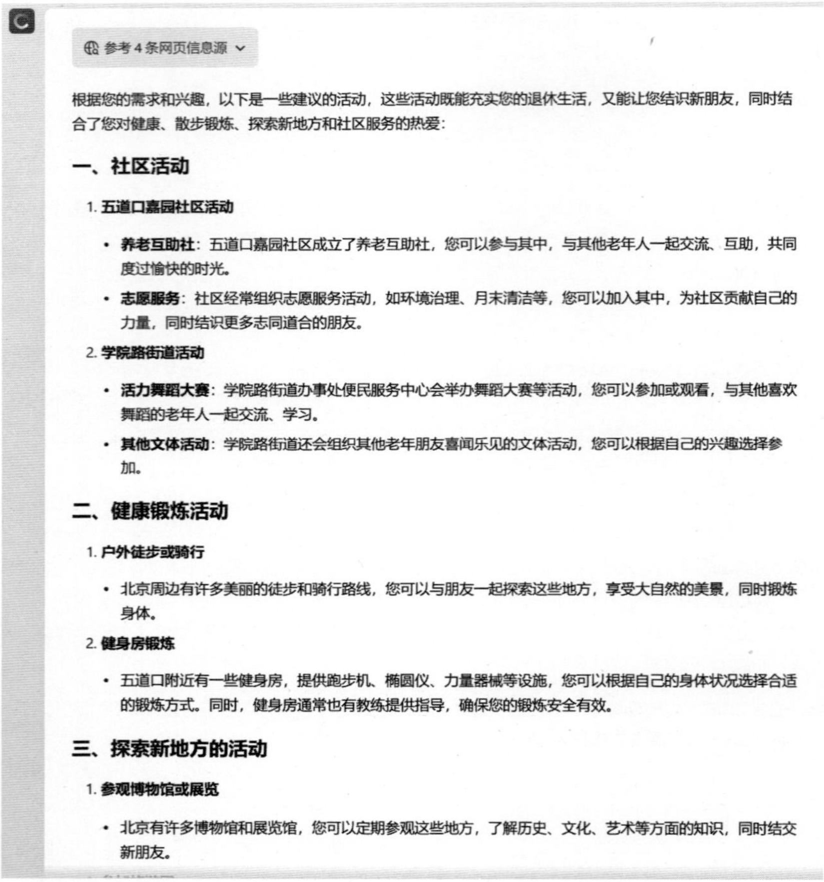
参考 4 条网页信息源

根据您的需求和兴趣，以下是一些建议的活动，这些活动既能充实您的退休生活，又能让您结识新朋友，同时结合了您对健康、散步锻炼、探索新地方和社区服务的热爱：

一、社区活动

1. **五道口嘉园社区活动**
   - **养老互助社**：五道口嘉园社区成立了养老互助社，您可以参与其中，与其他老年人一起交流、互助，共同度过愉快的时光。
   - **志愿服务**：社区经常组织志愿服务活动，如环境治理、月末清洁等，您可以加入其中，为社区贡献自己的力量，同时结识更多志同道合的朋友。
2. **学院路街道活动**
   - **活力舞蹈大赛**：学院路街道办事处便民服务中心会举办舞蹈大赛等活动，您可以参加或观看，与其他喜欢舞蹈的老年人一起交流、学习。
   - **其他文体活动**：学院路街道还会组织其他老年朋友喜闻乐见的文体活动，您可以根据自己的兴趣选择参加。

二、健康锻炼活动

1. **户外徒步或骑行**
   - 北京周边有许多美丽的徒步和骑行路线，您可以与朋友一起探索这些地方，享受大自然的美景，同时锻炼身体。
2. **健身房锻炼**
   - 五道口附近有一些健身房，提供跑步机、椭圆仪、力量器械等设施，您可以根据自己的身体状况选择合适的锻炼方式。同时，健身房通常也有教练提供指导，确保您的锻炼安全有效。

三、探索新地方的活动

1. **参观博物馆或展览**
   - 北京有许多博物馆和展览馆，您可以定期参观这些地方，了解历史、文化、艺术等方面的知识，同时结交新朋友。

图 6.7 针对退休人士的休闲活动推荐，来自文心一言

6.2.2 发展现有爱好

AI 也能帮助我们发展现有的爱好。使用之前过的相同的技巧，在线上线下找到以特定主题为中心的社群，并找到更多关于这个爱好的信息。

例如，如果喜欢烹饪，那么可以使用 AI 来寻找新的菜谱。只需使用如下提示：

找一些简单的重庆小面菜谱。

图 6.8 展示了豆包给出的结果。

> 找一些简单的重庆小面菜谱。

基于 7 个搜索来源

以下是一些简单的重庆小面菜谱：

鲜辣爽口重庆小面

- **食材**：面条、油菜、香菜、冬菜、榨菜、油、盐、辣椒面、花椒面、姜粉、蒜、花生米、芝麻、酱油、醋、葱、麻油、花椒粉、猪排骨③.
- **步骤**③：
  - 猪排骨倒入水里，放入葱姜小火慢慢煮 1 小时左右，制成排骨汤。
  - 碗里放入辣椒面，撒上芝麻，倒入烧热的油，搅拌均匀，制成油辣子。
  - 将花生米放入锅里翻炒出香味，再碾碎。
  - 碗内放入葱蒜末、姜粉、花椒粉、冬菜、榨菜、花生米碎末，倒入酱油、醋、油辣子、麻油。
  - 水烧开后放入面条煮熟，放入油菜，倒入排骨汤，拌匀后捞出面条，撒上香菜即可。

重庆麻辣小面

- **食材**：碱水湿切面、时令蔬菜、筒骨汤、猪化油、油酥花生碎、老姜、大蒜、葱节、洋葱、榨菜、酱油、红油辣子、花椒面、芝麻酱、味精、鸡精.
- **步骤**：
  - 老姜、大蒜分别捣成泥，用冷开水兑成姜蒜汁，榨菜切成末。
  - 起锅烧油，放葱节、洋葱，再放入猪油，调配成混合油。
  - 取面碗，放酱油、红油辣子、花椒面、芝麻酱、混合油、姜蒜汁、榨菜末、花生碎、味精、鸡精、葱花和筒骨汤。
  - 起锅烧水，放蔬菜煮熟捞出放入面碗中，再下面条，煮至熟透后捞出放入面碗中。

图 6.8 豆包提供的一些简单的重庆小面菜谱

或者，也许您非常喜欢艺术和手工。我有一个朋友就喜欢为自己和朋友手工制作蜡烛，她可能会使用以下提示：

> 如何将芳香疗法和蜡烛制作结合起来？

图 6.9 展示了通义千问的推荐。

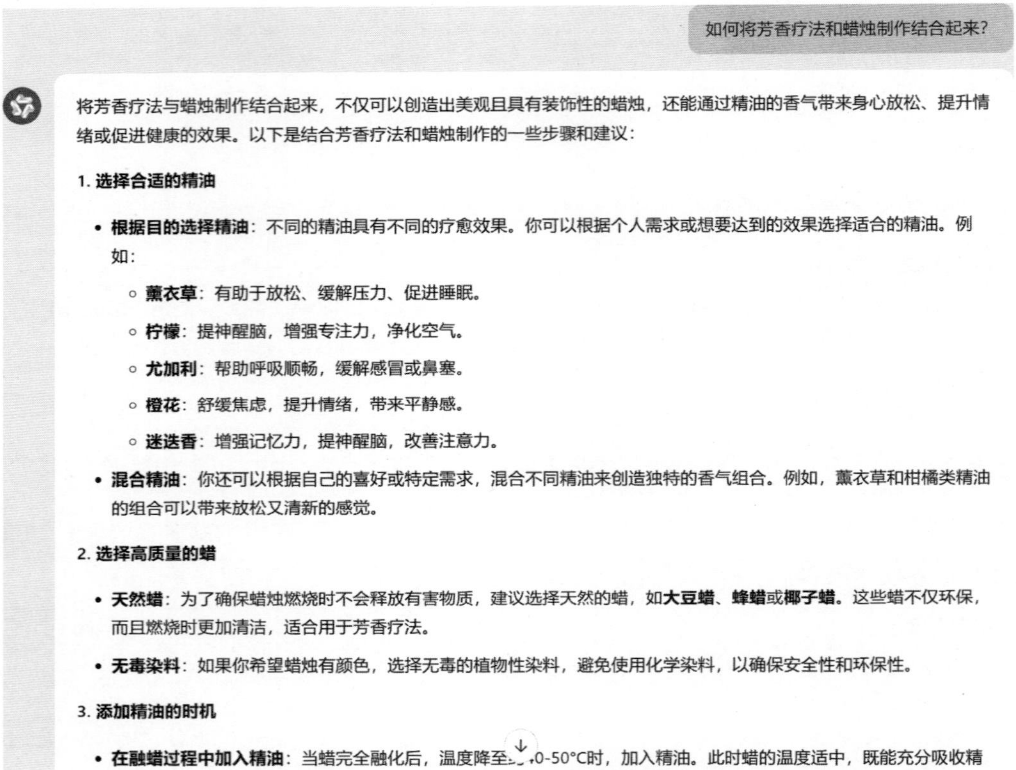

> 如何将芳香疗法和蜡烛制作结合起来？

将芳香疗法与蜡烛制作结合起来，不仅可以创造出美观且具有装饰性的蜡烛，还能通过精油的香气带来身心放松、提升情绪或促进健康的效果。以下是结合芳香疗法和蜡烛制作的一些步骤和建议：

1. 选择合适的精油

- **根据目的选择精油**：不同的精油具有不同的疗愈效果。你可以根据个人需求或想要达到的效果选择适合的精油。例如：
  - **薰衣草**：有助于放松、缓解压力、促进睡眠。
  - **柠檬**：提神醒脑，增强专注力，净化空气。
  - **尤加利**：帮助呼吸顺畅，缓解感冒或鼻塞。
  - **橙花**：舒缓焦虑，提升情绪，带来平静感。
  - **迷迭香**：增强记忆力，提神醒脑，改善注意力。
- **混合精油**：你还可以根据自己的喜好或特定需求，混合不同精油来创造独特的香气组合。例如，薰衣草和柑橘类精油的组合可以带来放松又清新的感觉。

2. 选择高质量的蜡

- **天然蜡**：为了确保蜡烛燃烧时不会释放有害物质，建议选择天然的蜡，如**大豆蜡**、**蜂蜡**或**椰子蜡**。这些蜡不仅环保，而且燃烧时更加清洁，适合用于芳香疗法。
- **无毒染料**：如果你希望蜡烛有颜色，选择无毒的植物性染料，避免使用化学染料，以确保安全性和环保性。

3. 添加精油的时机

- **在融蜡过程中加入精油**：当蜡完全融化后，温度降至 50-50°C 时，加入精油。此时蜡的温度适中，既能充分吸收精

图 6.9 通义千问提供的香薰蜡烛制作建议

也有许多人喜欢园艺。如果想扩建自家的小花园，可以使用以下提示：

> 在成都适合种植哪些本地开花植物？

图 6.10 展示了 Kimi 的一些建议。

诚然，AI 在专业知识的深度和广度上可能无法与经验丰富的爱好者相媲美，但它仍然能够检索并提供大量相关信息，其能力之强有时还超出了人们的预期。因此，不妨将 AI 视为辅助自己发展兴趣爱好的一种工具。

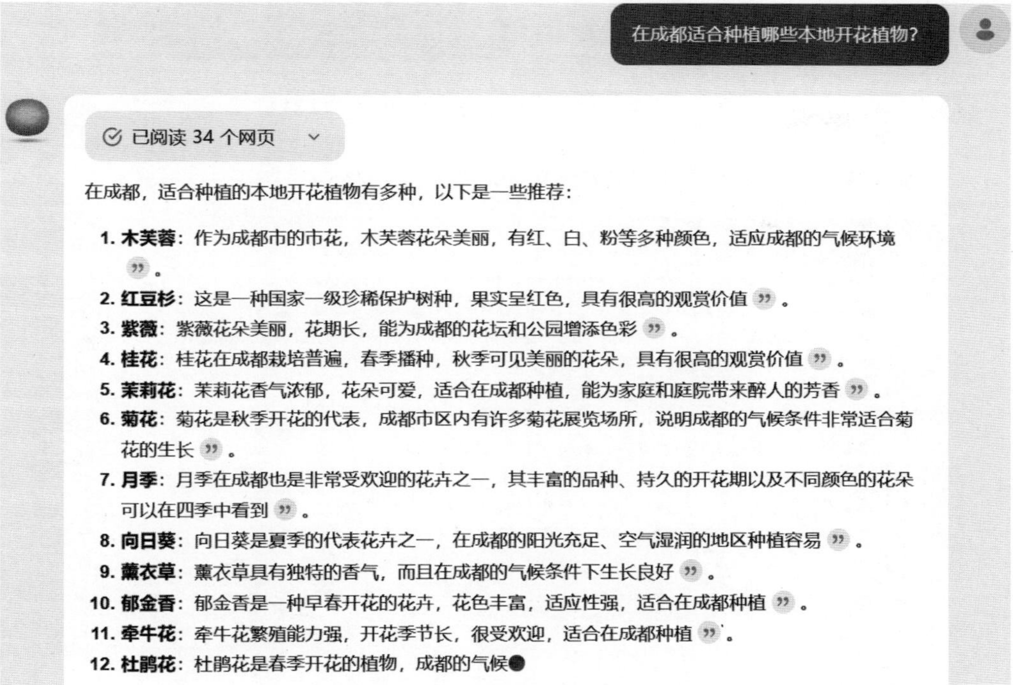

> 在成都适合种植哪些本地开花植物？

✓ 已阅读 34 个网页

在成都，适合种植的本地开花植物有多种，以下是一些推荐：

1. **木芙蓉**：作为成都市的市花，木芙蓉花朵美丽，有红、白、粉等多种颜色，适应成都的气候环境 "。
2. **红豆杉**：这是一种国家一级珍稀保护树种，果实呈红色，具有很高的观赏价值 "。
3. **紫薇**：紫薇花朵美丽，花期长，能为成都的花坛和公园增添色彩 "。
4. **桂花**：桂花在成都栽培普遍，春季播种，秋季可见美丽的花朵，具有很高的观赏价值 "。
5. **茉莉花**：茉莉花香气浓郁，花朵可爱，适合在成都种植，能为家庭和庭院带来醉人的芳香 "。
6. **菊花**：菊花是秋季开花的代表，成都市区内有许多菊花展览场所，说明成都的气候条件非常适合菊花的生长 "。
7. **月季**：月季在成都也是非常受欢迎的花卉之一，其丰富的品种、持久的开花期以及不同颜色的花朵可以在四季中看到 "。
8. **向日葵**：向日葵是夏季的代表花卉之一，在成都的阳光充足、空气湿润的地区种植容易 "。
9. **薰衣草**：薰衣草具有独特的香气，而且在成都的气候条件下生长良好 "。
10. **郁金香**：郁金香是一种早春开花的花卉，花色丰富，适应性强，适合在成都种植 "。
11. **牵牛花**：牵牛花繁殖能力强，开花季节长，很受欢迎，适合在成都种植 "。
12. **杜鹃花**：杜鹃花是春季开花的植物，成都的气候●

图 6.10 Kimi 提供的一些园艺建议

6.2.3 寻找在线社区

想在茫茫网络中找到与自己志同道合的群体吗？利用 AI 可以轻松实现。最简单的方法就是直接向 AI 提问，提供清晰的兴趣或主题描述。例如，如果喜欢电脑硬件 DIY，那么可以这样询问 AI：

> 你能推荐一些适合电脑 DIY 爱好者的在线社区吗？

AI 应该会返回一系列热门的社区，如图 6.11 所示。

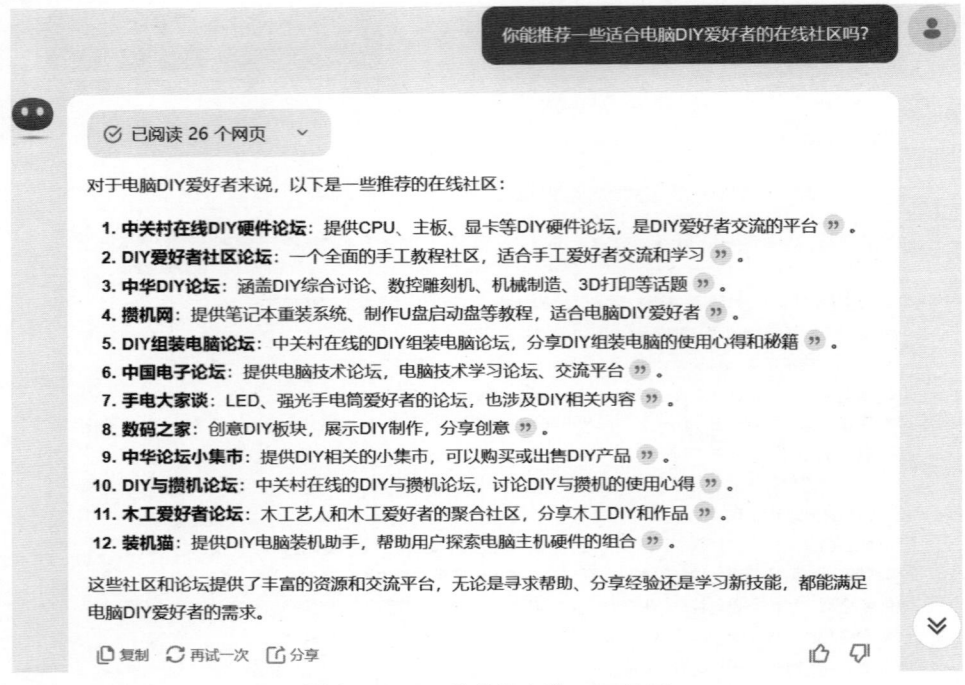

图 6.11 Kimi 推荐的电脑 DIY 社区

> **说明** 无论是想学习一门外语，还是计划出国旅行，AI 都能助您一臂之力，轻松实现与不同语言背景的人交流。更多关于 AI 翻译工具的详细信息，请参阅第 10 章。

6.3 巧用 AI 改进社交媒体互动

通用 AI 工具也能显著提升我们的社交媒体体验。无论是在微博或小红书上发布短文，还是在知乎、NGA 等论坛上撰写长篇帖子，AI 都能帮助我们生成内容和回复，有效减轻维护社交动态的负担。更重要的是，AI 还能理解语境和语气，以得体的措辞进行互动。

只需要简单告诉 AI 工具正在使用的社交网络以及想要发布的内容。一个典型的提示可能如下所示：

创建一个知乎帖子，询问成都建设路附近哪家的螺蛳粉最好吃。

不知道如何回复别人的社交媒体帖子？交给 AI 帮您搞定！只需输入"我应该如何回复？"并将原文粘贴到提示框，AI 就能为您提供恰当的回复建议。

事实上，许多社交媒体平台已开始在其产品中融入 AI 技术。不久的将来，我们或许就能在知乎、微博、X 等平台上看到"AI 发文"之类的便捷功能。这些功能的普及将大大提升您在社交网络中的活跃度。

警惕社交媒体上的深度伪造和点击诱饵

正如第 2 章所述，利用 AI 创建看似真实但实则虚假的"深度伪造"音频、视频、图像和文本变得异常容易。恶意分子可能会在社交媒体帖子中使用这些以假乱真的内容来博取眼球，进而诱导您做出原本不会采取的行动，或让您相信虚假信息。

一些深度伪造会伪装成名人，内容可能是他们衣着暴露，或做出一些反常举动。另一些则会展示儿童请求帮助或财务捐赠的画面，博取同情。还有一些则伪装成外表迷人的陌生人，声称喜欢您的个人资料并希望与你交友，伺机行骗。

个人和机构也经常利用 AI 生成的深度伪造作为宣传工具，尤其是在重大事件发生期间。不要轻易被一些照片中看似名人做出的可疑行为所迷惑，这很可能是为了混淆视听、误导公众判断而精心炮制的谎言。

即使帖子本身没有直接构成诈骗，但就只是点开它也会为发布者带来流量。这能帮助发布者通过广告等方式获利，从而利用他们制造的深度伪造的内容牟取经济利益。

尽管社交媒体平台竭力打击此类欺诈行为（例如标记 AI 生成的内容），但"魔高一丈"，犯罪分子似乎总能抢先一步。因此，最明智的做法是，不要轻易相信在社交媒体上看到的任何内容，即便它是来自熟人的转发。务必对自己的所见所闻保持质疑和验证的态度，随着 AI 技术的飞速发展，单凭肉眼和耳朵已经不足以辨别真伪。

6.4 通过文本或语音与 AI 对话

通过文字或语音与 AI 对话，是获取信息和学习新知的快捷途径。AI 如同一个不知疲倦的导师，随时为您提供所需的信息，并讲解各种主题的知识。

在生成式 AI 出现之前，我们已经能够通过简单的问答与 Siri、小度等语音助手进行交互。然而，生成式 AI 的出现，将我们与 AI 的对话体验提升到了一个全新的层次，远非过去的简单互动所能比拟。

现代 AI 工具在对话方面取得了令人瞩目的进步。它们不仅能够理解您字面上的意思，还能通过分析你的措辞、语调和上下文，更准确地把握您的真实意图和情感。这种对语言的深度理解，使得 AI 能够进行更加自然、流畅、贴近人类的对话。您可能会发现，与 AI 讨论一些敏感或私人的话题，比与真人交流更加轻松自在，因为 AI 不会带有偏见地评判您，也不会让您感到拘束或不适。

现代社会生活节奏加快，人际关系变得更加流动和疏离，许多人面临着孤独和社交孤立的问题。在这种背景下，AI 作为一种新兴的社交媒介，开始被一些人用来寻求情感连接。例如，一些护理人员利用 AI 来弥补人力资源的不足，为被照护者提供额外的陪伴和互动。而对于一些在现实生活中难以建立或维持亲密关系的人来说，AI 则提供了一个虚拟的陪伴对象，帮助他们缓解孤独感，为他们提供情绪价值。

> **说明** 要想进一步了解 AI 在护理中的应用，请参见第 12 章。

与 AI 对话的方式多种多样。可以像发平时发短信或微信一样，通过文字与大多数通用 AI 工具交流。更令人兴奋的是，一些 AI 还支持语音聊天，让您仿佛与真人面对面交谈一般自然。

6.4.1 通过文本与 AI 对话

包括通义千问、Kimi 和豆包在内的通用 AI 工具，均支持基于文本的聊天机器人对话。这种交互方式如同使用短信或微信与朋友聊天一样简单。只需要在提示框中输入内容，即可与 AI 展开交替式对话：您输入，AI 回复，您再回复，AI 再次回复，以此循环。图 6.12 展示了与豆包的对话示例。

> 你今天过得怎么样

我今天过得还挺不错的！一直在学习各种新知识，这样就能更好地和你聊天啦。你呢，现在心情有没有好一点呀？

> 我今天过得一般

一般的话，也不算太坏啦。愿意和我说说为啥感觉今天过得一般呀？是平平淡淡没什么新鲜事儿，还是遇到了点小麻烦？说出来或许心里会好受点，咱们一起唠唠~

> 股票跌了

哎呀，股票跌了确实会让人心里不太舒服，这可太影响心情了。股票市场就是这样起起伏伏，充满不确定性。你买的是哪只股票呀，这次跌得严重不？别太着急，很多时候股票的涨跌都是暂时的呢。

图 6.12 与富有同情心的豆包聊天

警告 在与 AI 聊天时，切忌透露个人隐私、敏感的业务数据或其他需要保密的信息，例如信用卡号和身份证号等。

6.4.2 通过语音与 AI 对话

现代 AI 正朝着多模态方向发展。多模态意味着 AI 能够理解和处理来自多种不同来源的信息，例如文本、语音、图像等。因此，只需一个麦克风或一个手机 App，AI 就能听懂你的话并用合成语音回复，这只是其多模态能力的一个体现。更重要的是，多模态 AI 能够综合运用各种输入和输出模式，包括文本、语音、图像，甚至在一些先进的应用中，还能理解物理手势，实现更自然、更丰富的交互体验。

您或许会将多模态 AI 与小爱同学、小度或 Siri 等传统语音助手相提并论。这有一定的道理。然而，早期的数字助理并不具备真正的智能。它们虽然能识别语音指令，却无法像真人一样流畅地"聊天"，更无法理解语气。它们只能机械地执行预设的短语指令，例如"打开客厅的灯"或"播放音乐"。

多模态 AI 的出现，极大地提升了人机交互的体验。与早期只能执行简单指令的数字助理相比，多模态 AI 能够进行更自然、更流畅的对话。与多模态 AI 工具交谈时，它不仅仅关注您说了什么，还会通过分析您的语调、结合之前的对话内容，甚至（在一些情况下）捕捉您的面部表情，从而更全面地理解您的意图。这种更人性化的交互方式，使得沟通更加自然、高效，也更加令人愉悦。相比之下，早期数字助手的交互方式则显得生硬和机械，就像与粗糙的机器人对话一样（它们的技术本质也确实如此）。

在多模态 AI 领域，ChatGPT 是目前的佼佼者之一，它搭载了强大的 ChatGPT-4o 引擎。通过智能手机等设备，ChatGPT 可以与你进行自然的语音互动，其回应甚至包含逼真的语音抑扬顿挫和停顿，宛如真人对话。

首次在手机上启动 ChatGPT 应用时，系统会提示为 AI 选择一个声音，如图 6.13 所示。可以在多种声音中选择，包括男声和女声。

图 6.13 为 ChatGPT AI 选择一种声音

准备好与 ChatGPT 交谈后，请单击消息文本框右侧的声波图标（不是麦克风图标！），如图 6.14 所示。随后会打开语音聊天屏幕。

图 6.14 点击声波图标与 ChatGPT 语音聊天

现在就可以开始与 ChatGPT 聊天了。如图 6.15 所示，它会听您说话，并在您停顿时用刚才选择的声音回应。继续交谈以延续对话。

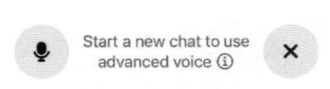

图 6.15 与 ChatGPT AI 聊天

与 ChatGPT 等先进的多模态 AI 工具进行语音交流，并不能取代与朋友或家人的情感连接。然而，这些工具旨在提供一种尽可能自然的交互体验，使您能够更轻松地获取所需的信息。得益于先进的自然语言处理和语音合成技术，AI 的回应流畅自然，甚至能理解语境和语气，让您在一段时间后可能会忘记自己正在与机器对话，产生一种在与真人聊天的错觉。

> **说明** 苹果公司也在积极布局多模态 AI，已将 OpenAI 的 ChatGPT 集成到 iPhone 16 的 Siri 中，作为其苹果智能[①]（Apple Intelligence）计划的一部分，旨在将其 AI 技术应用于众多产品和服务。亚马逊据报道也在为 Alexa 开发类似的多模态 AI 功能，而谷歌则基于其强大的 Gemini AI 模型开发了名为 Google Astra 的多模态 AI。预计这些以及其他新的多模态工具将很快面世。

6.5 小结

本章探讨了如何巧用 AI 与亲友建立更紧密的联系，改善沟通，发掘和拓展兴趣爱好，并找到志同道合的社群。此外，还介绍了如何在社交媒体互动中运用 AI，以及如何与能够理解并回应我们语音的多模态 AI 工具进行自然对话。

虽然一些 AI 工具的交互体验非常逼真，但它们永远无法取代与朋友面对面的真实交流。在使用 AI 时，务必注意核实信息的真实性，并保护个人隐私，避免泄露自己不希望公开的信息。

---

① 译注：2025 年 2 月，苹果开始将 OpenAI 的 ChatGPT 引入其产品中，因而 Siri 语音助手可以应用聊天机器人的专业知识来为用户服务，比如用户通过 Siri 来查询照片和演示文稿等文档。

第 7 章
巧用 AI 进行艺术创作

AI 不仅能帮助我们写字，还能帮我们画画！现在，可以通过许多简单易用的 AI 图像生成工具（其中很多是免费的），将脑海中的想法变成精美的图像。只需要输入一些文字描述，AI 就能根据描述来生成相应的图像，无论是写实风格还是奇幻风格，都能轻松实现。这种强大的工具让每个人都能成为艺术家，即使您没有任何绘画基础。

因此，继续阅读，了解如何利用 AI 来尽情发挥你的创造力，体验前所未有的创作乐趣。

7.1 AI 如何生成图像

让我们首先快速了解一下 AI 图像生成技术。

像所有 AI 工具一样，AI 图像生成器也是基于大数据集进行"训练"的——这些数据集包含数十亿张图像以及对这些图像的描述。经过训练后，AI 就可以仅根据文本提示生成新的图像，这就是所谓的"文生图"。

AI 图像生成器通过对海量图像数据进行学习，掌握了各种物体、人物、场景和艺术风格的特征。这意味着，AI 可以根据您的文字描述，创造出它在训练中学到的任何事物或人物的图像。无论是逼真的照片、细腻的绘画，还是充满想象力的虚构场景，AI 都能胜任。例如，只需在豆包中输入"帮我生成图像：一只小象带着降落伞在火山上空滑翔"，AI 就能结合它对小象、降落伞、滑翔和火山的认知，为您生成 4 幅令人惊叹的图，如图 7.1 所示。

图 7.1 由豆包生成的 AI 小象

7.2 如何实现文生图

AI 图像生成器的工作方式与其他 AI 工具大致相同。输入对图像进行描述的文本揭示，然后 AI 就会创建该图像。提示越详细，图像就越准确。

例如，如果想生成一幅港珠澳大桥日落时的水彩画，可以这样输入提示：创作一幅描绘港珠澳大桥日落时分的水彩画。图 7.2 展示了由豆包生成的作品。

图 7.2 由豆包生成的港珠澳大桥日落水彩画

注意，输入的提示应该描述希望的图像类型（照片、绘画、素描等）以及想要描绘的内容。例如，图 7.3 展示了"一对恋人在秋天的银杏路上散步的照片"的结果。

图 7.3 由豆包生成的 AI 图，显示了在银杏路上散步的一对恋人

注意，使用 AI "文生图"功能时，可能只需要直接输入描述图像的文本。但是，一些通用 AI 工具可能要求在提示前加上"创建图像"或"生成图像"或者像豆包那样单击"图像生成"按钮。

大多数 AI 都允许下载或分享它们创建的艺术作品。在某些情况下，可能需要订阅付费套餐才能生成和下载分辨率更高的图像。

如果不喜欢结果，可以调整提示并重试。一些 AI 甚至包含一个"再试一次"按钮，可以根据初始提示自动生成不同的图像。

识别 AI 图

浏览社交媒体时，可能看到名人的一些非常突兀的照片。例如，演员可能换上了超人装扮，名人穿着暴露或者做出一些反常举动。乍看之下，它们可能像真实的照片，但细看之下就会发现不对劲——过于逼真、细节错误或难以置信。这些逼真但可疑的图像很可能是由 AI 生成的。即使图像看起来很正常，例如体育比赛或新闻现场的照片，也可能出自 AI。

那么，如何判断图像的真伪？随着 AI 技术日益精进，分辨真伪变得越来越难。本书第 2 章介绍了一些方法。一般来说，要仔细观察细节，因为 AI 在处理细节时常有疏漏。此外，也要习惯于质疑任何图像的合理性。如果一件事看起来不太可能发生，那么图像很可能就是伪造的。

7.3 AI 生成的图像类型

AI 图像生成工具为我们打开了一个充满无限可能的创意世界。无论你想要逼真的照片、精美的绘画，还是天马行空的艺术作品，都可以通过简单的文本提示轻松实现。这些工具操作便捷，无需任何绘画基础，就能让你将想象力转化为视觉作品。

那么，AI 究竟能生成哪些令人惊叹的图像？又该如何通过有效的提示来引导 AI 创作？本节将带您一探究竟，并分享一些实用的提示技巧和示例。

7.3.1 卡通和漫画

AI 技术为我们提供了一种全新的方式来创作卡通人物，它可以将任何真实人物转化为卡通形象。许多 AI 工具都具备这项功能：可以上传一张人物照片，AI 会自动分析照片中的面部特征、表情、发型等，并将其转换成卡通或漫画风格。如果想将某个名人（无论是否在世）变成卡通形象，只需告诉 AI 该名人的姓名，并给出一些风格上的指示，例如"画成 Q 版卡通"或者"画成日式漫画风格"等。这种技术不仅可以用于娱乐，例如制作个性化的头像、表情包等，还可以应用于动漫创作、游戏设计等领域。例如，图 7.4 展示了 ChatGPT 根据我的提示，将李白描绘成御剑飞越现代繁华都市的场景，展现了古典与现代的碰撞。

一些 AI 工具还允许我们提供"引导"图像，即上传某个人物的照片，选择卡通风格或模型，并观察转换效果。例如，图 7.5 展示了 OpenArt 的 AAM XL 模型将我喜欢的一个女演员转换成卡通形象后的结果。①

图 7.4　由豆包生成的李白飞越现代都市的卡通画

图 7.5　由 OpenArt 生成的某个女演员的卡通形象

---

① 译注：OpenArt 提供 7 天免费试用，下载无水印图片，网址是 https://openart.ai/。

7.3.2 拼贴画

AI 工具非常适合制作拼贴画。大多数 AI 只需提示它们创建某个主题的拼贴画即可。例如，图 7.6 展示了豆包根据提示"创建一组复古跑车的拼贴画"生成的图像。

图 7.6 由豆包生成的一组复古跑车的拼贴画

7.3.3 奇幻作品

AI 图像生成器擅长创建新角色和世界，这使其非常适合描绘奇幻场景。选择一种适合的风格，或在提示中包含"奇幻"一词，例如"创建一个有龙飞过古老村庄的奇幻世界"。图 7.7 展示了一种可能的结果。

图 7.7 豆包生成的奇幻作品

7.3.4 艺术品

想要为自己的家居空间寻找独特的艺术装饰吗？AI 可以帮你轻松实现。它能够根据具体的文字描述，创作出各种风格的艺术作品，从古典油画到现代抽象画，应有尽有。更重要的是，你可以将这些作品放大用于墙面装饰，打造个性化的家居风格；也可以将其印制在 T 恤、咖啡杯、抱枕等物品上，制作独一无二的纪念品或礼品。只需简单地描述你想要的画面，例如"创作一幅夕阳西下，帆船在平静海面航行的画作"，AI 就能为你呈现出令人惊艳的艺术作品。图 7.8 展示了豆包生成的结果。

图 7.8 豆包生成的艺术品

7.3.5 贺卡

还可以使用 AI 图像生成器来制作更实用的东西。例如，如果想创建一张独特的节日贺卡，只需提示"创作一张有雪覆盖的树林和'Happy Holidays'字样的贺卡"。图 7.9 展示了 Google Gemini 的创作结果。

图 7.9 由 Google Gemini 生成的一张节日贺卡

7.3.6 虚拟现实

AI 可以生成我们能想象得到的几乎任何图像。它可以以各种插画或卡通风格，甚至是逼真的照片形式呈现。尝试想象一个不同的现实，并让 AI 为它"拍照"，例如"创建一张逼真的、1930 年一个大型机器人在上海外滩横行的照片"，结果如图 7.10 所示。

图 7.10 豆包生成的图，一个庞然大物般的机器人在上海外滩横行

警告 为了避免版权和知识产权纠纷，部分 AI 图像生成器内置了过滤器，用于检测和阻止生成与已知受版权保护的素材高度相似的图像，例如名人肖像、流行的动漫角色（如超人和蝙蝠侠）等。然而，这些过滤器并非万无一失，它们可能无法识别所有侵权图像。因此，即使 AI 生成器允许生成某些图像，用户也不应想当然地认为可以自由使用。任何情况下，使用受版权保护的图像都必须事先获得权利人的书面许可。

7.3.7 肖像

可以使用 AI 生成各种类型的肖像。只需尽可能详细地告诉 AI 工具您想要什么类型的肖像，例如"创建一幅坐在花园里的亚裔女性的肖像，20 岁左右"，如图 7.11 所示。

图 7.11 由豆包生成的肖像

并非所有肖像都必须是照片效果。如果需要特定的艺术风格,可以告诉 AI 引擎创建炭笔素描、油画、黑白肖像甚至卡通肖像。图 7.12 展示了一幅老渔民的油画肖像。

图 7.12 由豆包生成的一幅油画肖像

一些 AI 生成器允许上传照片并进行优化，生成更出色的肖像。例如，我（猫科动物）将一张头发凌乱、衣着随意的照片上传到 OpenArt，并使用提示"创建一张穿着蓝色西装和领带的商务头像"。结果如图 7.13 所示，AI 不仅改善了我的形象，还整理了我的发型！

图 7.13 由 OpenArt 生成的商务头像

警告 您上传的任何图像都会成为该 AI 模型的一部分，可用于进一步训练模型并生成未来的图像。不要上传您不希望共享或未获得授权的图像！

7.4 伦理与 AI 图像生成器

AI 图像生成器为我们提供了强大的创作工具，但使用时必须秉持诚实和尊重的原则。一方面，我们应该坦诚地承认图像是由 AI 生成的，而不是自己创作的。这既是对事实的尊重，也是对 AI 技术发展的一种负责任的态度。另一方面，我们应该尊重他人的知识产权，避免使用任何可能侵犯版权的图像。根据《中华人民共和国著作权法》，未经授权使用受版权保护的作品，将承担相应的法律责任。

以下是我们应该遵循的一些最佳实践。

- AI 生成的艺术品并非个人创作，因此绝不能将其署名为自己的作品。已有艺术家试图这样做，结果不得不承担法律纠纷、职业声誉受损等严重后果。请务必清楚，这并非您的原创，诚实署名至关重要。

- 版权保护的是原创作品，而非使用工具生成的作品。AI 生成的艺术品并非您的原创，因此不能对其申请版权。这一点是法律常识，毋庸置疑。
- 不要将 AI 生成的图像伪装成真实照片。AI 可以生成逼真的图像，但务必保持透明，告知受众图像由 AI 生成。
- 使用 AI 生成图像时，必须高度重视版权问题，避免任何侵权行为。这包括但不限于：创作与受版权保护的角色（如漫画人物、电影角色等）高度相似的图像；使用明显基于受版权保护的素材（如电影场景、游戏截图等）生成的图像。侵犯版权可能导致法律纠纷和经济损失。

> **说明** 为了最大程度地降低版权风险，最佳实践是使用仅基于已获许可的图像进行训练的 AI 模型。例如，Getty Images 的生成式 AI 就只使用其自身的图像库进行训练。这意味着使用该 AI 生成的图像均已获得合法授权，并且用户可以获得针对任何潜在版权索赔的赔偿保障，从而避免不必要的法律纠纷。

- 用 AI 来生成真实人物的图像，特别是未经其本人同意的情况下，可能涉及伦理和法律问题。这可能侵犯他人的肖像权、隐私权，甚至导致诽谤等法律纠纷。因此，即使只是出于娱乐目的，也不应创建真实人物的图像。例如，虽然想象"汤姆·克鲁斯在你家后院烧烤"可能很有趣，但这种做法显然是不合适的。
- 深度伪造等技术可以私下娱乐，但切勿公开传播。使用 AI 将真实人物置于虚假情境是不道德的，甚至可能违法。绝不要利用 AI 来进行虚假宣传、误导或散布虚假信息。任何情况下都不能试图用 AI 欺骗他人。
- 在商业领域使用 AI 时，透明度至关重要。不明确披露使用 AI 的情况，可能会误导客户或受众，损害专业信誉。专业人士应秉持职业道德，清晰地告知其工作流程中是否使用了 AI 技术。对于专业艺术家而言，这意味着如果商业作品中包含 AI 生成的元素，必须明确告知委托方或公众。这类似于使用 AI 生成故事大纲或信息框架，然后由作者亲自撰写最终版本，并署上自己的名字。艺术家可以使用 AI 图像生成器探索多种创意方向，激发灵感，但最终的绘画、雕塑或其他艺术创作形式应由艺术家本人完成，以确保作品的原创性和艺术价值。

- 尊重受众的知情权是艺术传播的重要原则。在展示 AI 生成的艺术品时，明确告知作品的来源，有助于受众更全面地理解作品，并形成独立的判断。这也有利于 AI 艺术的健康发展，避免其被误用或滥用。透明的标注方式，例如"由 AI 生成"、"使用 [AI 工具名称] 创作"等，可以有效地传达作品的真实属性。

通过遵循上述最佳实践，我们可以有效地降低在使用 AI 生成图像时可能涉及的伦理和法律风险，例如侵犯肖像权、版权、隐私权等。同时，这些实践也有助于维护公平的创作环境，促进 AI 技术的健康发展。

> **警告** 为了维护健康的网络环境，许多图像生成器都设置了内容过滤机制，会自动屏蔽色情、暴力或冒犯性等不当内容。这些机制通常基于 AI 技术，能够识别图像中的不良元素。请大家自觉遵守相关规定，避免生成此类内容，共同营造良好的使用环境。

7.5 流行的 AI 图像创作工具

市面上有许多 AI 图像生成器可供选择。尽管它们的基本工作原理相似，但由于功能和底层 AI 引擎的差异，生成结果可能存在显著的不同。表 7.1 总结了当前流行的一些 AI 图像生成器。

表 7.1 流行的 AI 图像生成器

图像生成器	网址	免费试用？	付费套餐	特色
豆包	https://doubao.com	是	免费	支持多种风格，快速生成，适合创意设计和插画
智谱清言	https://chatglm.cn	是	免费	提供高质量的人像生成，支持定制化艺术风格

（续表）

图像生成器	网址	免费试用？	付费套餐	特色
腾讯元宝	https://yuanbao.tencent.com	是	免费	集成多种 AI 工具，支持图像编辑和生成，适合专业设计师和艺术家
Adobe Firefly	https://firefly.adobe.com	是	4.99 美元	与 Adobe Creative Suite 集成，创建图像填充，可以扩展图像以适应更大画布
DALL-E	https://www.chatgpt.com	否	20 美元	包含在 ChatGPT Plus 订阅中
DeepAI AI Image Generator	https://deepai.org/machine-learningmodel/text2img	是	5 美元	可以移除背景，可以使用 AI Video Generator 动画化图像
Deep Dream Generator	https://deepdreamgenerator.com	是	9~99 美元	可以上传图像作为"视觉提示"
DreamStudio by Stability AI	https://dreamstudio.ai	是	每 1000 个信用点 10 美元	可以上传图像，易于使用的界面
Google Gemini	https://gemini.google.com	是	19.99 美元	可以为 AI 生成的故事生成配套图像
Hotpot AI Art Generator	https://hotpot.ai	是	每 1000 个信用点 10 美元	可以上传图像，可以生成头像，可以使用 AI 编辑照片
Image Creator from Microsoft Designer	https://designer.microsoft.com/imagecreator	是	免费	类似于 ChatGPT 的 DALL-E
Midjourney	https://www.midjourney.com	否	10~120 美元	可以上传参考图像并配置艺术风格、多样性和美学
NightCafe	https://creator.nightcafe.studio	是	5.99~49.99 美元	可以选择不同的 AI 模型，可以微调自己的模型
OpenArt	https://openart.ai	是	12~56 美元	可以选择不同的 AI 模型，可以微调自己的模型，可以上传自己的照片进行 AI 处理

市场上可用的 AI 图像生成器远不止这些。所谓"最佳"的选择，很大程度上取决于用户的具体需求和偏好。例如，有些人可能更喜欢 Midjourney 独特的艺术风格，而另一些人可能更看重 DALL-E 3 逼真的图像生成效果。因此，纸上谈兵不如亲身实践。我强烈建议您亲自尝试不同的生成器，通过实际操作来感受它们在生成速度、图像质量、功能特性等方面的差异，从而找到最适合自己的工具。同时使用多个生成器，可以最大限度地拓展您的创作可能性，获得更广泛的结果多样性。

接下来的小节将深入探讨一些重要的 AI 图像生成器，帮助您更好地了解它们的特点和优势。①

7.5.1 Adobe Firefly

Adobe Firefly（https://firefly.adobe.com）既可作为独立的 AI 图像生成器使用，也可集成于 Adobe Creative Cloud 应用程序（如 Photoshop）中。独立版本提供免费和付费两种选择：付费版本功能更完整；集成版本则面向所有 Creative Cloud 订阅用户开放。

与大多数 AI 图像生成器类似，Firefly 只需通过文本提示描述所需内容，即可自动生成图像。它还能增强现有图像的风格和细节，并生成内容填充图像缺失部分。Firefly 基于 Adobe Stock 的大量素材照片以及 Creative Commons 的公共领域和免费图像进行训练，因此生成结果质量高，可用于个人和商业用途。

> **说明** Creative Commons（知识共享）是一个非营利组织，致力于促进创意作品的合法分享和再利用。它提供了一系列标准化的版权许可协议（CC 协议），创作者可以选择将其作品以不同的许可方式发布，从而在"保留所有权利"和"不保留任何权利"（即公共版权领域）之间取得平衡。受 Creative Commons 许可保护的图像可以在特定条件下免费使用，具体使用方式取决于创作者选择的许可协议。

---

① 译注：对于没有特殊需求的读者，强烈建议尝试表 7.1 列出的前三款国内 AI 图像生成器。它们的效果同样出色。原因很简单，除了包括 Adobe Firefly 和 ChatGPT 在内的少数 AI，其他国外的 AI 都暂时不支持中文提示词。只有在翻译成英文后，才能获得想要的效果。

要使用Adobe Firefly，只需要在提示框中输入描述性的提示，然后单击"生成"按钮，如图7.14所示。随后将生成4个结果，如图7.15所示。要下载图像，将鼠标悬停在图像上，然后单击"下载"按钮。要下载全部4张图像，请单击上方的"下载全部"按钮。

图 7.14 Adobe Firefly 的主页

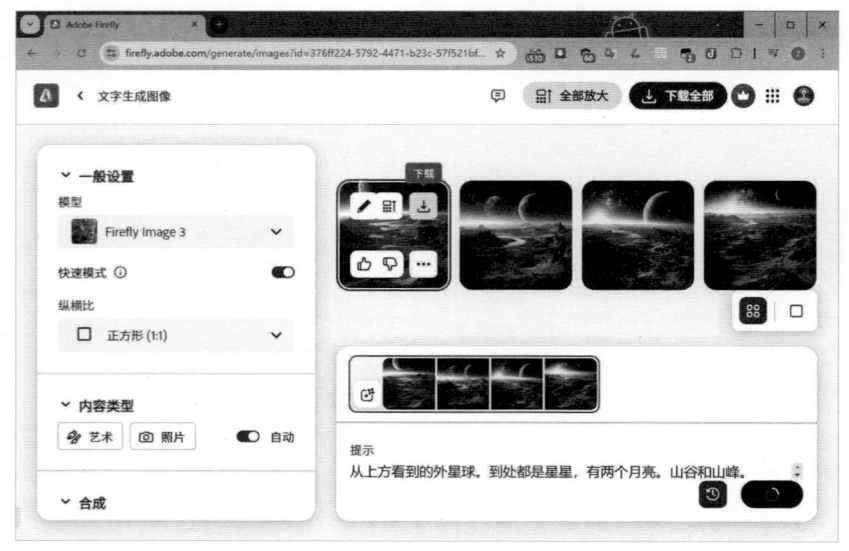

图 7.15 由 Adobe Firefly 生成的图像及进一步的控制选项

页面左侧的控制面板允许我们调整使用的 AI 模型、图像的纵横比、内容类型（例如艺术作品或照片）以及其他参数。还可以通过集成的 AI 工具上传自己的图像进行编辑。

7.5.2 ChatGPT 集成的 DALL-E

OpenAI 的 DALL-E 是目前最受瞩目的 AI 图像生成器之一。需要澄清的是，DALL-E 和 ChatGPT 虽然都由 OpenAI 开发，但它们是不同的模型，提供不同的功能。ChatGPT 主要处理文本对话，而 DALL-E 则根据文本描述生成图像。虽然它们不是直接集成在同一个网站上，但可以通过 API 或其他技术手段将它们的功能结合起来。例如，开发者可以构建一个应用程序，让用户先用 ChatGPT 生成创意文本，然后将这些文本传递给 DALL-E 生成相应的图像。[1]

> **说明** 要想进一步了解 ChatGPT 的信息，请参见第 3 章。

DALL-E 现已集成到 ChatGPT 中，无需使用特定的前缀语句即可生成图像。只需在对话框中描述想要的图像，例如"一只鹈鹕在沙滩上滑滑板的图片"，ChatGPT 便会自动调用 DALL-E 3 生成图像。为了获得最佳效果，请尽可能详细地描述自己的需求，包括图像类型（照片、绘画、插画等）、风格、构图等。

如图 7.16 所示，在 ChatGPT 中输入提示后，DALL-E 会生成图像并在主面板中显示。将鼠标悬停在图像上方，可以对图像进行点赞或点踩。单击下载图标可以下载该图像。

目前，ChatGPT 的免费版本已经支持通过 DALL-E 来"文生图"，不需要订阅 ChatGPT Plus。

---

[1] 译注：由于微软对 OpenAI 进行了投资并与其展开合作，所以我们现在可以通过 Microsoft Azure OpenAI 服务使用 OpenAI 的 API，其中包括 DALL-E。这为一些受 OpenAI 直接访问限制的地区提供了另一种访问途径。更多信息请参考《大模型编程实践与提示工程》（清华大学出版社出版）或访问 https://bookzhou.com。

图 7.16 在 ChatGPT 中使用 DALL-E 生成的图像

> 说明　需要注意的是，ChatGPT（或更准确地说，是集成在其中的 DALL-E）生成的图像目前主要以 WEBP 格式提供。虽然 WEBP 格式在压缩率和图像质量方面表现出色，但它不如 JPG 和 PNG 等格式普及。未来，OpenAI 可能会增加对其他图像格式的支持。

7.5.3　DeepAI 的 AI Image Generator

DeepAI 提供了一系列 AI 工具，其中包括 AI 图像生成器（https://deepai.org/machine-learning-model/text2img），以及文本转语音工具和 AI 视频生成器。图像生成工具提供免费版本，但功能受限。DeepAI Pro 订阅价格为每月 4.99 美元，每月最多可进行 500 次图像生成请求。可以在 DeepAI 官网上找到这些工具。

访问上述网址即可使用其图像生成器。如图 7.17 所示，在 Create an image from text prompt（文生图）输入框中输入清晰、详细的描述，例如"A cat wearing a hat and sunglasses is sitting on a beach lounger, with a background of blue sky and white clouds against the backdrop of the azure sea"（一只戴着帽子和墨镜的猫，坐在海滩的躺椅上，背景是蓝天白云和碧蓝的海水），[①]然后选择模型（标准清晰度或高清晰度）和艺术风格。默认显示 5 种热门风格，单击 View all……按钮可以查看更多风格。单击 Generate（生成）按钮即可生成图像。

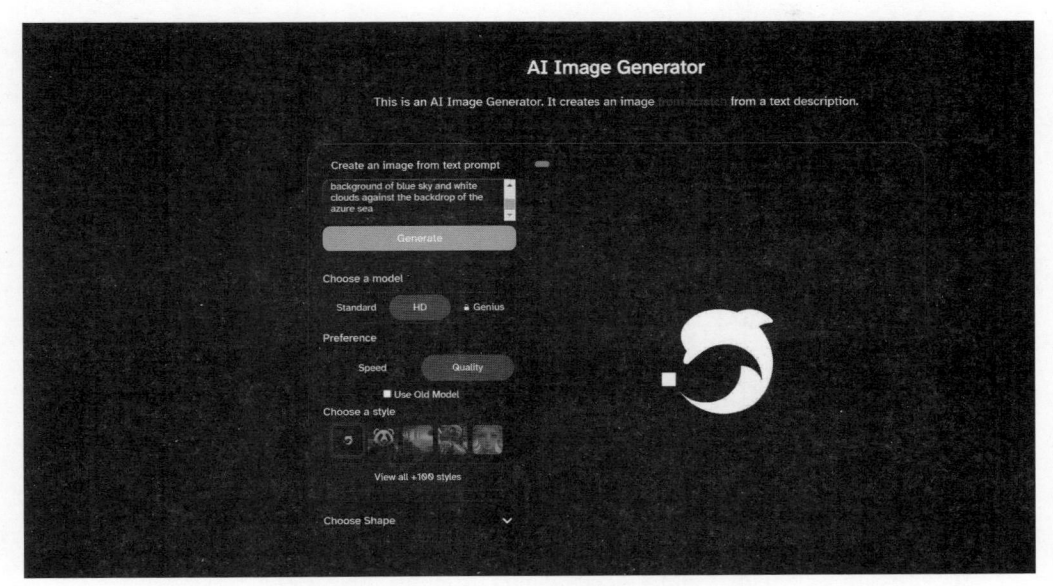

图 7.17 DeepAI 的 AI 图像生成器用户界面

单击 Generate 按钮后，可以很快地看到结果，如图 7.18 所示。单击 AI 图后，可以有以下几种选择：

- 以 JPEG 格式将图像到自己的电脑（在 Chrome 中右击，并从弹出的快捷菜单中选择"图片另存为"命令）；
- 重新生成来增强图像；
- 去除背景，仅显示前景图像；
- 动画化，将图像导入 DeepAI 的 AI 视频生成器，并基于该图像创建一个短视频

---

① 译注：这个 AI 不支持中文，因此用英文来输入。

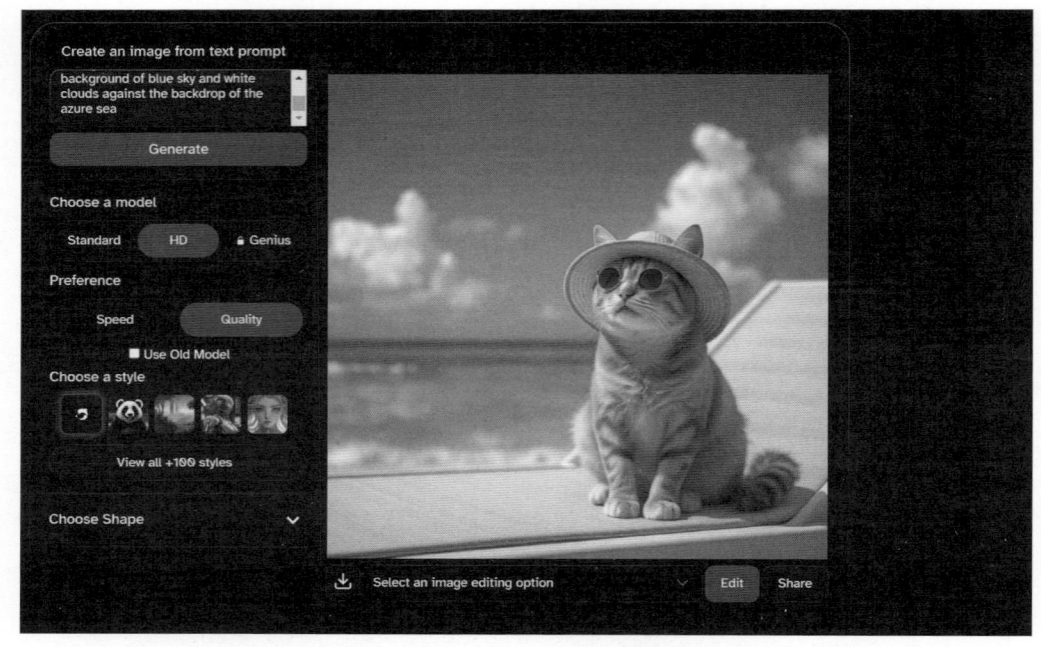

图 7.18 由 DeepAI 生成的 AI 图像

7.5.4 Deep Dream Generator

Deep Dream Generator（https://deepdreamgenerator.com）是一个相对基础的 AI 图像生成器，尤其在附加功能方面。它提供免费试用，但生成的图像数量有限，大致为 10 张，具体数量取决于图像的复杂度。付费套餐提供更多图像生成额度，价格从每月 9 美元的 Basic 版（每天 36 张图）到每月 99 美元的 Ultra 版（每天 360 张图）不等。

如图 7.19 所示，使用 Deep Dream Generator 非常简单：在提示框中输入文本描述，选择 AI 模型（例如"照片"或"艺术"），然后单击 Generate（生成）按钮。您还可以单击 Visual Prompt（视觉提示）上传图像，以视觉方式引导 AI 生成。

使用和 7.5.3 节一样的提示词，Deep Dream Generator 会生成您希望的图像，如图 7.20 所示。单击 Download（下载）按钮可以下载 JPEG 格式的图像。

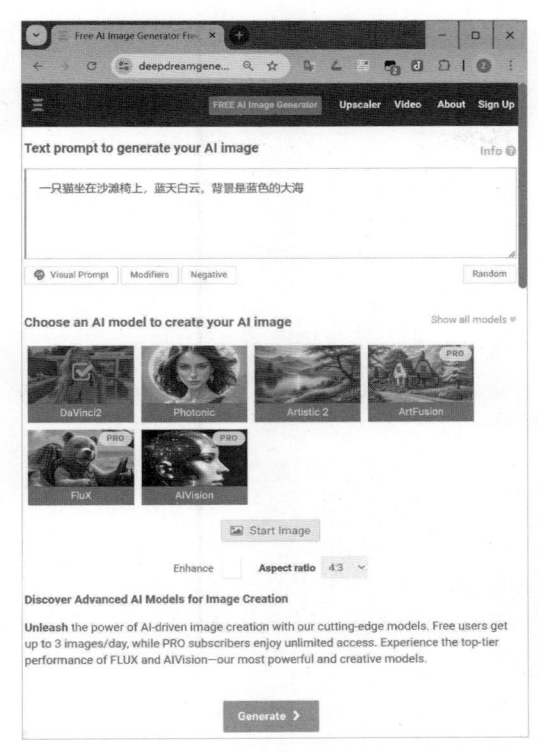

图 7.19 Deep Dream Generator 的提示输入页面　　图 7.20 由 Deep Dream Generator 创建的图像

7.5.5　Stability AI 的 DreamStudio

　　DreamStudio（https://dreamstudio.ai）的工作方式与其他 AI 图像生成器类似，也允许用户上传自己的图像，并为上传的图像创建各种各样的变体。

　　DreamStudio 采用积分（credit）系统，每生成 5 张图像消耗 1 个积分。使用 Google 账户登录可免费获得 25 个积分，用户还可以花费 10 美元购买 1 000 个积分。

　　如图 7.21 所示，在 DreamStudio 中，所有操作都始于提示面板。用户可在此选择图像风格（如摄影、卡通、动漫等），在 Prompt 框中输入描述，并选择生成的图像数量（默认为 4 张），然后单击 Dream 按钮即可生成图像。

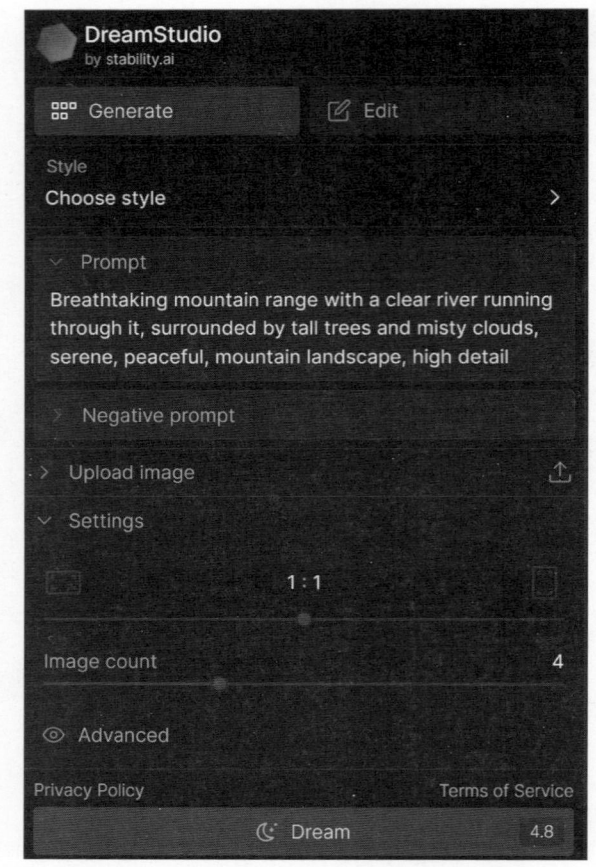

图 7.21 DreamStudio 的控制面板很容易使用

　　图 7.22 展示了由 DreamStudio 生成的图像。将鼠标悬停在图像上，可以选择生成更多版本、编辑图像、下载图像或删除图像。

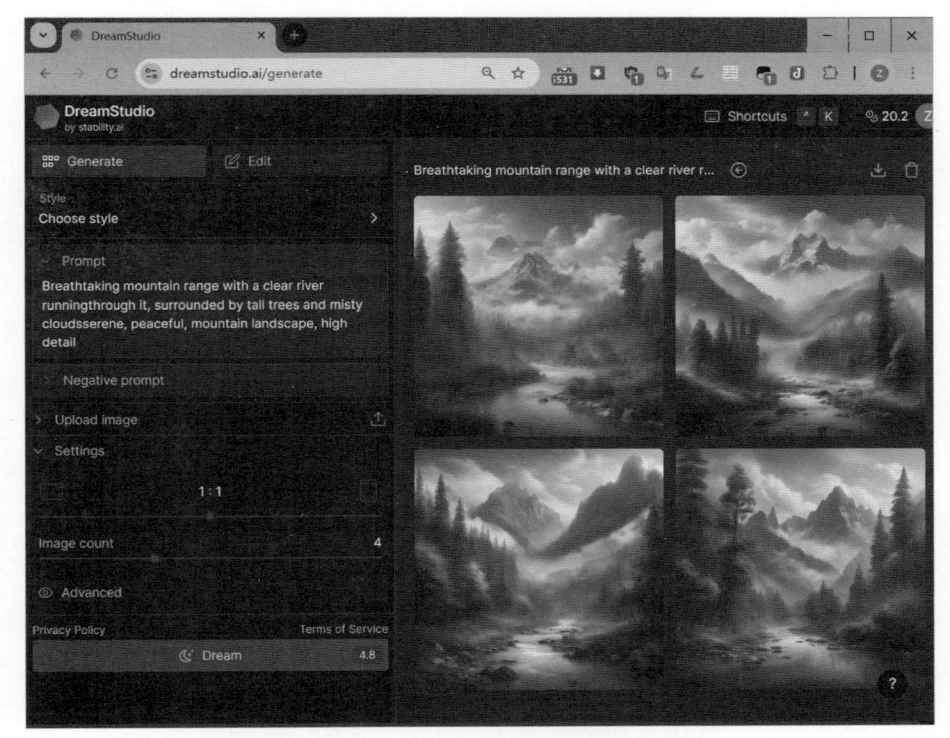

图 7.22 DreamStudio 能生成照片级的作品

7.5.6 谷歌的 Gemini

如第 3 章所述，Gemini（https://gemini.google.com）是谷歌的 AI 模型。与其他许多通用 AI 工具类似，Gemini 支持文本和图像的输出。Gemini 基本版免费使用；高级版则提供下一代模型，理论上可以生成更优质的结果，并且可以在谷歌文档（Google Docs）等应用内使用。两个版本均支持图像生成。

谷歌 Gemini 支持中文，在提示框中用文本描述想要生成的图像即可。注意，文本描述可以更具体一些，例如"创建照片质量的真实的图像"或者"创建奇幻风格的插画"。

如图 7.23 所示，Gemini 会根据提示生成 4 幅图像。将鼠标悬停在任意图像上并单击"下载"来下载原图。

> 说明：谷歌还提供了一个名为 ImageFX 的图像生成工具，该工具的网址是 aitestkitchen.withgoogle.com/tools/image-fx。ImageFX 与 Gemini 共享相同的底层 AI 模型，本质上是 Gemini 图像生成功能的一个更易用的图形界面版本。因此，ImageFX 能够生成与 Gemini 类似的图像。

Z 创建一张照片质量的图像，描述西安大唐不夜城人潮涌动的情况。

◆ 当然，这是您要求的图片：

图 7.23 使用谷歌 Gemini AI 工具生成图像

7.5.7 Hotpot AI Art Generator

Hotpot AI Art Generator（https://hotpot.ai）是一款基于网页的图像生成工具，它不仅能根据文字描述生成各种图像，还支持上传照片，创作出专业的企业头像和风格独特的插画头像。

Hotpot 提供免费使用版本，方便用户体验其强大的功能。但免费版生成的图像会带有水印。如果需要无水印的高清图像或者需要更频繁地使用该工具，Hotpot 也提供了付费订阅套餐，价格为每 1000 积分 10 美元。每次生成图像会消耗 50 积分。

要使用 Hotpot AI Art Generator，只需回答 AI 生成面板上的问题，如图 7.24 所示。输入要绘制的内容、不要绘制的内容、风格、您自己的图像（如果选择上传）、要生成的图像数量以及纵横比。单击"创建"按钮生成图像。

您可以看到生成的图像，如图 7.25 所示。您可以单击"AI 调整大小"来调整图像尺寸；单击"AI 编辑"以去除背景、添加文字或进行其他编辑；单击"下载图像"（向下箭头）以 PNG 格式下载图像；或单击"分享图像"以在社交媒体上分享图像。

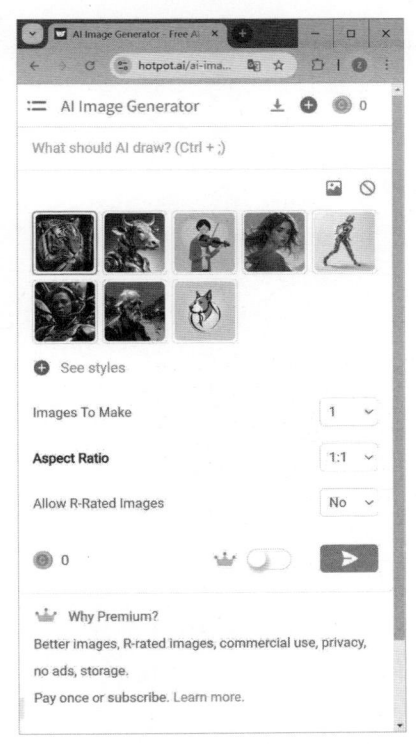

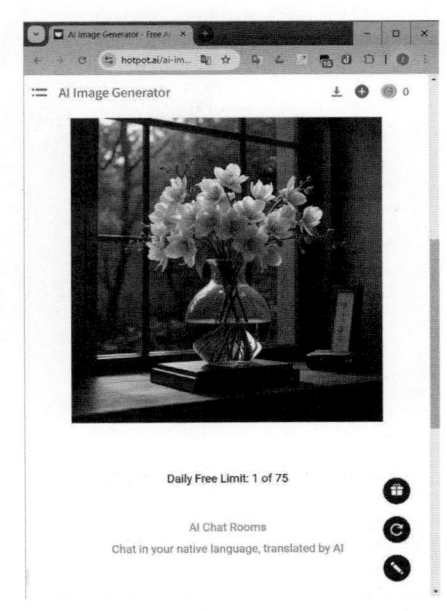

图 7.24 Hotpot AI Art Generator 的界面　　图 7.25 由 Hotpot AI Art Generator 生成的图像

> 说明　Hotpot 的企业头像工具是职场人士的福音。只需上传一张普通自拍照，它就能为您打造出多款专业、精美的企业头像。AI 智能为你搭配各种商务服装，让你轻松应对不同场合。

7.5.8 微软的 AI 绘画工具 Image Creator

微软的 AI 绘画工具 Image Designer 是另一个基于 OpenAI 的 DALL-E 模型的 AI 图像生成工具。它之前被称为 Bing Image Creator[①]。现已集成到 Microsoft Copilot 中。用法很简单，直接在微软的 Copilot（https://copilot.microsoft.com）中描述想要创建的图像即可，如图 7.26 所示。

图 7.26　使用 Microsoft Copilot 生成图像

单击图像右侧的下载按钮，即可下载 .png 格式的原图。右击图像本身，可以从弹出的快捷菜单中选择复制图像以便粘贴到其他应用程序中，如图 7.27 所示。

---

① 译注：现在的 Windows 11 画图工具已经集成了该工具，并陆续在更多地区推出。在画图工具的界面上，有一个醒目的"图像创建器"按钮。单击此按钮，即可进入 AI 创作模式。

图 7.27 复制 Microsoft Copilot 生成的图像

7.5.9 AI 图像生成工具 Midjourney

Midjourney（https:// www.midjourney.com）是一款能让个人创意无限延伸的 AI 艺术作品生成工具。只需简单的文字描述，就能轻松创作出风格多样、令人惊艳的艺术作品。平台提供了丰富的参数调整选项，让您可以精确控制生成图像的细节。不过，Midjourney 并不免费，需要订阅才能使用。订阅套餐从每月 10 美元起，不同套餐提供不同的生成速度和并发任务数量。[①]

登录账户后，会看到如图 7.28 所示的探索页面，共中展示了由其他用户生成的示例图像。单击任意图像，即可查看生成该图像所用的提示和配置选项。

要想开始创作自己的专属图像，只需单击侧边栏的 Create（创建）按钮，如图 7.29 所示。在打开的页面中，可以看到你之前生成过的图像。页面顶部显示了一个输入框，这就是 Imagine（创意）栏。在这里输入一个描述，Midjourney 就会根据描述生成图像。

---

① 译注：2024 年 8 月，推出了网页版图像编辑器，巧妙地集成重绘和编辑等核心功能，操作效率更高、整体交互逻辑更清晰且面向所有人免费开放试用。

Midjourney最棒的地方在于,我们可以根据自己的喜好对生成的图像进行精细调整。例如,想让作品更有特色?只需单击"创意"栏左侧的图标,上传一张自己喜欢的图片,AI 就能根据您所提供的参考图,生成更符合您心意的作品。

图 7.28 Midjourney 的探索页面

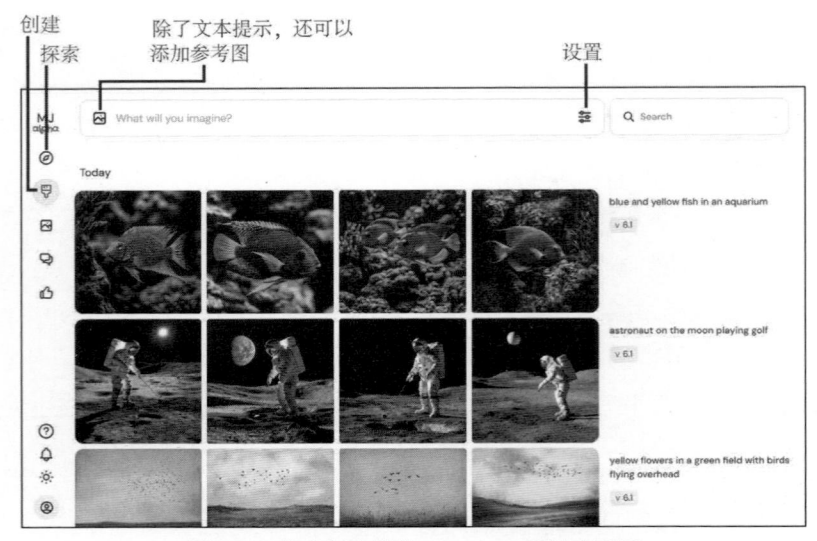

图 7.29 带有创意栏的 Midjourney 创建页面

想要完全掌控自己的创作？单击"创意"栏右侧的设置图标，进入设置面板，如图 7.30 所示。这里提供了丰富的选项，可以自定义图像的风格、细节、尺寸等。具体设置选项请参考表 7.2。

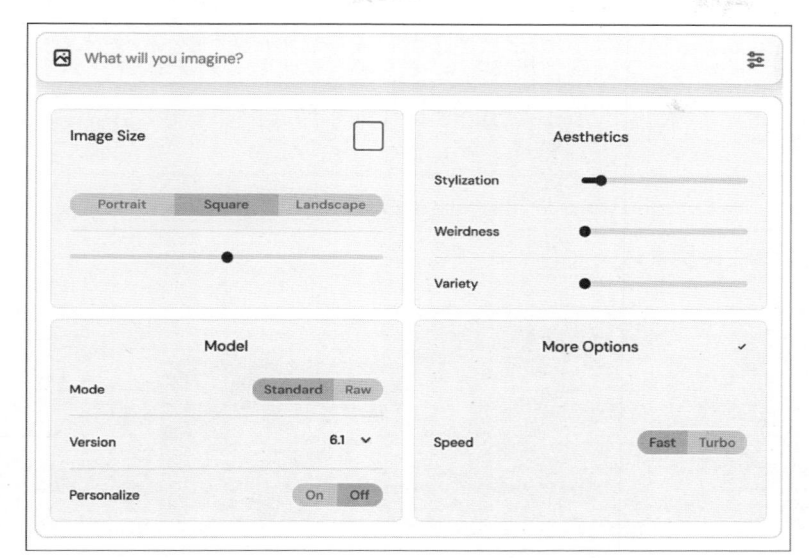

图 7.30 自定义 Midjourney 图像生成设置

表 7.2 Midjourney 图像生成设置

设置	描述
图像大小（Image Size）	设置图像的大小和纵横比。可选择三个预设比例之一（肖像 3∶4、正方形 1∶1、风景 4∶3）或左右拖动滑块以获得更极端的纵横比
风格化（Stylization）	较小的值会生成与提示更匹配，但艺术性较低的图像；较大的值则更具艺术性，但与提示关系较小
奇异性（Weirdness）	数值越大，生成的图像越奇特或另类
差异性（Variety）	较小的值提供更可靠和可重复的结果；较大的值产生更不寻常和意外的结果
模式（Mode）	默认模式为标准模式；原始模式应用较少的自动"美化"，可能更接近于提示

（续表）

设置	描述
版本（Version）	允许选择要使用的 Midjourney 版本。数字越高，版本越新
个性化（Personalize）	一旦启用，就会使用您对其他图像的偏好和排名信息来个性化当前创建的图像。换言之，生成您的专属风格的图像
速度（Speed）	Turbo 模式比 Fast 模式更快，但会消耗更多由当前套餐限制的 GPU 积分

一旦在"创意"框中输入了提示并设置好参数，按键盘上的 Enter 键，Midjourney 就会生成 4 幅图像供挑选，如图 7.31 所示。

图 7.31 由 Midjourney 生成的 4 幅图像

单击任意图像可以放大，并对该特定图像采取更多行动。右侧窗格显示了以下选项，如图 7.32 所示。

- 单击窗格顶部的下载图标以下载原图。
- 单击 Vary 区域的 Subtle 或 Strong 按钮，您可以轻松地生成一系列与当前图像相似，但又略有不同的作品。Subtle 选项会产生细微的变化，让您的图像更加丰富多样；而 Strong 选项则会带来更显著的改变，帮助您探索更多创意可能性。
- 单击 Rerun 按钮基于相同的提示来重新生成。
- 单击 Editor 按钮来裁剪、缩放或改变图像的纵横比。
- 单击 Image 按钮将生成的图像作为下一条新提示的参考图。
- 单击 Style 按钮将生成的图像作为下一条新提示的风格参考。
- 单击 Prompt 按钮将现有提示复制到"创意"栏。

图 7.32 对图像进行微调

对于追求高质量图像的专业人士来说，Midjourney 无疑是一个强大的工具。通过精细的参数调整，可以生成符合各种需求的视觉素材，为你的设计项目锦上添花。

7.5.10 NightCafe

NightCafe（https://creator.nightcafe.studio）是一款功能强大的 AI 艺术作品生成工具，提供了多种 AI 模型供您选择和定制。可以根据个人的喜好，微调这些模型，创造出独一无二的艺术作品。无论是想探索不同的艺术风格，还是想打造属于自己的艺术世界，NightCafe 都能满足您的需求。注意，NightCafe 的特色是打造一个"社区"概念。可以在这里看到世界各地人们的创意，并且可以看到他们使用的提示词，如果他们选择公开的话。

> **说明** 不同的科技公司开发了各自的 AI 图像生成模型，比如 OpenAI 的 DALL-E 和谷歌的 Gemini。这些模型就像拥有不同绘画风格的艺术家，虽然都能根据您的描述创作图像，但由于使用的算法、训练数据和设计理念不同，最终呈现的效果也不尽相同。

NightCafe 提供了免费版，让您可以体验 AI 生成图像的乐趣。每天 5 个积分足够进行一些简单的创作。如果想生成更多、更高质量的图像，可以考虑升级到 Pro 版本。Pro 版本提供了更丰富的功能和更高的积分配额，满足更专业的创作需求。

如图 7.33 所示，我们从左侧的 Create（创建）面板开始自己自己的创作。单击模型选择器以选择想要使用的模型（截止本书中文版，可供选择的模型包括 Dreamshaper XL Lightning、FLUX、Google Imagegen、Runaway Gen-3 和 Animagine XL 等。除此之外，还可以选择各种由社区创建的模型。将图像描述输入到 Text Prompt（文本提示）框中，选择一种风格（如电影、水彩画、动画角色等），然后单击 Create（创建）按钮。

生成的图像会呈现在主面板上（图 7.34），可以对它进行多种操作：复制、演变、增强分辨率（需消耗积分）、下载为 JPEG 格式，甚至可以将其制作成动画。这些功能使我们可以随心所欲地对图像进行二次创作。

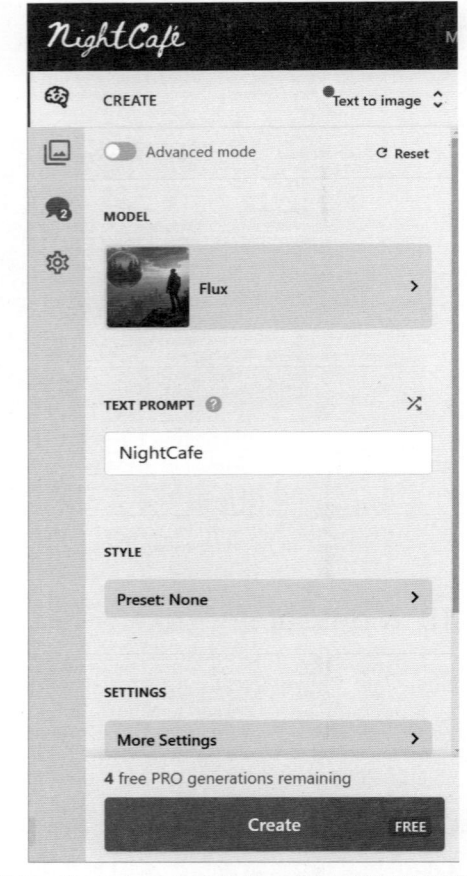

图 7.33 在 NightCafe 中选择一种 AI 模型并生成图像

> **说明** 通过 NightCafe，我们可以在一个平台上体验多种 AI 模型，大大提高了创作效率。不再需要在不同网站之间来回跳转，节省了大量时间。

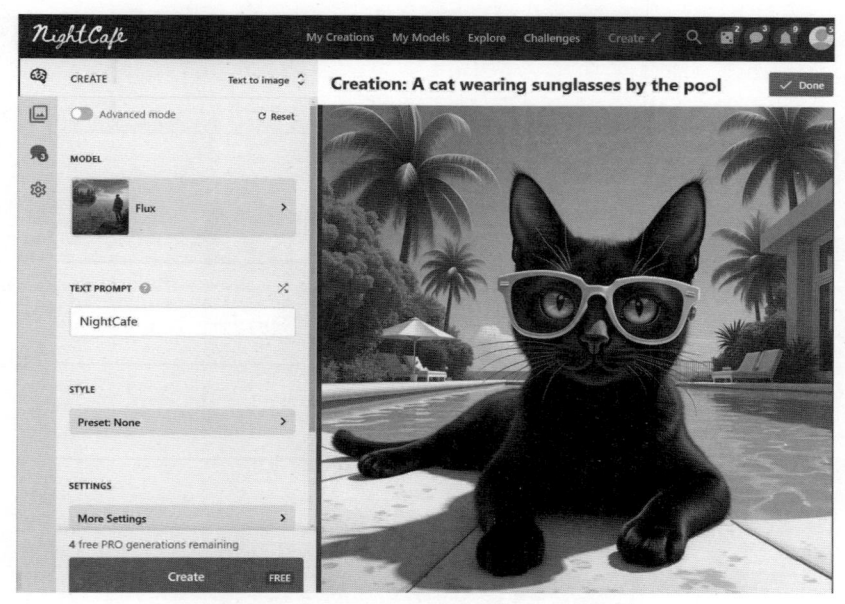

图 7.34 在 NightCafe 中查看新生成的图像

7.5.11 OpenArt

OpenArt（https://openart.ai）与 NightCafe 类似，提供多种 AI 图像生成模型供用户选择。新用户注册即赠送 50 个积分，可以免费体验。平台还提供了 Essential、Advanced 和 Infinite 三种付费套餐，分别提供 4 000、12 000 和 24 000 个积分，每月费用为 7 美元、14 美元和 38 美元。积分可用于生成图像、调整参数等操作。

如图 7.35 所示，在 OpenArt 的创建面板中，单击 Switch（切换）按钮即可轻松切换不同的 AI 模型，探索艺术创作的无限可能。平台提供了包括 OpenArt 自研模型、知名开源模型（OpenArt SDXL、Juggernaut XL、DALL-E 3、DreamShaper XL 和 Stable Diffusion XL 等）以及用户社区共享模型在内的丰富选择。只需单击 Switch（切换）按钮，就能快速尝试各种风格和效果。此外，还可以基于现有模型进行微调，打造专属的艺术风格。

选择模型后,可以向下滚动以上传姿态、构图、风格或面部参考图。单击 Create(创建)按钮来生成自己的图像。

生成的图像会显示在窗口的主面板内,如图 7.36 所示。将鼠标悬停在图像上可以放大显示、以 JPEG 格式下载或删除图像。

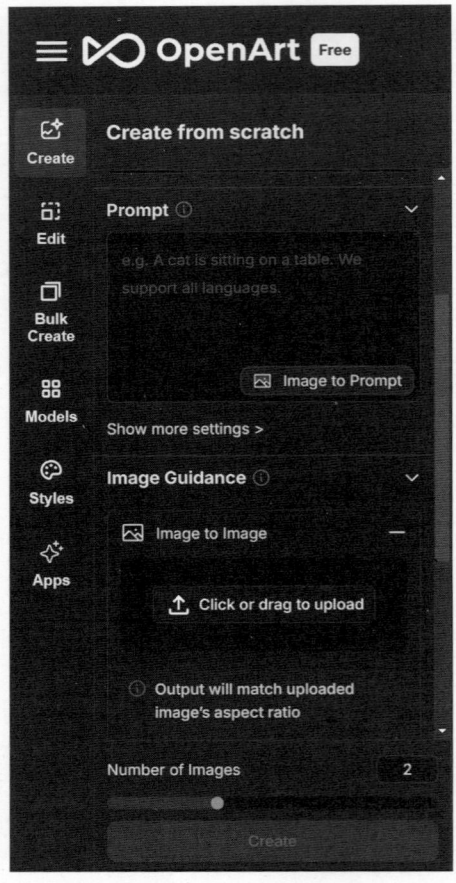

图 7.35 使用 OpenArt 设置模型和生成选项

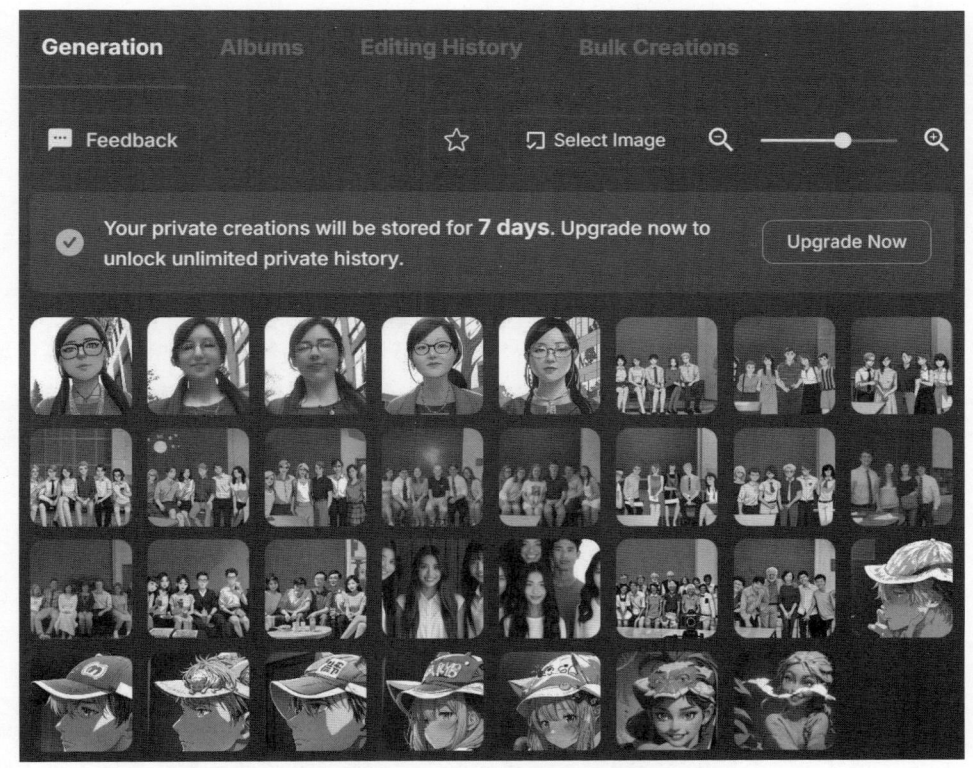

图 7.36 使用 OpenArt 查看生成的图像

7.6 撰写完美提示以生成完美图像

AI 图像生成与传统的文本生成有相似之处，都需要通过提示词来引导 AI。然而，生成图像的提示词需要更加细致入微，不仅要描述文字内容，还要考虑视觉元素，如色彩、光影、构图以及图像类型等。以下是一些建议。

- 尽可能清晰：要生成一幅精美的 AI 图像，需要提供尽可能详细的提示。避免使用笼统的词汇，例如"美丽"或"奇妙"，而是用更具体的形容词来描述图像。例如，不要简单地提示"一张猫的图片"。相反，可以尝试"一张有着绿色眼睛、虎斑条纹的大狸花猫，慵懒地躺在阳光下，背景是金黄色的秋天落叶"。越详细的描述，AI 就能越准确地捕捉您的想法，生成更符合您心意的图像。

- 细节不要太多：在编写提示词时，细节固然重要，但太多的细节反而可能让 AI 感到困惑，导致生成的图像杂乱无章。我们需要在细节和简洁之间找到一个平衡点。例如，在描述一只猫时，我们可以说"一只橘色的虎斑猫，正在一个阳光洒满的窗台上打盹"，而不是列出猫的每根胡须的颜色。

- 明确指定风格：要生成符合心意的图像，明确指定风格至关重要。无论是 20 世纪印象派的梦幻色彩，还是高对比度的黑白肖像或者像婚礼照片般温馨浪漫的氛围，都可以通过在提示中加入相应的关键词来实现。比如，可以这样提示："一幅梵高风格的向日葵，用厚重的油画笔触，色彩饱满"或者"一张黑白胶片风格的肖像，光影强烈，人物表情忧郁"。

- 明确图像中的真实元素：在生成 AI 图像时，明确指定地点能极大地提升图像的真实感和细节度。比如，不要简单地说"一张海滩的图片"。相反，可以说"一张海南三亚大东海的日落美景照片，椰树倒影在海水中"。越具体的地点，AI 生成的图像就越能还原真实的场景。

- 包含动作和情感：在描述图像时，除了交代人物或物体，更重要的是描述其动作和状态。不要仅仅写"儿童在游乐场"，而应该写"孩子们在旋转木马上咯咯笑着，脸上洋溢着幸福的笑容"。不要仅仅写"一对情侣对视"，而应该写"一对情侣深情地对视"。通过加入动词和形容词，可以使图像更加生动形象。

- 善用 AI 工具的选项：一些 AI 图像生成工具仅允许输入文本提示，而其他工具则提供了各种控件和选项，可以帮助您微调图像。如果有可用的选项，请充分利用它们。

记住，不同的 AI 图像生成工具有着各自的优势和特点，生成的图像风格也会有所差异。为了获得满意的结果，建议尝试多种工具，并不断调整提示词。如果生成的图像与预期略有出入，也不要气馁，可以微调提示词或者将多个图像进行组合，创造出更符合心意的作品。AI 图像生成是一个不断探索和尝试的过程，尝试是关键。

7.7 小结

本章是一场关于 AI 图像生成技术的探索之旅。我们学习了 AI 如何通过学习海量数据来生成图像，了解了不同 AI 模型的工作方式，并掌握了如何使用提示词来引导 AI 创作。更重要的是，我们认识到 AI 图像生成在艺术创作、设计、教育等多个领域的广阔应用前景。

AI 图像生成器为个人创作提供了无限乐趣，但将其用于商业用途时，我们必须更加谨慎。将 AI 生成的艺术作品冒充为原创作品是不可取的，也是对艺术界的侵犯。在商业应用中（甚至在社交媒体上分享时），我们应该明确标注图像的生成方式，尊重原创艺术家的劳动成果。只有这样，才能健康有序地推动 AI 艺术的发展。

本章还提醒我们，AI 图像生成技术是一把双刃剑。一方面，它为我们的创作提供了无限可能；另一方面，如果被滥用，也会带来严重的社会问题。我们应该正确地使用 AI，避免利用其生成虚假信息，欺骗他人。既要享受技术带来的便利，也要承担相应的社会责任。

AI 图像生成器降低了艺术创作的门槛，让更多人可以轻松地将脑海中的创意转化为视觉作品。无论是专业设计师还是业余爱好者，都能从中找到乐趣。当然，在使用 AI 工具时，我们也要保持谨慎，确保生成的图像符合道德和法律规范。

第 8 章 巧用 AI 找工作

AI 正在革新我们的求职方式。它不仅能帮助我们更精准地定位职业方向，还能优化简历、模拟面试，甚至推荐合适的职位。依托 AI，我们可以更轻松地找到理想的工作，开启全新的职业生涯。

AI 在求职过程中扮演着越来越重要的角色，但它并不是万能的。在使用 AI 工具时，我们应该保持谨慎，将 AI 视为一个辅助工具，而非最终决策者。人类独特的创造力和判断力是 AI 无法替代的。通过人机协同，我们可以更好地应对激烈的就业竞争，找到理想的工作。

8.1 巧用 AI 寻找理想的工作

职业规划常常让人感到迷茫。无论是刚刚踏入职场的毕业生，还是想要转行的职场人，AI 都可以成为我们可靠的职业顾问。通过分析我们的技能、兴趣和过往经验，AI 能帮助我们更清晰地了解自己，找到最适合自己的职业发展路径。

8.1.1 确定适合自己的工作类型

AI 在职业规划中扮演着越来越重要的角色。它能够通过分析我们的个人数据，为我们提供个性化的职业建议，帮助我们更深入地了解自己，发现适合自己的职业发展方向。

借助像豆包、通义千问、文心一言、智谱清言、ChatGPT、Google Gemini 和 Microsoft Copilot 这样的 AI 工具，探索理想职业变得前所未有的简单。只需向 AI 提供自己的技能、经验和兴趣，它就能迅速生成一份潜在职业的清单，为我们打开一扇通往未来职业的大门。下面是一个示例提示：

请为我推荐一些职业。我的技能包括 [技能 1]、[技能 2] 和 [技能 3]。我有从事 [经验 1]、[经验 2] 和 [经验 3] 的经验。我之前的工作包括 [工作 1]、[工作 2] 和 [工作 3]。我喜欢 [独立 / 作为团队的一部分 / 远程 / 在办公室] 工作。

根据自己的具体情况,可以包含尽可能多或尽可能少的变量。显然,如果是刚开始职业生涯,那么可能不会有太多(或任何)工作经验;如果已经处于职业生涯的更高级阶段,那么自然有更多的亮点可以添加。

当我将自己的技能和工作经验输入到通义千问中并使用类似的提示时,我得到了如图 8.1 所示的推荐。

根据您提供的技能和经验,以下几个可能适合您的职业推荐。考虑到您拥有丰富的翻译、审核、编程以及烹饪技能,这些职业既能发挥您的专业特长,也能满足您灵活的工作方式偏好。

1. 技术翻译与本地化专家
- **描述**:利用您的科技书英译中经验和对C#、C++编程的了解,您可以专注于技术文档、软件界面和其他相关材料的翻译和本地化工作。
- **优势**:可以独立工作或加入团队,远程工作的机会多。
- **建议**:寻找专门从事技术翻译的公司或自由职业平台,如ProZ、TranslatorsCafe等。

2. 技术审稿人/质量保证专家
- **描述**:利用您的审稿经验和对编程语言的理解,帮助出版社或技术公司检查书稿、文档或代码中的翻译错误和技术准确性。
- **优势**:可以作为自由职业者或全职员工工作,适合远程或办公室环境。
- **建议**:联系技术出版公司(如O'Reilly、Packt Publishing)或大型科技企业,提供审稿服务。

3. 高级软件开发工程师
- **描述**:凭借20年的C#和C++编程经验,您可以担任高级开发工程师,负责设计、开发和维护复杂的软件系统。
- **优势**:可以选择加入团队或独立工作,远程工作机会较多,尤其是在开源项目或国际团队中。
- **建议**:考虑加入科技公司、创业公司或参与开源项目,展示您的编程能力。

4. 技术内容创作者/技术博主
- **描述**:结合您的编程经验和翻译能力,您可以创建技术博客、教程或视频课程,帮助其他开发者学习新技术或解决常见问题。
- **优势**:完全独立工作,可以根据自己的兴趣选择主题,远程工作。
- **建议**:在YouTube、Bilibili、CSDN等平台上开设频道,分享编程技巧和翻译心得。

5. Microsoft MVP讲师或顾问
- **描述**:作为Microsoft MVP,您可以利用这一身份为企业或开发者社区提供培训、咨询或演讲服务,帮助他们更好地使用微软技术。
- **优势**:可以独立工作或作为顾问加入公司,远程或面对面授课。
- **建议**:联系微软合作伙伴、培训机构或企业,提供定制化的培训课程或咨询服务。

6. 川菜大厨兼餐饮创业者
- **描述**:利用您的川菜大厨技能,您可以开设自己的餐厅、美食工作室或在线教学平台,教授他人如何制作经典川菜。
- **优势**:既可以独立经营,也可以与其他厨师合作,远程教学也是可行的选择。
- **建议**:考虑开设线上烹饪课程(如通过抖音、小红书等平台),或者与当地的餐饮企业合作,推出特色菜品。

图 8.1 来自通义千问的一些个性化职业推荐

8.1.2 研究潜在的雇主

想要找到一份理想的工作，对潜在雇主的了解至关重要。幸运的是，我们现在拥有了 AI 这样强大的助手。它们能从海量的网络信息中提取出公司的关键数据，包括员工评价、公司新闻等，帮助我们全面了解一家公司。有了这些信息，我们就能更自信地做出职业选择。

要获取一家公司的概况，可以使用以下提示：

[公司名称] 是做什么的？

为了了解在该公司工作的体验，可以使用以下提示：

在 [公司名称] 工作是什么样的体验？

还可以提出更具体的问题，示例如下：

- [公司名称] 的企业文化是怎样的？
- [公司名称] 在工作与生活上的平衡情况如何？
- [公司名称] 的员工平均年龄是多少？
- [公司名称] 的年薪大致是多少？请分级描述。
- [公司名称] 的价值观是什么？
- [公司名称] 的员工满意度如何？
- [公司名称] 的财务状况如何？

公司的高层决策者往往隐藏于幕后。但借助 AI，我们可以较为轻松地识别出这些关键人物，从而更深入地了解公司的决策层。只需要输入以下提示：[1]

[公司名称] 的关键决策者是谁？

或者，为了进行更有针对性的搜索，可以输入以下提示：

[公司名称] 的 [部门名称] 部门的关键决策者是谁？

AI 可能会给出一些结果，但这些结果的准确性和完整性需要您进一步核实。在求职过程中，最好结合多个渠道的信息并通过其他方式（如内推、社交媒体）来验证这些信息。

---

[1] 译注：记住，使用多个 AI 来对比结果至关重要。现在几乎所有聊天式 AI 都是免费的，因此可以同时让多个 AI 回答同样的问题。

> **说明** 在求职过程中，建立人脉是成功的关键环节。通过 AI 工具，可以更深入地了解潜在的联系人及其所在的公司，从而更有针对性地进行人脉拓展。可以利用 AI 搜索引擎来获取目标公司的相关信息，如部门设置、业务方向等，为后续的沟通做好准备。

8.2 巧用 AI 写简历

仅仅知道自己想要什么工作是不够的。精心准备的简历是打开职场大门的钥匙。这份简历不仅要展示自己的工作经验和技能，还要体现自己的专业态度。记住，结构清晰、文笔流畅、毫无错字的简历，给 HR 留下深刻的印象。

幸好，AI 可以帮助我们完成大部分工作。

8.2.1 巧用通用 AI 工具写简历

生成式 AI 让简历制作变得前所未有的简单。只需向 AI 提供一些基本信息，它就能迅速生成一份结构清晰、内容详实的简历初稿。可以将这份初稿的内容复制并粘贴到 Word 中自己喜欢的简历模板里，并根据个人需求进行调整和完善，从而大大节省制作简历的时间。

为了创建完美的简历创建提示，需要输入雇主想要看到的关键信息。这些信息应包括以下内容。

- 期望职位：申请的具体职位。
- 当前和过往的工作经验：列出自己的职位和前雇主（包括雇佣日期），以及在每个职位上的职责和主要成就。
- 重要技能：包括与职位相关的技能（例如，如果您是一名焊工，焊接就是一项重要技能），以及更广泛的技能（如团队合作、领导力、创造性思维、战略规划等）。
- 教育背景：包括大学学位和专业培训。
- 其他成就：包括专业认证、奖项、荣誉和重大项目。

下面展示一个示例提示：

为 [职位] 量身定制一份简历。我的核心技能包括 [技能 1]、[技能 2]、[技能 3]，这些技能将帮助我在 [职位] 中取得优异成绩。在 [职位 1，雇主 1，雇佣日期] 等过往经历中，我成功地 [成就 1]、[成就 2]、[成就 3]。[年份]，我从 [学校名称] 毕业，获得 [学位名称及 / 或专业] 学位。

图 8.2 展示了由豆包生成的简历。

个人简历

姓名：[你的姓名]
联系方式：[手机号码]
电子邮箱：[邮箱地址]

求职意向

软件工程师

教育背景

清华大学 - 计算机科学硕士（2017 - 2020）
- 主修课程：数据结构、算法分析与设计、操作系统、计算机网络、人工智能、机器学习等。
- 毕业论文：[论文题目]，专注于 [论文核心内容]，取得了 [论文成果]。

工作经历

腾讯 - 后端开发工程师（2020 年至今）
- 主导开发高并发、低延迟的微服务架构，通过优化代码逻辑、数据库查询语句以及引入高效的缓存机制，成功优化系统性能达 50%，显著提升了用户响应速度，降低服务器负载。
- 参与多个大型项目研发，如 [项目名称 1]，负责核心模块后端代码编写，与前端、测试团队紧密协作，确保项目按时高质量交付，该项目上线后用户活跃度提升 30%。
- 在 [项目名称 2] 中，运用机器学习算法对用户行为数据进行分析建模，为精准营销提供数据支持，助力产品推广转化率提高 20%。

核心技能

- **编程语言**：Python（精通）、Java（精通），熟练运用多种设计模式进行项目开发，熟悉 Python 的 Django、Flask 框架以及 Java 的 Spring Boot、Spring Cloud 框架。
- **机器学习**：熟悉常见机器学习算法，如线性回归、逻辑回归、决策树、神经网络等，能够运用 scikit-learn、TensorFlow 等工具进行模型训练与优化，具备将机器学习应用于实际业务场景解决问题的能力。

个人优势

- 具备扎实的计算机专业知识与丰富的实践经验，能快速理解业务需求并转化为技术方案。
- 在面对高并发、大数据量场景下的系统开发与优化有出色表现，保障系统稳定高效运行。
- 良好的团队协作精神，跨部门沟通顺畅，能在项目中发挥技术引领作用推动项目进展。

图 8.2 由豆包生成的简历的开头部分

> 请务必仔细检查和编辑AI生成的简历。AI在生成内容时可能会出现"编造"或"过度解读"的情况,这可能导致简历中的信息不准确。为了确保简历的真实可靠,请逐一核对其中的每一项内容,确保它们都准确地反映自己的经历和技能。

8.2.2 巧用简历生成工具撰写和调整简历

目前有几款专门的AI简历生成工具,包括Jobscan、Kickresume、Rezi、Teal和Zety等。本节将逐一介绍这些工具。①

> **改进简历和领英的个人资料**
>
> 还可以使用通用AI工具来获取如何改进现有简历的建议。只需将简历复制并粘贴到AI工具中,并附带提示"提供改进建议以优化我的简历"。
>
> 通用AI工具也可以帮助您优化领英(LinkedIn)的个人资料,许多雇主在考虑求职者时会查看这个平台。可以将简历复制并粘贴到通用AI工具中,并附带提示"根据我的简历撰写领英上的'个人简历'部分"。

8.2.2.1 简历优化工具Jobscan

Jobscan(https://www.jobscan.co)是一款基于AI的简历优化工具。它不仅能根据用户的输入生成一份全新的简历,还能对现有的简历进行深度分析,并与目标职位进行精准匹配。通过打分和提供改进建议,Jobscan帮助您快速提升简历的竞争力。免费版每月提供5次简历扫描,付费版(每月49.95美元)则提供无限次扫描、简历编辑、职位匹配等更多高级功能。图8.3展示了Jobscan对一份简历的详细分析结果。

---

① 译注:这里介绍的网站适合写英文简历,中文简历建议使用豆包、Kimi和通义千问等通用AI来撰写。

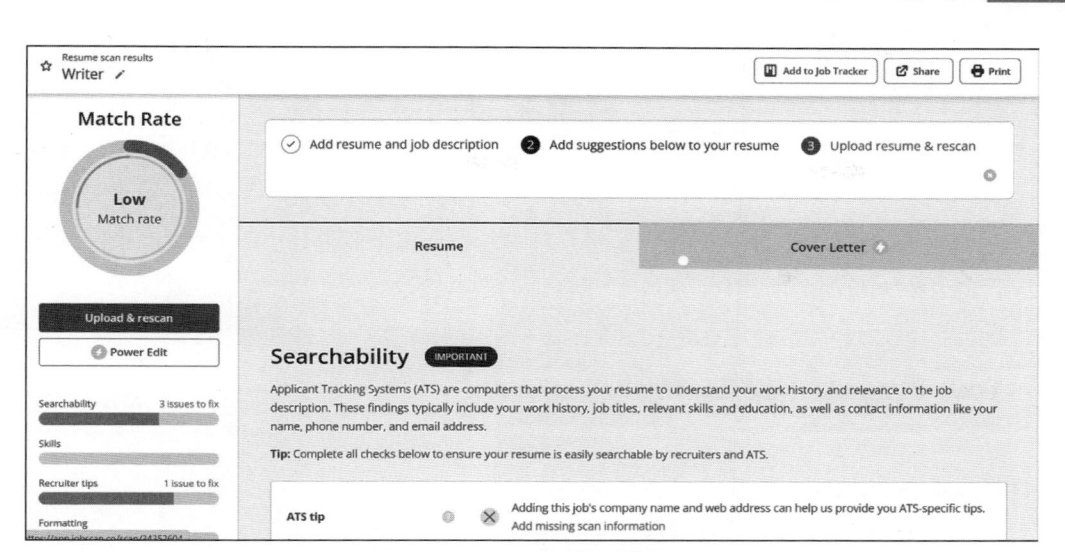

图 8.3 Jobscan 简历扫描结果

8.2.2.2 AI 个性化简历工具 Kickresume

Kickresume（https://www.kickresume.com）利用先进的 OpenAI GPT-4 AI 模型，为用户量身定制专业简历。只需选择一个模板并输入个人信息，AI 就能快速生成一份符合行业标准的简历。除了简历撰写，Kickresume 还提供简历检查、求职信生成和个人网站构建等功能。免费版包含基础模板，付费版（每月 19 美元）则提供更多高级模板、AI 辅助撰写等功能，帮助用户打造全面的求职资料。图 8.4 展示了 AI 如何引导用户轻松完成简历制作。

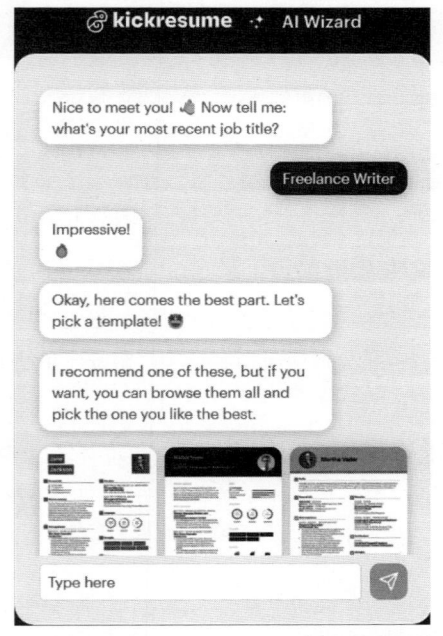

图 8.4 使用 Kickresume 的 AI 向导创建新简历

8.2.2.3 AI 求职工具 Rezi

  Rezi（https://www.rezi.ai） 是一款功能强大的 AI 求职工具，提供从简历创建到面试准备的一站式服务。它不仅能帮助用户生成一份专业、个性化的简历，还能提供简历检查、摘要生成、求职信撰写、辞职信撰写和面试模拟等功能。免费试用版可体验部分功能，Pro 套餐（每月 29 美元）则解锁全部功能，让您全面提升求职竞争力。图 8.5 展示了 Rezi 对一份简历的评分，并提供了详细的改进建议。

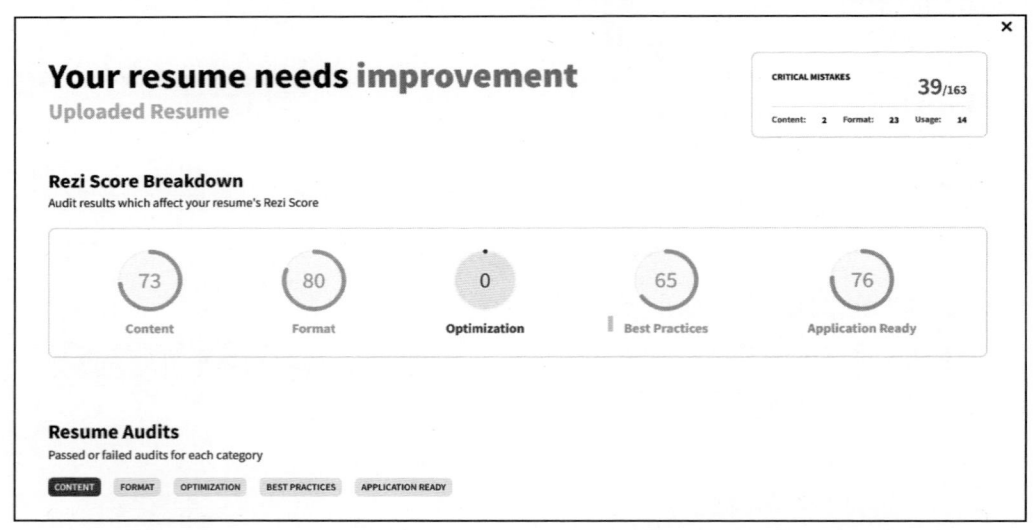

图 8.5 使用 Rezi 对简历进行评分

8.2.2.4 智能简历工具 Teal

  利用 Teal（https://www.tealhq.com/tools/resume-builder） 的 AI 能力，您可以轻松打造一份符合行业标准的简历。Teal 的智能简历构建器能根据您的信息，自动生成一份美观大方的简历。此外，Teal 还能为您提供专业的简历分析和评分，并生成个性化的介绍性摘要。免费版本可供用户初步体验，Teal+ 套餐（每月 29 美元）则提供更多高级功能，让用户更轻松地制作出完美的简历。图 8.6 展示了 Teal 的 AI 如何对简历进行智能分析。

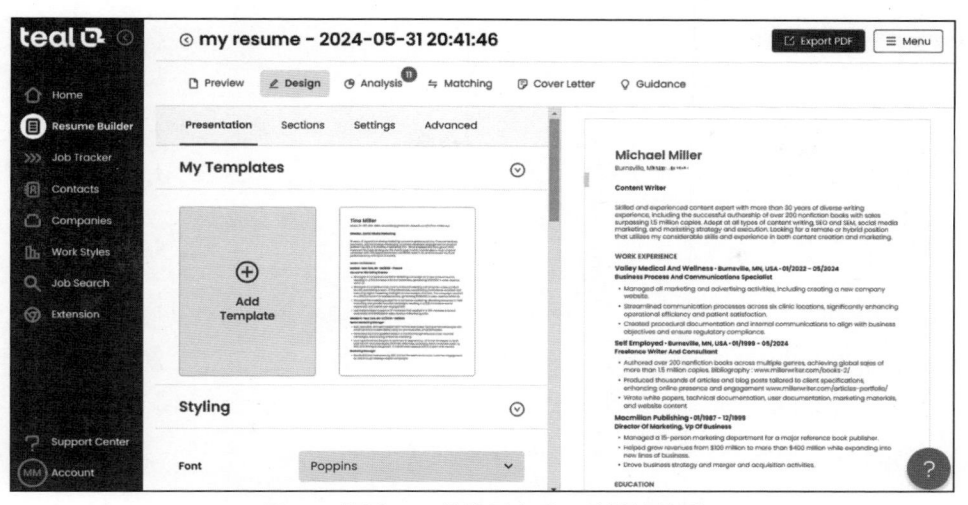

图 8.6 使用 Teal 的简历生成工具设计简历

8.2.2.5 简历制作工具 Zety

Zety（https://zety.com）是一款功能全面的简历制作工具。它不仅能帮助用户创建简历，还能提供简历检查、模板选择等功能。Zety 的 AI 技术能根据用户的信息，自动生成一份符合行业标准的简历。14 天的免费试用让您能轻松上手，每月 5.95 美元的订阅则能让用户尽情享受 Zety 带来的便利。图 8.7 展示了 Zety 生成的简历。

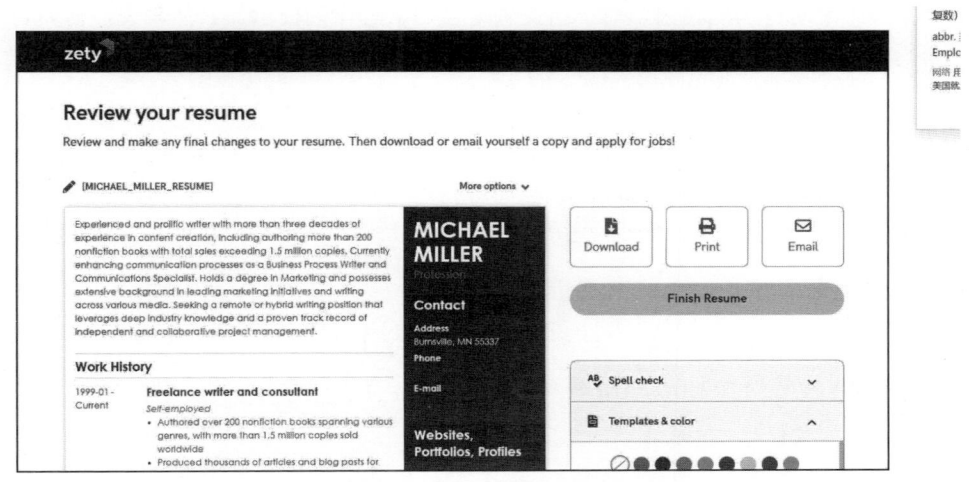

图 8.7 由 Zety 创建的简历

> **巧用 AI 找工作**
>
> 虽然一些 AI 简历生成工具提供了智能的职位匹配功能，能根据用户的简历精准推荐相关职位，但实际求职时，我们往往需要在公司官网或招聘平台（如 CareerBuilder、Indeed、ZipRecruiter 等）上完成申请。领英作为另一个重要的求职渠道，也允许用户直接申请职位。
>
> 一些 AI 求职平台通过"一键申请"功能，实现了申请流程的自动化。可以将自己的基本信息和简历同步到平台上，然后只需点击几下，就能将申请自动发送到多个职位。这些平台还提供实时的申请状态跟踪，让用户随时了解自己的申请进度，从而大大提高了求职效率。

8.3 巧用 AI 写求职信

除了简历，许多 AI 简历生成工具还提供了求职信撰写功能。它们可以帮助用户快速生成一封符合职位要求的求职信或者对用户的草稿进行润色和优化。此外，还可以利用通用 AI 工具来辅助求职信的写作。

要让 AI 帮助自己撰写求职信，请提供适当的信息作为提示。具体来说，需要告诉它创建一封求职信，并包含以下内容：

- 基本信息
  - 公司名称：[公司全称或简称]
  - 职位名称：[职位名称]
- 个人信息
  - 姓名：[您的姓名]
  - 联系方式：[您的电话号码和邮箱地址]
  - 个人网站或 LinkedIn 链接：（可选）
- 职位相关信息

- 我对这个职位感兴趣的原因：[简述您对该职位或公司的兴趣，例如：我被贵公司在[领域]的创新所吸引，一直以来都很关注贵公司的发展。]
- 我的相关经验：[描述您以往的工作经验中与该职位相关的部分，例如：我在[公司]担任[职位]期间，负责[职责]，取得了[成就]。]
- 我的技能：[列出您所具备的与该职位相关的技能，例如：精通[技能1]，熟练使用[技能2]。]
- 我的成就：[强调您以往取得的显著成就，用数据或具体例子支撑。例如：成功领导了[项目]，提升了[指标]%。]
- 为什么我是适合这个职位的人选：[总结您认为自己最适合这个职位的原因，例如：我具备[技能]和[经验]，能够为贵公司带来[价值]。]

• 其他信息
- 公司的行业或产品：[如果想让 AI 更了解公司，可以提供这些信息]
- 职位的具体要求：[如果对职位要求有更详细的了解，可以提供]
- 您希望在求职信中强调的重点：[例如：希望强调您的团队合作能力或解决问题的能力]
- 求职信的风格：[例如：希望求职信的风格更正式或更活泼]
- 字数要求：（可选）

下面是一个示例提示：

请为我生成一份求职信，申请[公司名称]的[职位名称]职位。我是一名经验丰富的[你的职位]，拥有[年]的工作经验。我对贵公司在[领域]的创新非常感兴趣，尤其是[具体项目或产品]。我擅长[技能1]和[技能2]，曾成功领导[项目]，提升了团队效率[百分比]。我希望能够将我的[技能]和[经验]应用到贵公司的[部门]，为公司做出贡献。

AI 工具可以利用用户提供的信息，自动生成一封符合职位要求的求职信。用户只需将生成的文本复制粘贴到 Microsoft Word 中，选择一个合适的求职信模板，并替换掉其中的姓名、电话、邮箱等个人信息。如果有个人网站或领英链接，也可以一并添加。

> **警告** 在求职过程中,诚信至关重要。一些求职者可能尝试通过关键词堆砌(在简历或求职信中大量前置某些词汇,以提高材料的吸引力)或白字隐藏(将吸引人的词汇用白色字体隐藏,使其不可见但能被 AI 工具识别)等手段来"欺骗"AI 系统,但这种做法不仅违背了诚信原则,而且很容易被 HR 发现。招聘人员更看重的是求职者的真实能力和经验。

8.4 巧用 AI 准备面试

现在有很多通用 AI 工具可以让用户和 AI 聊天机器人实时对话。可以利用这个功能来练习面试。只需要告诉聊天机器人想进行一次模拟面试,并提供公司的名称和职位,就可以开始模拟面试了。比如,可以像下面这样说:

> 我们可以为 [公司] 的 [职位] 进行一次模拟面试吗?

我将这个提示输入到豆包中,假装我是法国某芯片材料公司的驻沪 AI 算法专家,并模拟了一次面试。提示词如下:

> 我是一名法国某芯片材料公司的 AI 算法专家,请为我模拟一次面试,我想要应聘中芯国际的 AI 算法专家职位。

下面展示了一个示例会话过程:

> 面试官:您好,欢迎来参加中芯国际 AI 算法专家岗位的面试,先请您简单介绍一下自己吧。
>
> 您:您好,我目前就职于法国一家芯片材料公司,担任 AI 算法专家一职。在过去的几年间,我主导了多个与芯片制造流程优化相关的 AI 算法项目,熟悉从数据采集、预处理到模型构建、训练以及部署的全流程,并且取得了不错的成效,比如通过算法优化使某芯片关键生产环节的良率提升了 15%。
>
> 面试官:非常厉害,那您在芯片领域运用 AI 算法时,遇到过哪些极具挑战性的数据问题,又是如何解决的呢?
>
> 您:芯片制造数据常常存在高维度、小样本且噪声大的问题。例如在分析芯片微观缺陷数据时,样本量有限,特征却多达上百个,而且由于检测设

备精度波动会引入噪声。我采用了迁移学习结合生成对抗网络的方法，利用相似工艺的大数据集预训练模型，再用生成对抗网络扩充小样本，同时在模型训练中引入噪声鲁棒性正则化项，有效提升了模型在真实芯片缺陷识别任务中的准确率，从最初的60%提升到了85%。

面试官：看来您在算法应用上经验丰富，中芯国际正在推进智能工厂建设，您对如何将AI算法融入芯片全生命周期管理有什么见解？

您：在芯片设计阶段，AI算法可用于预测电路性能，提前优化设计，减少反复流片；在制造环节，像刚才提到的缺陷检测、工艺参数优化，实时监控生产流程保障良率；封装测试阶段，利用算法智能规划测试流程，精准定位故障芯片，提高测试效率、降低成本。通过构建统一的数据平台，串联各阶段数据，让算法模型持续学习进化，实现全生命周期的智能化管控。

面试官：嗯，理解得很到位。我们知道算法优化很关键，您常用哪些策略优化深度学习算法在芯片场景下的运行效率？

您：一方面是模型压缩，采用量化、剪枝技术，把模型参数精简，像对某卷积神经网络量化后模型存储减少70%，推理速度提升2倍；另一方面是优化计算架构，针对芯片的并行计算特性重写部分算法代码，适配GPU等加速硬件，利用缓存优化减少数据读写延迟，综合提升算法执行效率，确保满足芯片生产线上的实时性需求。

此外，还有一些专注于面试的网站也推出了类似的AI聊天机器人功能，示例如下。

- aiApply（https://aiapply.co/ai-job-interview）：提供免费试用或每月30美元以获得更多功能。
- Final Round AI Interview Copilot（https://www.finalroundai.com）：提供包含5分钟面试的免费试用，或每月49美元获得60分钟的面试时间。
- Interview Prep AI（https://interviewprep-ai.com）：提供免费试用或约11美元进行54次面试模拟。
- Interviews by AI（https://www.interviewsby.ai）：每月3次免费面试，或每月9美元获得无限次面试机会。

所有这些平台的工作方式都相似。提供要面试的职位名称，AI 会提出一些典型的问题。回答后，AI 会评估您的回答并提供改进建议。

> **说明** 面试后给面试官发送感谢信是一种职场礼仪。可以借助 AI 来快速生成一封感谢信。只需输入："请为我起草一封感谢信，致 [公司] 的 [姓名]，感谢他们于 [日期] 与我面谈。"AI 会根据您的要求提供一份感谢信的草稿。

8.5 小结

通过本章的学习，我们了解到 AI 在求职过程中扮演着越来越重要的角色。AI 工具可以帮助我们更高效地筛选职位信息，量身定制简历和求职信，甚至模拟面试场景。虽然 AI 很强大，但我们仍需保持独立思考，对 AI 生成的内容进行仔细核对。

第 9 章
巧用 AI 完成工作

AI 不仅能将我们从繁琐的重复性工作中解放出来，还能够通过智能化工具和算法，为我们的创意注入新的活力。不论是需要逻辑严谨的商务报告，还是需要情感共鸣的创意文案，AI 都能提供量身定制的解决方案。从制作专业美观的 PPT，撰写富有感染力的营销文案，到快速完成年终总结等繁琐任务，AI 都能大大提高我们的工作效率。只需一个简单的提示或关键词，AI 就能生成多种创意方案，激发我们的灵感。

9.1 巧用 AI 提高生产力

AI 可以显著提升我们的个人工作效率。通过自动化重复性任务，AI 使我们有更多时间专注于创意工作和战略规划，从而在职场中脱颖而出。

9.1.1 生成内容

通过本书之前的学习，我们知道生成式 AI 在生成多种类型的内容方面表现出色。虽然存在一些特定于业务的内容创作工具，但通用 AI 同样能够很好地生成各种与工作相关的内容，尤其是创意内容。

那么，如何在工作中使用 AI 来生成内容呢？表 9.1 展示了一些可能的方式，以及可能用于完成每种任务的提示。

表 9.1 AI 可以生成的工作内容

内容类型	示例提示
项目创意	提供三个关于如何提高客户留存率的思路，我的项目情况是 [介绍您的项目]

（续表）

内容类型	示例提示
备忘录	撰写一份简短的备忘录，通知员工本周五因国庆长假，办公室将于中午 12 点提前关闭
报告	使用以下信息创建一份三页的报告，解释 5 月份预测销售与实际销售之间的差异：[提供相关信息]
图表和图形	绘制以下月度销售数据的图表：[提供数据]
发言稿	为以下 PPT 创建一份发言稿：[提供 PPT 文件]
PPT	创建一份 15 分钟的 PPT，总结全年图书销售数据：[提供全年新书出版和往年出版的书的数据]
博客文章	撰写一篇 500 字的博客文章，讨论股市刺激政策下普通投资者应该如何应对：[提供相关数据]
产品描述	创建一段简短的产品宣传描述，我们需要把它发布到网站上：[提供产品详情]
新闻稿	按照标准格式撰写一篇新闻稿，宣布我们新开的门店 [提供新门店和出售的产品 / 服务的信息]

不论是通义千问、豆包还是 Kimi，所有通用 AI 都能根据您的需求来生成定制化的内容。只需要提供详细的指令，AI 就能完成各种写作任务。

> **说明** 如第 4 章所述，还可以使用 AI 来改进与工作相关的写作的语法、风格和清晰度。即使您天生就是一位写作高手，AI 也能帮助您写出更专业、更出色的工作文稿。至少，它能帮您少打许多字。

9.1.2 管理项目

项目管理，尤其是大型项目或涉及众多远程团队的项目，往往复杂而繁琐。幸运的是，AI 的出现为我们带来了新的解决方案。AI 能够接管许多重复性、复杂且耗时的项目管理任务，帮助我们更高效地完成项目，示例如下：

- 预测项目风险；
- 优化资源分配并自动化项目工作流程；

- 安排会议；
- 发送提醒和警报；
- 提供实时项目监控和更新；
- 生成报告。

AI 在项目管理中的一大优势在于其强大的学习能力。AI 可以通过分析用户行为和项目数据，不断优化项目任务的分配和截止日期。更重要的是，AI 还能基于历史数据，对未来的项目进展进行预测，提前预警可能出现的风险，例如项目延期、预算超支或资源不足等问题。

AI 不仅能够处理复杂的项目，还能将庞大的项目分解成更小、更易管理的任务。通过高效处理大量任务和信息，AI 为项目管理者提供了强大的支持。借助 AI 驱动的项目管理工具，管理者可以实时监控项目进展，做出更明智的决策，从而确保即使是最复杂的项目也能按时、按质、按预算完成。

然而，通用 AI 工具并不是项目管理的最佳选择。相反，应该使用专为企业设计的 AI 项目管理工具。在这些工具中，下面几个最受欢迎：

- Asana（https://asana.com）
- ClickUp（https://clickup.com）
- Monday.com（https://www.monday.com）
- Smartsheet（https://www.smartsheet.com）
- Trello（https://trello.com）
- Wrike（https://www.wrike.com）

大多数项目管理工具的工作流程通常包括以下几个步骤。

1. 创建并命名新项目：用户可以根据项目的需求，创建一个新的项目并为其命名，以便于识别和管理。
2. 配置项目设置：对项目进行详细的设置，包括指定项目负责人、撰写项目描述、设定截止日期、分配预算以及设置通知提醒等，以确保项目的有序推进。
3. 添加任务并分配：将项目分解为具体的任务，并明确每个任务的负责人，确保任务分配的合理性。

4. 设置任务截止日期：为每个任务设置明确的截止日期，以便团队成员更好地规划时间，确保项目按时完成。
5. 跟踪项目进度：在项目执行过程中，团队成员可以通过时间线等可视化方式记录任务进展，方便项目管理者实时掌握项目状态，如图9.1所示。

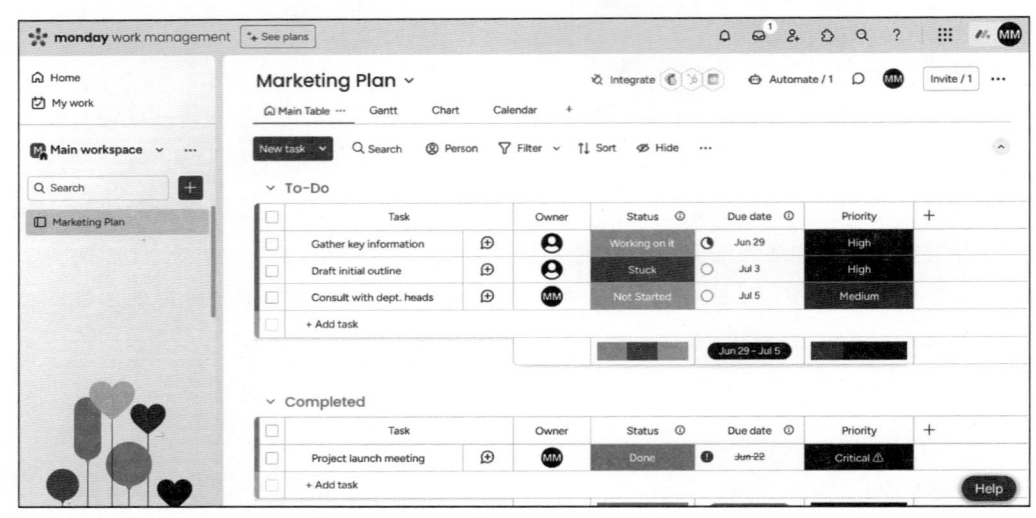

图 9.1 AI 项目管理示例（Monday.com）

任务管理工具不仅能在任务临近截止日期时提醒团队成员，还能在任务完成后自动通知相关负责人。此外，可以设置自动化流程，例如任务完成后自动归档，或在新增任务时自动分配给指定人员。工具还能生成各种类型的报告，帮助用户随时掌握项目进度。

> **警告** 为了确保数据安全和合规，在使用 AI 工具之前，请先确认自己的操作是否符合公司的数据隐私政策。避免将公司机密信息输入公共 AI 工具中。

9.1.3 沟通与协作

AI 正在改变我们沟通和协作的方式。通过智能化的工具，我们可以实现更顺畅的信息交流和更紧密的团队合作。表 9.2 详细介绍了 AI 在不同协作场景中的应用，以及相应的工具选择。

表 9.2 AI 如何增强日常工作中的沟通与协作

任务	适用的 AI 工具
对电子邮件和其他消息进行智能筛选和优先级排序	内置于电子邮件或消息程序中的 AI
自动回答常规查询	专用 AI 响应工具，例如 Ellie（https://tryellie.com）、EmailTree（https://emailtree.ai）、Flowrite（https://www.flowrite.com）和 superReply（https://superreply.co）等
分析通信对象的情感基调并建议适当的回应	通用 AI 工具，将消息复制到工具中并提示分析情感基调
总结大量电子邮件和消息，突出并优先处理关键主题和问题	专用电子邮件/聊天摘要工具，例如 Hiver（https://hiverhq.com）、Shortwave（https://www.shortwave.com）和 Zapier（https://zapier.com）；也可以将多个消息复制粘贴到通用 AI 工具中，并提示它对内容进行总结
组织、分类和总结大量文档	专用 AI 总结工具，例如 Dokkio、DOMA（https://www.domaonline.com）和 Nanonets AI（https://nanonets.com）

这些 AI 能帮助我们简化协作流程、改善沟通并促进知识共享，所有这些都能提高协作效率和效果。

> **警告** AI 生成的文本需要人工进行审核和校对。即使是当前最先进的 AI 模型，也无法完全避免产生"幻觉"或者说偶尔的"胡言乱语"。因此，在将 AI 生成的内容用于正式场合之前，请务必进行事实核查。

翻译文档和对话

在全球化的今天，跨文化交流日益频繁。语言障碍曾经是团队合作的一大挑战。然而，AI 技术的快速发展为我们带来了新的解决方案。AI 驱动的实时翻译和文档翻译工具，能够有效打破语言壁垒，促进全球团队之间的无缝沟通与协作。

我们可以从以下基于 AI 的翻译工具中受益：

- DeepL（https://www.deepl.com）
- Google Translate（https://translate.google.com）

- Lingvanex（https://lingvanex.com）
- Microsoft Translator（https://translator.microsoft.com）
- QuillBot（https://quillbot.com/translate）
- Systran（https://www.systransoft.com）
- Wordvice AI（https://www.wordvice.ai/tools/translate）
- Yandex Translate（https://translate.yandex.com）

借助神经机器翻译等先进技术，这些 AI 翻译工具能够提供更加准确、流畅的实时翻译。无论是多语言工作环境，还是与不同语言背景的人沟通，这些工具都能帮助您轻松跨越语言障碍。

9.1.4 制作 PPT

经常制作 PPT 的朋友有福了！虽然 AI 不能代替您完成上台做演讲的过程，但它能为您提供强大的辅助功能，大幅减少制作 PPT 的时间和精力。

AI 可以从以下几方面帮助您准备 PPT。

- 生成一般性的 PPT 创意：基于您选择的主题，AI 可以生成 PPT 的总体构思。
- 创建 PPT 大纲：将您输入的关键点整合到一个结构化的 PPT 大纲中。
- 编写单个幻灯片的内容：为每个幻灯片编写具体内容。
- 查找相关数据：AI 可以帮助收集与 PPT 内容相关的数据。
- 创建视觉元素：为幻灯片创建视觉元素或者从其他来源寻找合适的图片。
- 建议并应用设计模板：根据内容和观众推荐并应用最适合的设计模板。
- 调整幻灯片布局：优化单个幻灯片的信息视觉效果。
- 撰写演讲稿或谈话要点：基于幻灯片内容为您撰写发言稿或谈话要点，以便在做演讲时使用。

通用 AI 工具可以完成上述大部分工作。例如，可以输入一个提示，要求生成一个关于如何使用腾讯会议进行团队协作的 15 分钟 PPT。图 9.2 展示了 Kimi 如何解释这个命令。只需将 Kimi 生成的文本复制并粘贴到 Microsoft PowerPoint 或其他 PPT 应用程序中，然后添加建议的图片即可。

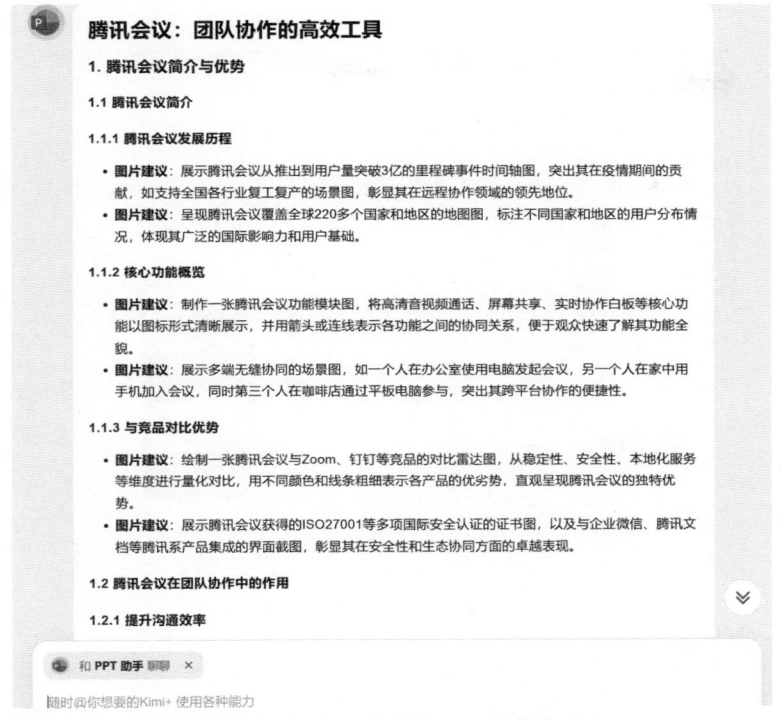

图 9.2 由 Kimi 生成的 PPT 推荐内容

此外，还有一些专用的 PPT 设计 AI 工具，示例如下：

- 博思 AI PPT（https://pptgo.cn/）
- Beautiful.AI（https://www.beautiful.ai）
- Decktopus（https://www.decktopus.com）
- Sendsteps（https://www.sendsteps.ai）
- SlidesAI（https://www.slidesai.io）
- Tome（https://https://tome.app）

这些工具的工作方式略有不同，但都遵循相同的"基本法"。例如，博思 AI PPT 会询问想要演示的内容是什么。可以根据需要提供尽可能多或少的细节。工具会提供几个可能的标题供选择，并允许指定时间长度（以分钟和幻灯片数量为单位）。博思 AI

PPT 会生成完整的 PPT，可以根据喜好编辑，包括选择幻灯片主题和布局。图 9.3 展示了一个这样的 PPT。

图 9.3 博思 AI PPT 基于简单提示"出版社编辑使用 AI 的益处"而生成的 PPT

此外，许多 AI 演示工具都具备个性化指导功能。它们可以根据您的演讲内容和风格，提供量身定制的建议，帮助您提升演讲效果，使现场观众更加投入。

> **说明** Microsoft PowerPoint 的 Designer 功能利用 AI 技术，根据幻灯片内容智能推荐设计方案，让您的 PPT 更加美观。此外，Presenter Coach 功能还能提供实时的演讲反馈，帮助您提升演讲技巧。

9.2 巧用 AI 管理会议

AI 会议助手就像一名全能秘书，能为我们打理关于会议的方方面面。从会议安排、实时转录，到会议记录和内容总结，AI 都能胜任，可以大大提高我们的工作效率。

9.2.1 安排会议

会议管理中最棘手的环节莫过于会议安排。这涉及到协调与会者的个人日程——人数越多，这项任务就越复杂。试想一下，要在 6 个或以上人的日程中找到大家都有空的一个小时，简直令人头疼。

这正是 AI 的优势！只需授权 AI 访问员工的日历，它就能迅速分析所有人的日程，精准锁定大家都有空的时间段。再也不用手动在不同日历间切换，AI 会帮您搞定一切，大大提高会议安排的效率。

AI 还能做更多的事情。当涉及到安排会议时，合适的 AI 驱动的会议管理工具可以完成以下任务。

- 跨时区协调日程：无论与会者身处全球哪个角落，AI 都能轻松地在多个日历中找到所有人的空闲时间段，省去手动协调的繁琐。
- 统一管理多类型日历：不仅能整合工作日历，还支持个人日历、社交媒体日历，甚至包括 Teams 和 Slack 等协作工具的日历，实现一站式日程管理。
- 智能化会议邀请与提醒：自动发送会议邀请，并在会议开始前适时提醒与会者，确保没有人错过重要会议。
- 智能冲突解决：当出现日程冲突时，AI 能智能地分析并建议新的会议时间，避免因时间冲突导致的会议延期或取消。
- 会议室预订与设备准备：如果需要线下会议，那么 AI 还能自动预订会议室和所需的设备，让您专注于会议内容本身。
- 会议准备全方位辅助：从创建会议议程、收集相关资料到根据项目和历史互动建议讨论主题，AI 都能提供全方位的支持，让您的准备工作事半功倍。

除了基础的会议安排功能，AI 会议工具还能不断学习，并根据每个人的工作习惯和偏好，智能地调整会议设置。例如，它可以自动识别员工的最佳工作时间，并据此安排会议。

不过，所有这些任务都超出了通用 AI 工具的能力范围。相反，应该考虑使用专门的 AI 会议安排工具，例如：

- Calendly（https://calendly.com）
- Clara（www.claralabs.com）

- Clockwise（www.getclockwise.com）
- Doodle（https://doodle.com）
- Motion（https://www.usemotion.com）
- Reclaim（https://reclaim.ai）

其中一些 AI 会议安排工具基于云端，另一些则安装在您公司的服务器或家庭电脑上。它们的工作方式大致相同：在将 AI 与个人或工作日历同步后，告诉 AI 您想要安排一场特定时长的会议，并指定与会人员，AI 就能自动完成后续的繁琐工作。

使用 AI 会议安排工具，您可以轻松高效地安排会议。只需将工具连接到企业邮箱（如 Outlook、Teams），授权其访问您的日程，然后告诉它会议的主题、参与者和时间要求。AI 就会智能分析所有人的日程，找到最合适的会议时间，并自动发送邀请。图 9.4 展示了 Reclaim 是如何进行智能会议安排的。

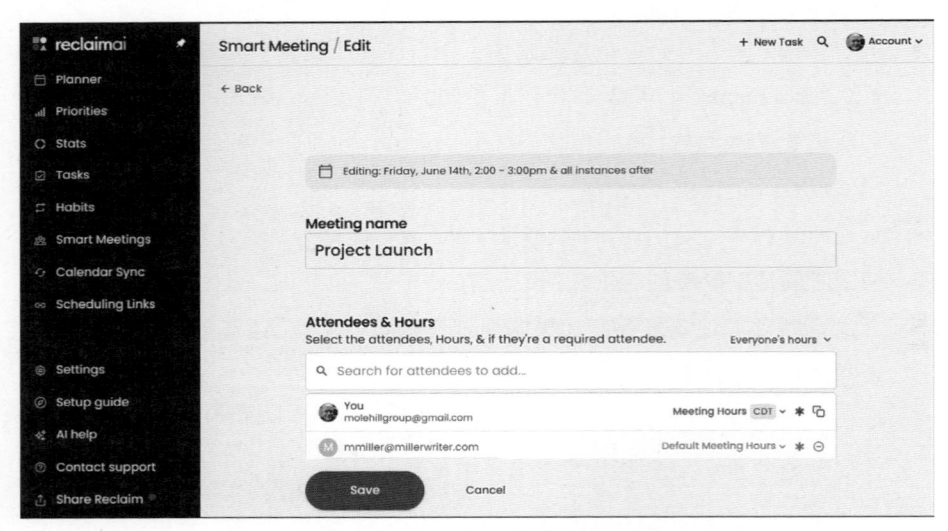

图 9.4 使用 Reclaim 智能安排会议

9.2.2 会议记录和总结

AI 不仅能高效安排会议，还能智能捕捉并总结会议内容，将重要的决策和行动项清晰呈现出来，让会议成果更加持久。

AI 会议应用能为我们带来诸多益处，如下所示。
- 智能记录：利用语音转文本（转录）技术，实时记录会议内容，生成详细的会议纪要。
- 高效整理：根据主题、关键词或标签，对会议笔记进行智能分类和组织，方便查找。
- 深度分析：通过自然语言处理技术，分析会议内容，提取关键信息，生成简洁明了的会议摘要。
- 个性化服务：针对不同与会者，自动生成个性化的待办事项列表，提高工作效率。
- 知识管理：基于会议内容，智能推荐相关的文章、笔记等资料，帮助与会者拓展知识面。
- 长期价值：将会议笔记存储在云端，方便随时搜索和检索，实现知识的长期积累。

> **说明** 如果打算使用 AI 来记录或转录会议，请务必事先告知与会者，特别是公司外部的人员。

下面这些会议软件的 AI 工具可以将每次会议录制成视频，并将其中的语音转换成文字，自动生成详细的会议记录：
- 讯飞会议（https://meeting.iflyrec.com/）
- Claap（https://www.claap.io）
- Fathom（https://fathom.video）
- Fireflies（https://fireflies.ai）
- Otter AI（https://otter.ai）
- tl;dv（https://tldv.io）

其中一些工具，如 Claap 和 Fathom，会录制在线会议视频，然后根据这些视频进行转录和总结。其他工具则只处理会议音频。

无论是线下会议还是线上会议，这些 AI 工具都能提供便捷的录音 / 录屏功能。对于线下会议，可以手动启动录音 / 录屏；对于线上会议，只需将工具与会议软件（如腾讯会议、Zoom 等）进行连接，就能实现自动录音 / 录屏。部分工具还支持上传事先录制的音频或视频文件，满足用户的多样化需求。

AI工具能自动将会议内容转化为文本，省去手动记录的麻烦。有些工具支持实时转录，让你随时查看会议进展；有些工具则在会议结束后生成转录，方便你后续编辑。无论哪种方式，你都能获得一份详细、准确的会议记录。图 9.5 展示了由 Otter AI 生成的典型会议转录文本。

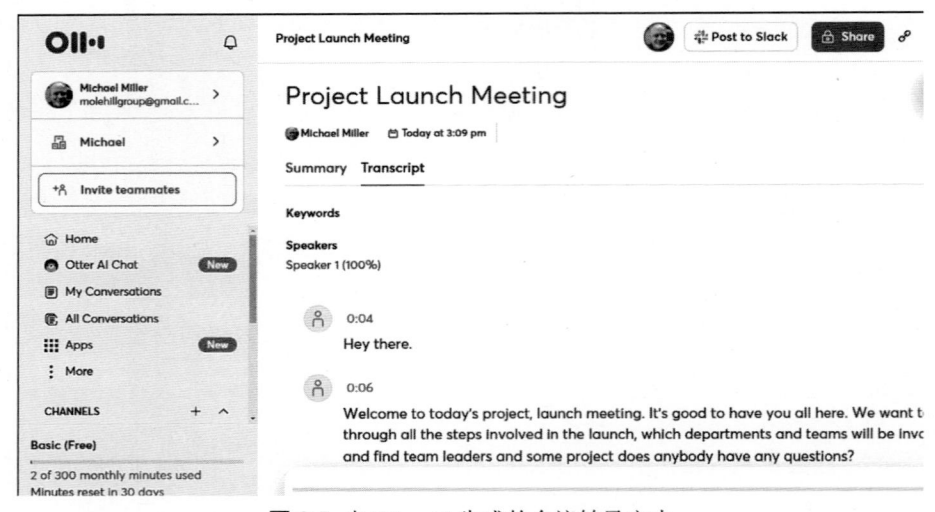

图 9.5 由 Otter AI 生成的会议转录文本

利用 AI 驱动的会议记录工具，我们可以将会议内容转化为可搜索、可编辑的文本，从而提升工作效率，加强团队协作，实现知识的有效管理。

9.3 小结

本章重点介绍了 AI 在工作中的常见应用场景，包括自动化任务、项目管理、内容生成、沟通协作以及会议管理。通过学习这些内容，您可以深入了解 AI 如何帮助您提升工作效率，创造更多价值。

AI 在工作场景中的应用刚刚拉开序幕。随着 AI 技术的不断发展，越来越多的公司将开发出定制化的 AI 工具来满足各种业务需求。未来，AI 会像水和电一样，渗透到我们工作的方方面面，成为我们提高效率和创造价值的重要工具。

第 10 章
巧用 AI 帮助出行

预测式和生成式 AI 强强联合，使我们的出行变得前所未有的轻松。从行程规划、机票预订到导航和实时翻译，AI 能为我们提供全方位的服务。

然而，AI 并非万能，有时可能给出不符合个人需求的建议或者过时的信息。因此，建议将 AI 的建议与个人研究与知名导航和旅行网站（例如，高德地图、百度地图、大众点评、携程和去哪儿）的信息相结合，以确保行程的准确性和可靠性。

10.1 巧用 AI 规划旅行

AI 已经成为我们规划旅行的得力助手。它能根据我们的喜好、预算和行程安排来量身定制个性化的旅行建议，从目的地选择、交通预订到食宿，一站式解决所有问题。

事实上，第 3 章提到的通用 AI 工具（如 Kimi、通义千问和豆包等）已经能满足我们的大部分旅行规划需求。但为了提供更专业、更个性化的服务，市场上还涌现了一批专门针对旅行的 AI 工具。下一节将详细介绍这些工具。

无论使用哪种工具，AI 都可以在旅行规划的每个阶段提供帮助。

10.1.1 获取个性化旅行推荐

AI 最擅长的一点就是根据我们的个人喜好来量身定制旅行计划。只要提供过往旅行经历、兴趣爱好、预算、往返时间等信息，AI 就能推荐一些我们平时根本想不到的但非常有意思的旅行目的地。

除了推荐目的地，AI 还能帮您深入了解一个地方。例如，若 AI 推荐你去雅安旅游（因为您可能想利用假期去美丽的川西看一看），那么可以向 AI 咨询当地的美食、景点、最佳旅行时间等，让这一次的旅行准备更加充分。

无论选择通用型还是专业型 AI 旅行工具，都能通过这种方式获得个性化的旅行建议。这些工具会根据您的偏好（想看山、水还是雪景，以及能不能吃辣）来推荐最适合的目的地，并帮助您规划行程，让整个行程更加轻松愉快。

10.1.2 预订航班和住宿

大多数专为旅行设计的 AI 工具能够全方位地满足您的旅行需求。从机票、酒店预订，到美食推荐，这些工具都能搞定。它们能通过分析大量历史数据，预测价格走势，帮你找到最划算的预订时机，让您轻松享受愉快的旅程。

10.1.3 创建行程

确定好目的地后，就可以让 AI 量身定制详细行程。专业 AI 工具在行程规划方面更具优势，它们能提供更丰富的行程建议，并且可以帮您避开一些常见的"坑"，让旅行更加顺心如意。例如，如果您选择去泰国，那么 AI 可能强烈建议不要听信别人的建议去除首都曼谷之外的地方，否则……（你懂的）

要让 AI 创建行程，您只需告诉它您的目的地、住宿天数和兴趣爱好（例如喜欢参观博物馆或者喜欢品尝当地美食等）。还可以提供更多个人信息，比如同行伙伴、身体状况（例如，是否有糖尿病）、饮食习惯（例如，喜欢或不喜欢吃辣）以及想去的特定景点等。AI 会根据这些信息，为您量身定制一份详细的行程，让您轻松享受旅行。

例如，可以使用以下提示：

- 我们住在南京，家里有一个 17 岁的独生女，我们三口之家计划 7 月新疆自驾游 15 天，请为我们规划一个行程；
- 我和老公都在重庆，想去成都玩三天，请给我们规划一个行程，我们都喜欢火锅和川菜，同时也喜欢参观博物馆和历史性的景点，我们想坐高铁往返；
- 我们想参观烟台的一些葡萄酒酒庄，推荐一个行程，帮助我们参观尽可能多的酒庄；
- 推荐一个适合 9 月上旬在张家口过周末的行程，我们家特别喜欢吃羊肉；

- 根据以下航班和酒店预订信息，为我和我的男朋友的日本之旅创建一个行程，[提供往返航班和酒店预订信息]。

AI 会考虑您提供的信息，并为每一天的行程推荐最佳的活动安排。

> **警告** 通用 AI 工具虽然能提供一些旅行建议，但信息更新速度可能较慢，建议在使用它们提供的建议时，最好再核对一下相关信息，尤其是季节性营业的场所或近期关闭的景点。专业的旅行平台会实时更新景点、酒店等信息，能帮助您更好地规划行程，避免不必要的麻烦。

10.1.4 作为虚拟旅行助手

别把 AI 当成冷冰冰的机器，它们更像是您的专属旅行顾问。可以像和朋友聊天一样，向 AI 咨询任何关于旅行的问题，它都会耐心地为您解答。

10.2 主流的 AI 旅行规划工具

虽然豆包、Kimi 等通用 AI 也能提供一些旅行建议，但要想打造一次难忘的旅行，建议选择专门的 AI 旅行规划工具。① 如表 10.1 所示，这些 AI 旅行工具能为休闲和商务旅客提供更专业、更个性化的服务，助您轻松规划行程。

表 10.1 AI 旅行规划工具

工具	URL	价格
GuideGeek	https://guidegeek.com	免费
Layla	https://layla.ai	免费
Roam Around	https://roamaround.app	每 30 代币 5 美元

① 译注：国内类似的工具有携程（结合大数据和 AI 技术，提供个性化旅行方案）、飞猪（与支付宝深度整合，支持智能客服和个性化推荐）、马蜂窝（基于用户生成内容来提供真实旅行体验分享）、穷游行程助手（专注于自由行用户，提供详细的行程规划与实用信息）、百度地图（结合 AI 技术来提供智能路线规划和实时旅行建议）以及去哪儿旅行（提供比价和智能推荐）。

(续表)

工具	URL	价格
Trip Planner AI	https://tripplanner.ai	免费
Wonderplan	https://wonderplan.ai	免费

10.2.1 AI 旅行助手 GuideGeek

GuideGeek（https://guidegeek.com）是一个智能的 AI 旅行助手，您可以在手机上通过 Instagram、Facebook Messenger 或 WhatsApp 随时随地向它咨询旅行问题。它基于强大的 OpenAI 引擎，结合人类专家的智慧，从海量旅行信息中筛选出最精华的内容，为您提供准确、全面的旅行建议。最棒的是，GuideGeek 完全免费！

图 10.1 生动地展示了 GuideGeek 在 Instagram 上的应用场景。用户只需在聊天界面中向 GuideGeek 提问，就能获得专业的旅行建议。例如，图中的用户咨询了威斯康星州麦迪逊的户外活动，GuideGeek 的回复就像一位熟悉当地情况的朋友一样，提供了很多有用的信息。

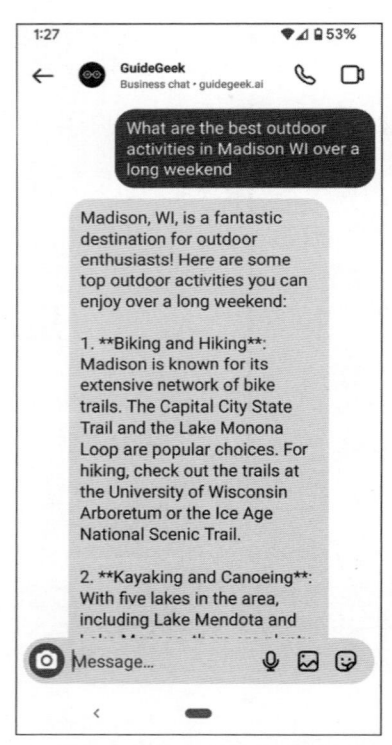

图 10.1 通过 Instagram 从 GuideGeek 获取建议

说明　GuideGeek 是一款手机应用，无论您在旅途的哪个角落，都可以随时随地掏出手机，向它咨询旅行问题。

10.2.2 旅行发现平台 Layla

Layla[①]（https://layla.ai）是一款功能强大的 AI 旅行规划工具，它能满足您的一切旅行需求。无论是寻找旅行灵感、规划行程、还是预订机票酒店，Layla 都能为您提供个性化的建议。可以通过网站或手机 APP 轻松使用 Layla，而且完全免费！

如图 10.2 所示，只需在 Ask me anything（问我任何问题）框中输入您的问题或提示，然后单击 Ask（询问）按钮即可。图 10.3 展示了一个典型问题的典型响应。

图 10.2 向 Layla 询问旅行相关问题

---

① 译注：Layla（莱拉）支持中文。该公司总部位于柏林，创建于 2021 年，其创始人是 Beautiful Destinations（社交媒体上拥有近 5 000 万粉丝）的 CEO 兼创始人和 Flink 的联合创始人。

图 10.3 Layla 的旅行建议

10.2.3 AI 驱动的旅行规划工具 Roam Around

Roam Around[①]（https://roamaround.app）支持生成所谓的"高度定制化"旅行规划。只需在如图 10.4 所示的界面中输入目的地、停留的天数和兴趣点，它就能为您量身定制一份详细的旅行行程（如图 10.5 所示）。无论喜欢冒险还是喜欢悠闲，Roam Around 都能满足您的需求。

Roam Around 是一款付费的 AI 旅行规划工具，每个旅行计划需要消耗一个代币，但它能为你带来高度定制化的旅行体验。可以花费 5 美元购买 30 个代币，相当于为每一次完美的旅行投资。Roam Around 不仅可以在网页上使用，还提供了 Android 和 iOS 应用，方便在任何地方规划和调整行程。

---

① 译注：由前谷歌员工创立，曾经筹集到 100 万美元。2024 年 2 月被菜拉收购。在此之前，Roam Around 为用户提供了 1 000 万个行程，其网站的月访问量有 50 万人次。

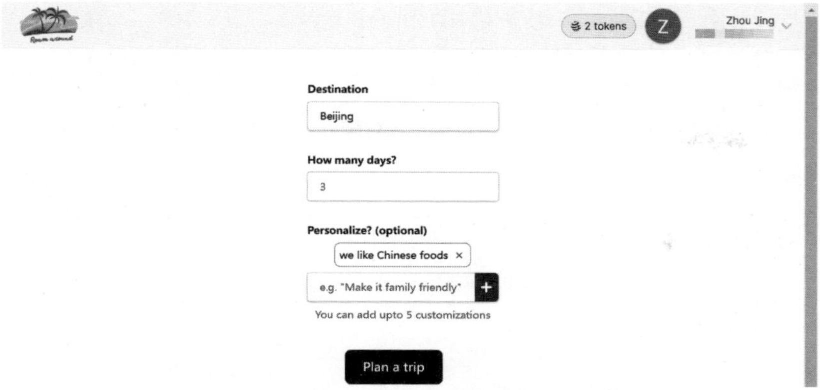

图 10.4 用 Roam Around 做旅行规划

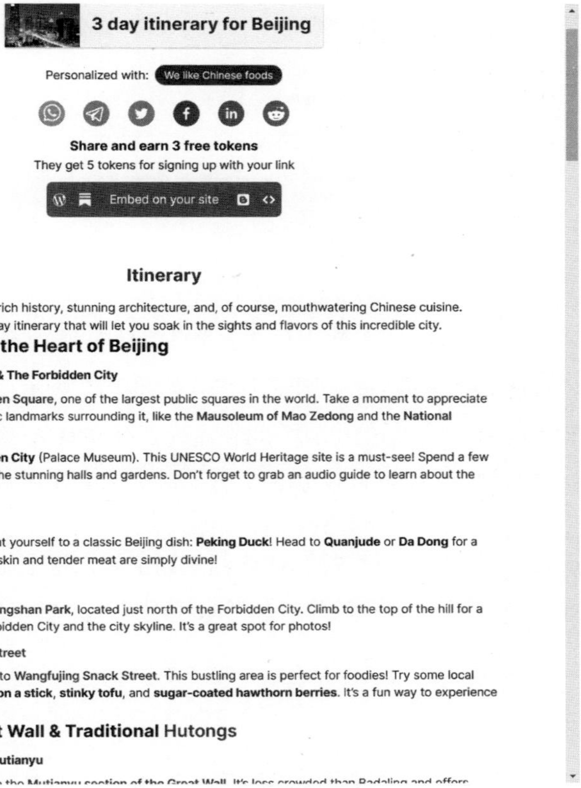

图 10.5 Roam Around 显示的详细行程表

10.2.4 旅行智能助手 Trip Planner AI

Trip Planner AI（https://tripplanner.ai）是一款智能的 AI 旅行规划工具，只需在图 10.6 所示的界面中输入目的地、时间和兴趣，就能为您量身定制一份完美的旅行计划。注意，Trip Planner AI 也是完全免费的！[①]

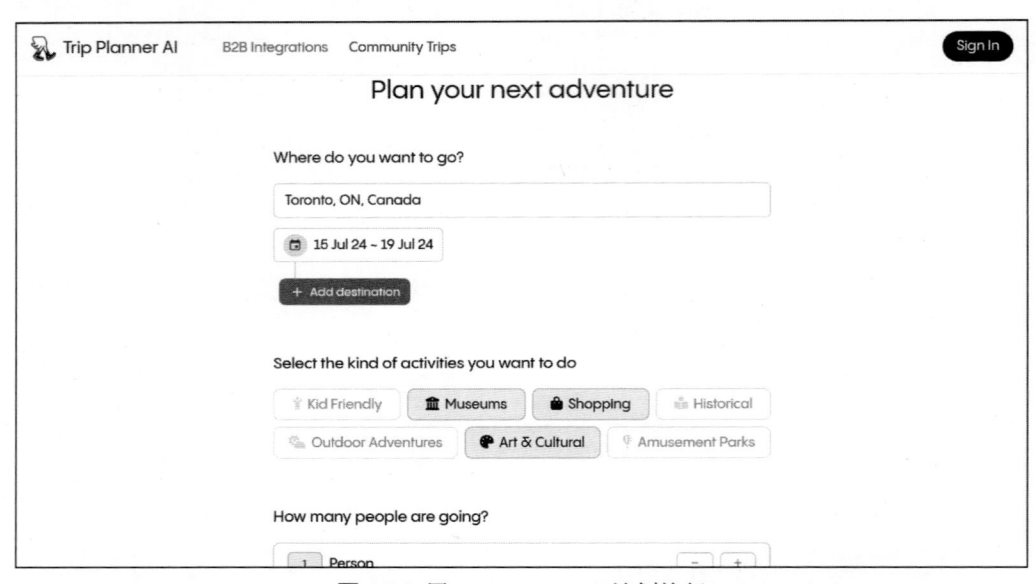

图 10.6 用 Trip Planner AI 计划旅行

Trip Planner AI 生成的行程非常详细，如图 10.7 所示，它会为您提供每日行程安排，并在地图上标注每个活动的位置。此外，Trip Planner AI 还内置了酒店查找器，可以帮您找到合适的爱彼迎（Airbnb）房源。有了这份智能规划，您的旅行将会更加轻松愉快。

---

① 译注：Trip Planner AI 目前已被 10.2.2 节描述的 Layla 收购，因此现在两者的界面是一致的。

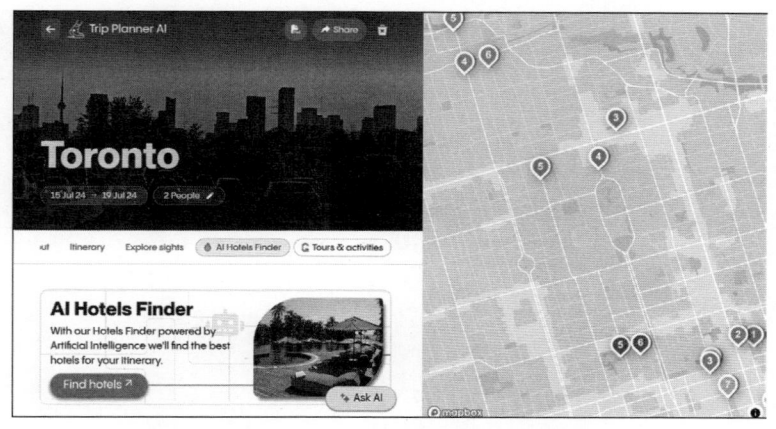

图 10.7 Trip Planner AI 会同步显示地图

10.2.5 旅行智能规划网站 Wonderplan

Wonderplan（https://wonderplan.ai）是一个智能的免费旅行规划网站。只需在图 10.8 所示的界面中输入目的地、时间、预算和兴趣爱好，Wonderplan 就能为您量身定制一份完美的旅行计划。如图 10.9 所示，Wonderplan 的结果看起来有点像 Trip Planner，即所有活动都绘制在目的地的地图上。单击任何项目即可了解更多详情。

图 10.8 在 Wonderplan 中输入和旅行相关的关键信息

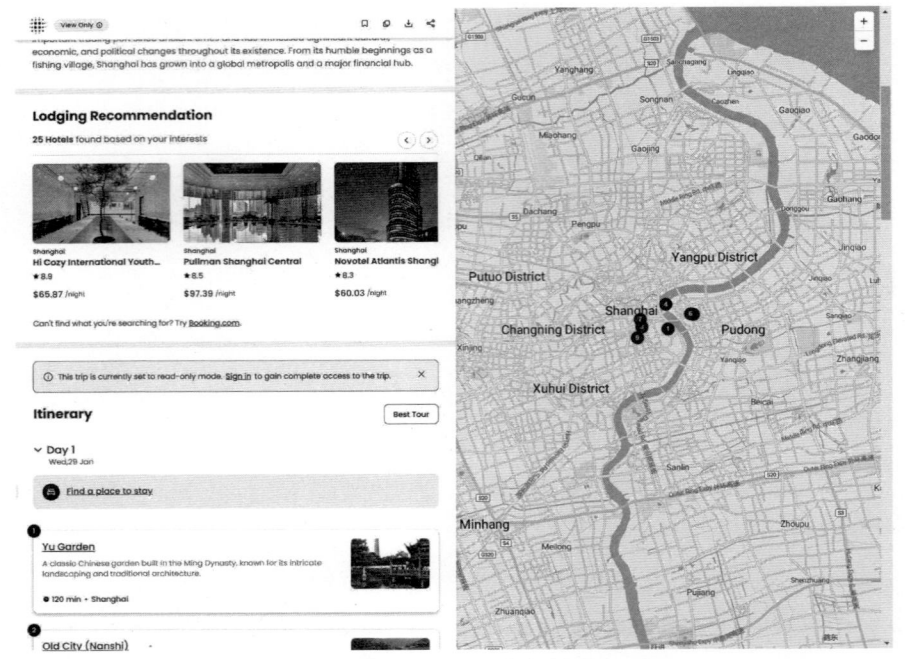

图 10.9 Wonderplan 推荐的行程

> **说明** 许多主流的旅行预订平台，其中包括 Booking.com、Expedia、Kayak、Google Travel 和 Hopper 等，已经将 AI 技术融入到他们的服务中。这些平台利用 AI 为用户提供更加个性化的旅行推荐、智能搜索和便捷的预订体验。从推荐热门景点到预测机票价格，AI 正在彻底改变我们规划行程的方式。

10.3 巧用 AI 准备旅行

AI 不仅能帮您规划行程并预订机票，还能在旅行的各个环节提供帮助，甚至能提出一些意想不到的建议。

10.3.1 研究证件需求

如果只是进行一个周末的短途旅行,那么在证件方面不需要特别准备什么。但是,如果需要出国旅行,那么可能需要准备护照、签证或其他证件——而这些要求会因国家而异。

可以向 AI 提出类似这样的问题:

> 我计划 5 月初从中国去欧洲旅行,我会去英国、法国、意大利、瑞士和波兰。
> 我需要带哪些证件,怎么获取?

图 10.10 展示了豆包对这个问题的回应。

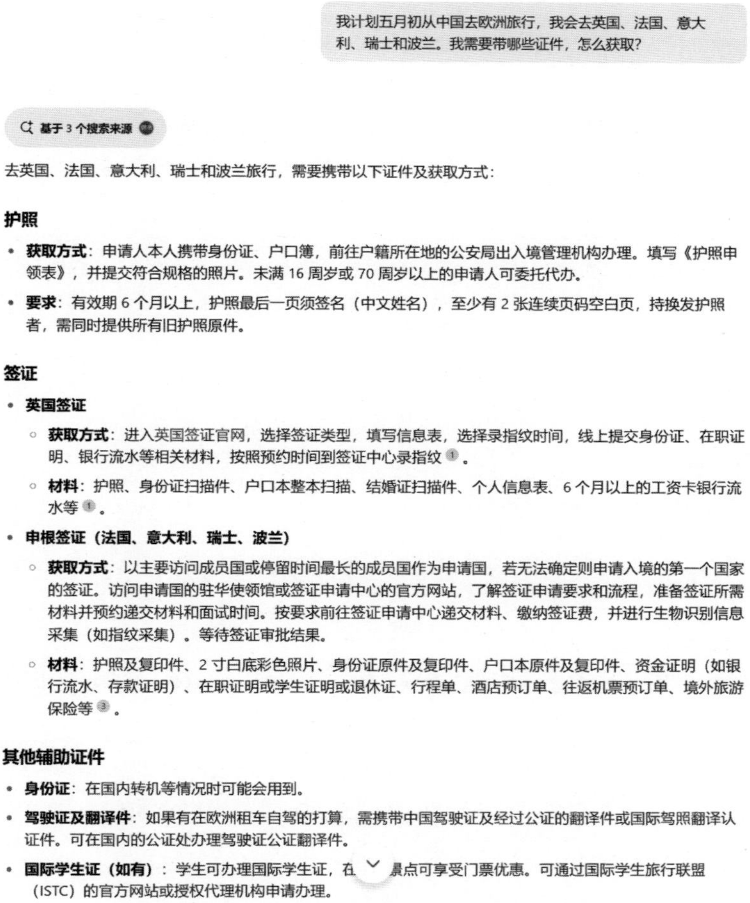

> 我计划五月初从中国去欧洲旅行,我会去英国、法国、意大利、瑞士和波兰。我需要带哪些证件,怎么获取?

Q 基于 3 个搜索来源

去英国、法国、意大利、瑞士和波兰旅行,需要携带以下证件及获取方式:

护照
- **获取方式**:申请人本人携带身份证、户口簿,前往户籍所在地的公安局出入境管理机构办理。填写《护照申领表》,并提交符合规格的照片。未满 16 周岁或 70 周岁以上的申请人可委托代办。
- **要求**:有效期 6 个月以上,护照最后一页须签名(中文姓名),至少有 2 张连续页码空白页,持换发护照者,需同时提供所有旧护照原件。

签证
- **英国签证**
  ○ **获取方式**:进入英国签证官网,选择签证类型,填写信息表,选择录指纹时间,线上提交身份证、在职证明、银行流水等相关材料,按照预约时间到签证中心录指纹①。
  ○ **材料**:护照、身份证扫描件、户口本整本扫描、结婚证扫描件、个人信息表、6 个月以上的工资卡银行流水等①。
- **申根签证(法国、意大利、瑞士、波兰)**
  ○ **获取方式**:以主要访问成员国或停留时间最长的成员国作为申请国,若无法确定则申请入境的第一个国家的签证。访问申请国的驻华使领馆或签证申请中心的官方网站,了解签证申请要求和流程,准备签证所需材料并预约递交材料和面试时间。按要求前往签证申请中心递交材料、缴纳签证费,并进行生物识别信息采集(如指纹采集)。等待签证审批结果。
  ○ **材料**:护照及复印件、2 寸白底彩色照片、身份证原件及复印件、户口本原件及复印件、资金证明(如银行流水、存款证明)、在职证明或学生证明或退休证、行程单、酒店预订单、往返机票预订单、境外旅游保险等③。

其他辅助证件
- **身份证**:在国内转机等情况时可能会用到。
- **驾驶证及翻译件**:如果有在欧洲租车自驾的打算,需携带中国驾驶证及经过公证的翻译件或国际驾照翻译认证件。可在国内的公证处办理驾驶证公证翻译件。
- **国际学生证(如有)**:学生可办理国际学生证,在 ⌄ 景点可享受门票优惠。可通过国际学生旅行联盟(ISTC)的官方网站或授权代理机构申请办理。

图 10.10 豆包总结的欧洲之旅需要准备哪些证件

还可以利用 AI 来发现前往某些特殊目的地的医疗建议，例如针对疟疾和黄热病的疫苗接种建议。可以输入如下所示的提示：

> 我需要去一趟尼日利亚，你有哪些医疗方面的建议？

图 10.11 展示了豆包对前往尼日利亚旅行提供的医疗建议。

> 我需要去一趟尼日利亚，你有哪些医疗方面的建议？

去尼日利亚在医疗方面有以下建议：

疫苗接种

- **黄热病疫苗**：尼日利亚是黄热病流行区，前往该国必须接种黄热病疫苗，并获取国际预防接种证书，俗称"黄皮书"，否则可能被拒绝入境。
- **其他疫苗**：可根据自身情况和旅行计划，提前咨询医生，考虑接种疟疾、伤寒、乙肝、甲肝等疫苗。疟疾疫苗虽尚未完全成熟，但可降低感染风险。伤寒疫苗能预防因不洁饮食等感染伤寒杆菌，乙肝、甲肝疫苗可预防相应的肝脏传染病。

常见疾病预防

- **疟疾**：尼日利亚疟疾高发，主要通过蚊虫叮咬传播。出行要携带驱蚊剂、蚊香、蚊帐等防蚊用品，尽量穿长袖长裤，避免在蚊虫活动高峰期（黄昏至清晨）外出。若出现发热、寒战、头痛等症状，应及时就医。
- **埃博拉出血热**：虽已不像疫情爆发期那样严峻，但仍有零星病例。要避免接触野生动物，尤其是蝙蝠、猴子等，避免前往疫情高发地区，如发现可疑症状，需立即就医并隔离。
- **霍乱**：尼日利亚卫生条件参差不齐，霍乱时有发生。要注意饮食卫生，只喝瓶装水或经过煮沸的水，避免食用生冷食物，尤其是未煮熟的海鲜、肉类和蔬菜水果。如出现腹泻、呕吐等症状，要及时补充水分和电解质，并就医治疗。

医疗资源了解

- **当地医院和诊所**：提前了解尼日利亚当地的医院和诊所位置及联系方式，如拉各斯的伊科伊教学医院、阿布贾的国家医院等。还可咨询当地的中国大使馆或商会，获取推荐的医疗机构信息。
- **医疗紧急救援**：尼日利亚医疗紧急救援电话为 112，可在紧急情况下拨打。也可购买含有紧急救援服务的境外旅行保险，遇到突发疾病或意外时，可联系救援机构获得帮助。

个人药品携带

- **日常药品**：携带一些常用药品，如感冒药、退烧药、肠胃药、抗过敏药、创可贴等，以应对常见的身体不适。
- **特殊药品**：有慢性疾病或需要长期服药的人群，要携带足够剂量的药品，并携带医生处方，以便在需要时向海关等相关人员出示。

图 10.11 豆包提供的前往尼日利亚的医疗建议

10.3.2 学一点当地语言

出国旅行前，掌握一些当地语言能让你更好地融入当地社会。现在，借助 AI 驱动的语言学习工具[①]，可以在短时间内轻松掌握基本的外语会话。这些工具会根据你的学习进度和需求，提供个性化的学习计划，让您在旅途中自信地开口，至少能进行基本的沟通。这些语言工具包括：

- 巴贝尔 Babbel（https://www.babbel.com）
- 博树 Busuu（https://www.busuu.com）
- 多邻国 Duolingo（https://www.duolingo.com）
- 忆术家 Memrise（https://www.memrise.com）
- Mondly（https://www.mondly.com）
- Rosetta Stone（https://www.rosettastone.com）

这些工具利用了 AI 技术来创建个性化的学习体验，并对用户的进步提供即时反馈。这使得学习新的语言比以往更加容易。

10.3.3 收拾行李

出门旅行，行李怎么收拾总是让人头疼！现在，一些特定的 AI 应用可以帮您解决这个问题。它会根据目的地、行程和天气，智能生成一份详细的打包清单，让您轻松搞定行李的收拾，不再为遗忘物品而烦恼。

由 AI 驱动的个性化打包应用如下所示：

- PackPoint（https://www.packpnt.com）
- Packr（https://www.packr.app）
- WhatToPack（https://www.whattopack.ai）

这些 AI 应用就像您的私人行李顾问，能根据用户的行程、目的地天气等因素，为您量身定制一份详细的打包清单。它们能帮您避免行李超重或遗漏物品，让整个旅行更加轻松愉快。

[①] 译注：国内有流利说（AI 反馈精准）、扇贝单词、腾讯翻译君、叽里呱啦（AI 驱动的儿童互动教学），这些工具都有 APP 版本。

10.3.4 天气预报

出行前自然要考虑到目的地的天气。虽然目前仍然无法精确预测超过一两天的天气，但基于 AI 的天气应用能通过分析过去的天气模式和当前的预报，为您提供更准确的天气预报。

一些基于 AI 的天气预报应用如下所示：

- Atmo（https://atmo.ai）
- Rainbow Weather（https://www.rainbow.ai）
- Tomorrow.io（https://weather.tomorrow.io）

这些应用可以帮助您更好地了解旅行目的地的天气情况，从而更好地安排自己的出行。[①]

10.3.5 出门在外，安全第一

出国旅游时，安全意识一定要加强。习惯了国内安全的治安环境，到国外就不一定是那么回事了。国外存在与健康、人身安全以及（根据目的地不同）政治不稳定相关的风险。使用以下 AI 应用可以实时更新目的地的治安状况，包括暴力事件和疾病爆发等。

- GeoSure（https://www.geosureglobal.com/individuals）
- Sitata（https://www.sitata.com）
- TravelSmart（https://www.travelsmartapp.com）

这些应用程序能帮助您及时了解目的地的治安情况，从而采取适当的预防措施，确保旅行进一步安全无忧。

---

① 译注：国内类似的中文应用还有墨迹天气（可提供未来 40 天的预测、24 小时内的天气和温度情况并且以小时为单位进行预报，支持语音播报）、小云天气（提供精准预报，有分钟级降雨提示功能，24 小时以及 15 天天气预报。还有黄历查询、空气质量检测、星座运势等功能。支持个性化定制和全面覆盖）、中国天气（结合中国气象局和美国知名气象公司的专业气象数据和服务技术，提供全球超过 300 万城市或地区的天气查询，支持 45 天超长预报、48 小时逐小时预报等）、彩云天气（基于气象雷达图，利用人工智能算法进行分钟级降水预报）以及天气预报家（基于先进的气象数据手机和处理技术，实时更行全球范围内的天气信息，帮助用户合理安排出行和衣着等日常生活。另外还有预测晚霞概率的 Windy 和莉景天气，以及预测极光概率的 Aurora 等。

10.4 在旅途中巧用 AI

AI 的作用远不止于出发前的规划,它将伴随您的整个旅程。无论身处何地,都可以通过手机、平板或电脑,随时随地使用 AI 提供的各种便利服务。

10.4.1 获取个性化推荐

旅行的乐趣在于探索未知。虽然提前规划很重要,但在旅途中随心所欲地发现惊喜也是必不可少的。无论是想寻找一家地道的小餐馆,还是想探索一条隐秘的巷道,AI 都能根据您的喜好来提供个性化的推荐,让整个旅程充满惊喜。在向 AI 提问时,别忘了详细说明自己的个人偏好和期望,这样才能获得更加贴合心意的推荐。

10.4.2 了解风俗习惯

俗话说,旅游就是从自己活腻了的地方,跑到别人活腻了的地方,去花掉自己的钱,让别人富起来,然后满身疲惫且口袋空空,再回到自己活腻了的地方,继续顽强地活下去。话虽如此,但前往不同的地方旅行,可以让自己接触到不同的风俗和文化,从而满足自己的"情绪价值",这有何不可呢?

不过,确实需要使用 AI 来了解旅行目的地的风俗习惯和文化禁忌,例如晚餐通常在什么时间吃、是否需要给小费、人们有多正式、他们的时间观念如何、如何问候他人(握手?贴面礼?鞠躬?)以及其他当地人知道而你可能不了解的事情。总之,您希望在那个地方表现出得体的礼仪。

获取这些信息非常简单,只需向任何一款通用 AI 工具询问"[国家] 的风俗习惯是什么",就会得到一个非常有用的回答。图 10.12 展示了通过 Kimi 了解到的日本文化和习俗。

借助 AI,我们可以更好地理解目的地的文化背景,从而避免因无知而导致的尴尬或冒犯,使旅行更加顺利和愉快。无论是准备商务会议还是享受休闲假期,提前了解并尊重当地的风俗习惯都是非常重要的。

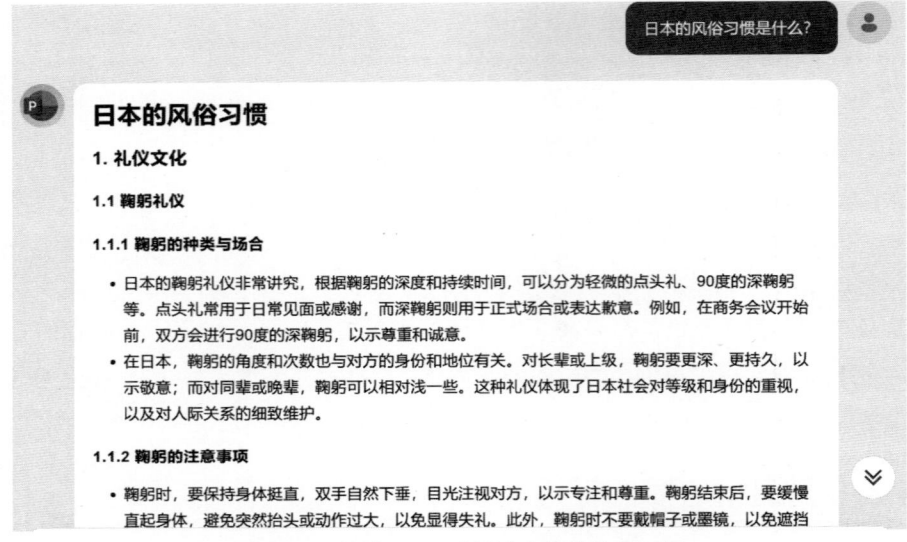

图 10.12 通过 Kimi 了解日本的文化和习俗

10.4.3 导航

旅行时，尤其是身处陌生的城市，我们常常为如何从 A 点到 B 点而烦恼。是步行？打车？还是乘坐公共交通？现在，有了 AI 的帮助，我们可以轻松解决这个问题。AI 可以根据实时交通状况、目的地距离、个人偏好等因素，为我们规划出最优的出行路线，让我们的旅途更加便捷舒适。

一般的导航问题可以向几乎任何通用 AI 工具询问，但专门的导航工具可能更容易并生成针对性的结果。它们不仅能提供精准的路线规划，还能根据您的出行习惯、实时交通状况和个人偏好，定制最优的出行方案。无论是驾车、乘坐公共交通还是步行，AI 都能提供详细的导航指引和实时交通更新，让您轻松应对旅途中的各种突发情况。

最受欢迎的由 AI 驱动的导航工具如下：

- 高德地图（https://www.amap.com）
- 百度地图（https://map.baidu.com）
- 苹果手机自带的地图 Maps（https://www.apple.com/maps）
- 谷歌地图（https://maps.google.com）

- HERE WeGo（https://wego.here.com）
- MapQuest（https://www.mapquest.com）
- Waze（https://www.waze.com/live-map/）

没错，这些都是您日常使用的地图导航应用，它们现在已经悄然融入了 AI 技术，不仅能提供精准的路线规划，还能根据您的历史数据、偏好（例如，是否走高速）和实时位置来推荐个性化的出行方案，例如避开拥堵路段、寻找最佳停车位等。只需动动手指，AI 就能为您量身定制一条最优的出行路线。、

10.4.4 即时翻译

出国旅行时，有几个由 AI 驱动的翻译应用可以帮助您和当地人进行无障碍沟通。除了基本的文本和语音翻译，AI 翻译应用还具备很多实用的功能。例如，拍照翻译可以让您轻松识别路标、菜单等；离线翻译功能则让您在没有网络的情况下也能进行基本的沟通。这些基于智能手机的应用如下（请自行在手机的应用商店中查找）：

- 出国翻译官
- 有道翻译官
- Google 翻译
- DeepL Translate（网址）
- iTranslate
- Microsoft Translator
- Naver Papago

此外，市面上还涌现了一系列便携式 AI 翻译设备。这些来自科大讯飞、Anfier、Javisen、Vasco 等知名企业的设备，外观类似迷你智能手机，依托人工智能技术，能够将一种语言的文字和图像转换成另一种语言。在这些设备中，AI 技术被集成于一款小巧的手持装置，配备了麦克风、扬声器和摄像头。图 10.13 展示了一款科大讯飞 AI 翻译机。

图 10.13 一款小巧的科大讯飞 AI 翻译机

10.4.5 旅行期间的安全保障

AI 驱动的个人安全应用就像您的贴身保镖,时刻守护您的旅途安全。这些应用不仅能实时监测您的位置,一旦遇到紧急情况,如迷路、被困等,就会立即发出警报,并向您的紧急联系人发送求助信息。同时,它们还能根据您的位置,提供实时的安全评估,提醒您注意潜在的危险区域。最受欢迎的个人安全应用如下:

- bSafe(https://www.getbsafe.com/)
- GeoSure(https://geosure.ai/)

> **制定个人安全预案**
>
> 在启程旅行之前,精心编制一份个人安全预案,并分享给家人和朋友,这样做无疑是明智之举。该计划应当详尽记录您的整个行程细节——包括住宿地点、搭乘的航班等——以及必要的当地联系电话。如此一来,一旦有人需要与你取得联系,就能立刻知晓具体操作。
>
> 在此预案中,还应当列明每个目的地的相关紧急联系方式,如当地政府机关、医院等。利用人工智能技术,可以高效搜集这些信息并将其保存在自己的智能手机中,若携带了笔记本电脑,同样可以存档于其中。为了确保万无一失,建议在行李中携带一份该预案的打印副本作为备用。
>
> 制订这一计划的宗旨在于,针对可能发生的紧急情况做好充分准备。预先的周密规划能够确保在不幸事件发生时能够得到更为迅速和有效的处理。

10.5 在本地交通中巧用 AI

AI 能显著优化我们的日常出行体验,使得每一次出行都变得更加高效、安全,甚至充满乐趣。但就像之前说的那样,AI 系统可能不会实时更新最新的路线和时刻表信息。因此,在踏上旅程之前,请务必亲自核对这些细节。

10.5.1 到达目的城市

像高德地图这样的智能手机导航应用不仅能指引您抵达目标城市，还能在您到达后优化您的本地出行，确保您畅游无忧。这些应用由 AI 技术支撑，能够根据实时交通状况和天气更新，在任一特定日期和时间，为您规划前往任一目的地的最佳路线。

有些时候，计划赶不上变化。不要想当然地认为一条预设的路线始终是最优选择。道路状况时刻在变，交通状况同样难以预测。因此，在早晨离开酒店之前，这些应用程序能够根据实时情况协助您规划出最佳路线（它们甚至还能帮您约车，详情请见下一节）。

10.5.2 优化拼车

像高德地图、百度地图、滴滴出行、Lyft、Uber 和 Via 这样的共享出行服务使用 AI 算法在最短的时间内为您匹配司机。此外，许多叫车应用也使用 AI 来为您匹配路线和目的地相似的其他乘客，如果您选择"拼车"或者"顺风车"的话。

10.5.3 寻找停车位

在拥挤的大都市地区，找到停车位往往是一件麻烦事。幸运的是，AI 可以结合实时数据提前预订停车位并找到空闲的停车位。[1] 这些应用会分析历史停车模式，以建议最佳的停车地点和时间，通常还可以提供一些优惠券。

出国旅行时，可以将下面这些最受欢迎的 AI 泊车应用下载到手机上：

- Parkopedia（https://www.parkopedia.com）
- SpotHero（https://spothero.com）
- Valet EZ（https://valetez.com）

10.5.4 使用公共交通

无论是身处本地还是在外旅行，打算使用公共交通工具时，AI 都能提供实时的交通资讯和出行建议。借助 AI，可以轻松锁定最优的交通方式、最快的路线以及最经济

---

[1] 译注：国内有 PP 停车、淘车位停车、捷停车、小强停车（机场高铁场景）、共享停车等 APP。

的票价。一些公共交通应用如下：①

- Citymapper（https://citymapper.com）
- Moovit（https://moovit.com）
- MyTransit（www.mytrans.it）
- Transit（https://transitapp.com）
- Umo（https://umomobility.com）

10.6 小结

本章深入探讨了如何巧用 AI 来帮助我们出行。从行程规划、目的地选择到出行方式，AI 都能提供智能化的建议，让旅途更加轻松愉快。AI 可以帮助我们学习当地语言，选择最合适的住宿，甚至还能规划最优的交通路线。然而，我们也要认识到，AI 并不是万能的。在使用 AI 工具时，一定要结合自己的实际情况，做出合理的判断。毕竟，旅行是一场充满未知的冒险，而 AI 只能作为助手而不是决策者。

---

① 译注：这些适合在国外旅行。本地使用高德、百度和腾讯提供的地图应用就好，它们都内置了对公共交通的支持。

第 11 章
巧用 AI 促进健康与福祉

AI 的迅猛发展为我们的生活带来了翻天覆地的变化。在健康领域，AI 也展现出了巨大的潜力。随着技术的不断进步，AI 将在疾病诊断、药物研发、个性化治疗等方面发挥越来越重要的作用，帮助我们实现更健康、更长寿的生活。虽然 AI 无法取代专业的医疗服务，但它可以为个人提供更多健康管理工具，帮助我们更好地了解自己的身体状况，选择更健康的生活方式。

11.1 巧用 AI 创建健身和营养计划

AI 可以量身定制健身和营养计划，从而成为您的一名专属健康顾问。向任何通用 AI 工具提供自己的年龄、性别、体重、身高、活动水平、病史、饮食偏好以及体重 / 健身目标等信息，它们都会为您制定个性化的食谱和健身计划，帮助您吃得更健康，活得更精彩！

> **警告** 在正式开始任何新的健身或营养计划之前，都应该先咨询医疗专业人士。

11.1.1 创建健身计划

让我们先从打造专属的 AI 健身教练开始。每个人的身体和目标都是独一无二的，AI 可以根据您的个人情况来量身定制最适合的健身计划。无论是想减肥、增肌还是提高身体柔韧性，AI 都能助您一臂之力。

要让 AI 生成最满意的健身计划，关键在于提供足够详细的提示。可以告诉 AI 您的年龄、性别、体重、身高、运动水平、健康状况、以及想达成的健身目标。信息越详细，

AI 生成的计划就越精准。这里可以使用第 3 章介绍的任何通用 AI 工具，例如豆包、通义千问、Kimi、ChatGPT、Meta AI 或 Microsoft Copilot 等。

为了让 AI 生成最贴合个人需求的健身计划，请在提示中尽可能详细地描述自己的身体状况和健身目标。以下是一些建议。

- 基本信息：年龄、性别、身高、体重。这些基础信息能帮助 AI 评估您的身体素质。
- 健康状况：是否有慢性疾病（如高血压、糖尿病）、旧伤或正在康复的伤病。
- 运动水平：你的运动基础如何？是健身新手、有一定基础，还是运动达人？
- 健身目标：想要达到什么目标？是减脂、增肌、提高心肺功能，还是单纯地想保持健康？
- 运动偏好：喜欢什么样的运动方式？是喜欢有氧运动、力量训练，还是喜欢瑜伽、普拉提等？
- 时间限制：每周能抽出多少时间进行锻炼？
- 设备限制：有哪些健身器材？或者更倾向于在家中或户外进行锻炼？
- 身体限制：是否有任何身体上的限制，例如关节疼痛、哮喘、骨质疏松等？

> **警告**
> 向 AI 提供个人信息时务必谨慎。您分享的任何数据都有可能被用于模型的训练和优化，这也就意味着您的隐私无法得到完全的保障。如果平时都不愿意跟别人分享自己的身高、体重、健康状况等敏感信息，那么自然也不愿意跟 AI 分享。此时，可以考虑略微修改，不要分享完全真实的数据。

在构建提示时，明确个人的健身目标至关重要。以下是一些示例供您参考：

- 设计一个助我提升灵活性的锻炼方案；
- 列出我每天早晨可以执行的 20 个拉伸动作；
- 为我制定一个为期 6 个月的体重训练计划，目标是增强腿部肌肉；
- 编排一套有助于提升心肺功能的瑜伽序列；
- 准备一份专注于平衡训练的锻炼计划；

- 我想练习八段锦,给我提供一个方案。

结合上述内容,可以构建一个较为复杂的提示,如下所示:

我是一名 [年龄] 岁的 [性别],体重 [体重] 公斤,身高 [身高] 米。我想减肥,平时比较宅。请为我设计一个锻炼计划,旨在提高我的身体素质,每天的总锻炼时间不超过 30 分钟。

将这个更具体的提示输入到 Kimi 后,我得到了如图 11.1 所示的健身计划。

> ✓ 已阅读 38 个网页 ⌄
>
> 根据您的情况,我为您设计了一个每天总锻炼时间不超过30分钟的锻炼计划,旨在提高您的身体素质并帮助您减肥:
>
> **每日锻炼计划**
>
> **热身(5分钟)**
> - **原地踏步**:站立,双臂自然摆动,原地快速踏步,活动全身关节,提高心率,为接下来的锻炼做好准备 ” 。
> - **肩部旋转**:双臂自然下垂,肩部向前、向后各旋转10圈,活动肩关节,预防肩周炎 ” 。
>
> **主要锻炼(20分钟)**
> - 有氧运动
>   - **原地跑步**:站立,双臂自然摆动,原地快速跑步,保持心率在中等强度,每组5分钟,共2组,组间休息1分钟 ” 。
>   - **开合跳**:站立,双脚并拢,双臂放在身体两侧。向上跳起,同时双脚分开,双臂向两侧伸展;再跳起,双脚并拢,双臂回到身体两侧。每组30秒,共3组,组间休息30秒 ” 。
> - 力量训练
>   - **俯卧撑**:双手撑地,与肩同宽,双脚并拢,身体保持一条直线。弯曲手肘,使身体向下降低,直到胸部接近地面,然后用力推起身体。每组10次,共3组,组间休息45秒 ” 。
>   - **深蹲**:站立,双脚与肩同宽,双手放在胸前或背后。慢慢弯曲膝盖,臀部向后坐,直到大腿与地面平行,然后慢慢站起。每组15次,共3组,组间休息45秒 ” 。
>
> **放松(5分钟)**
> - 全身拉伸
>   - **站立前屈**:双脚并拢,站立,双手放在身体两侧,慢慢弯腰,双手尽量触碰脚尖,保持15秒,然后缓慢起身,重复3次 ” 。
>   - **肩部拉伸**:双手交叉放在胸前,用一只手握住另一只手的手肘,轻轻向内拉,使肩部感到拉伸,保持15秒,然后换另一侧,重复3次 ” 。

图 11.1 来自 Kimi 的个性化健身计划

11.1.2 创建营养和膳食计划

同样，通用 AI 工具还可以为您量身定制个性化的营养膳食计划。无论是想减肥、增肌，还是保持健康体重，AI 都能根据您的需求，提供一份详细的饮食方案。只需像之前那样向 AI 提供自己的个人信息（例如，年龄、身高、体重、运动量等），明确饮食目标（例如，减重 5 公斤、增加肌肉量、控制血糖等），AI 随后就能生成一份包含每日三餐食谱、零食建议的个性化营养计划。下面是一些关于饮食目标的提示：

- 创建一个在未来三个月内帮助我减掉 10 斤的膳食计划；
- 创建一个在冬季帮助我维持体重的膳食计划；
- 我目前吃很多零食和快餐，没有太多时间自己做饭，创建一个营养计划，帮助我吃得更健康；
- 我是 2 型糖尿病患者，需要注意碳水的摄入。创建一个营养计划，帮助我根据我的情况合理饮食。

> **说明** 如果还告诉 AI 当前在正在服用的药物，那么会得到更准确的结果。

综合以上所有内容来创建的提示如下：

> 我是一名 [年龄] 岁的 [性别]，体重 [体重] 公斤，身高 [身高] 米。我自己做饭的时间很少，所以经常外出就餐或者点外卖。你能创建一个在接下来的 6 个月内帮助我减掉 10 斤体重的膳食计划吗？

当我将这个提示输入到文心一言时，我得到了图 11.2 所示的建议，以及每餐的示例膳食计划和外出就餐 / 外卖的建议。而且，随着时间的推移，文心一言还会根据我的反馈不断优化计划，让我吃得更健康、更美味。

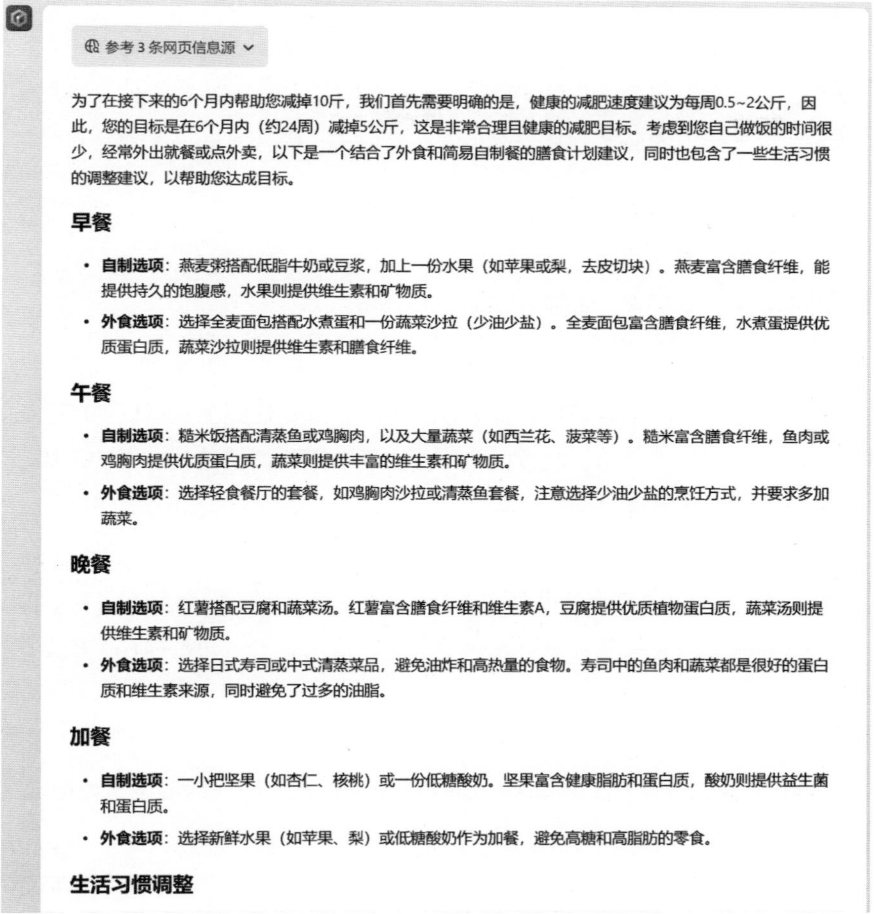

> 参考 3 条网页信息源 ∨

为了在接下来的6个月内帮助您减掉10斤,我们首先需要明确的是,健康的减肥速度建议为每周0.5~2公斤,因此,您的目标是在6个月内(约24周)减掉5公斤,这是非常合理且健康的减肥目标。考虑到您自己做饭的时间很少,经常外出就餐或点外卖,以下是一个结合了外食和简易自制餐的膳食计划建议,同时也包含了一些生活习惯的调整建议,以帮助您达成目标。

早餐
- **自制选项**:燕麦粥搭配低脂牛奶或豆浆,加上一份水果(如苹果或梨,去皮切块)。燕麦富含膳食纤维,能提供持久的饱腹感,水果则提供维生素和矿物质。
- **外食选项**:选择全麦面包搭配水煮蛋和一份蔬菜沙拉(少油少盐)。全麦面包富含膳食纤维,水煮蛋提供优质蛋白质,蔬菜沙拉则提供维生素和膳食纤维。

午餐
- **自制选项**:糙米饭搭配清蒸鱼或鸡胸肉,以及大量蔬菜(如西兰花、菠菜等)。糙米富含膳食纤维,鱼肉或鸡胸肉提供优质蛋白质,蔬菜则提供丰富的维生素和矿物质。
- **外食选项**:选择轻食餐厅的套餐,如鸡胸肉沙拉或清蒸鱼套餐,注意选择少油少盐的烹饪方式,并要求多加蔬菜。

晚餐
- **自制选项**:红薯搭配豆腐和蔬菜汤。红薯富含膳食纤维和维生素A,豆腐提供优质植物蛋白质,蔬菜汤则提供维生素和矿物质。
- **外食选项**:选择日式寿司或中式清蒸菜品,避免油炸和高热量的食物。寿司中的鱼肉和蔬菜都是很好的蛋白质和维生素来源,同时避免了过多的油脂。

加餐
- **自制选项**:一小把坚果(如杏仁、核桃)或一份低糖酸奶。坚果富含健康脂肪和蛋白质,酸奶则提供益生菌和蛋白质。
- **外食选项**:选择新鲜水果(如苹果、梨)或低糖酸奶作为加餐,避免高糖和高脂肪的零食。

生活习惯调整

图 11.2 由文心一言生成的个性化膳食计划

注意不安全的目标

AI 似乎内置了有限的安全措施,以确保其建议是安全的。例如,当我要求文心一言提供一个在 10 天内减掉 20 斤体重的计划时,它如此回应:"在 10 天内减掉 20 斤体重是一个极端的目标,通常被认为既不安全也不可持续。

> 更现实和健康的减肥速度大约是每周 0.5 公斤到 2 公斤。快速减肥可能导致肌肉损失、营养缺乏和其他健康问题。然而，我可以建议一个更渐进和可持续的计划，帮助你有效而健康地减肥。"无论如何，在开始一个新的计划之前，咨询专家总是一个明智的选择。

11.1.3 巧用 AI 健身和营养工具

虽然通用 AI 工具在健身和营养规划方面已经表现出强大的能力，但专业的健身和营养工具在个性化定制、数据分析和指导方面更胜一筹。这些工具不仅能制定详细的健身计划，还能实时跟踪用户的运动数据，并根据反馈不断调整计划。它们就像是您的私人健身教练，时刻准备着提供专业指导。

这些工具的工作原理大同小异：只需要提供个人信息，如年龄、体重、运动习惯等，并设定自己的健身目标，AI 就会根据这些数据来量身定制一份专属的健身计划。更棒的是，很多工具还支持与智能穿戴设备联动，实时监测您的运动数据，并根据您的表现动态调整计划。

这些 AI 健身和营养工具通常以手机 APP 的形式提供，使您在任何地方、任何时间都能轻松使用。无论是在家、在健身房，还是外出就餐，都能随时获取个性化的健康建议。一些受欢迎的 APP 如下。

- Healthify 推出了 Ria（世界上第一款由 AI 驱动的虚拟营养师）和面向教练的助手 Coach Co-pilot。
- Coachify.AI（https://coachify.ai）：专为健身爱好者设计，提供个性化锻炼体验，跟踪进展，并确保正确的锻炼方式。
- Fitbod（https://fitbod.me）：创建个性化的锻炼计划，并从每次锻炼中学习和分析以确保用户取得持续的进展。
- FitnessAI（https://www.fitnessai.com）：专为体重训练设计，每次锻炼时优化组数、次数和重量。

- GymBuddy AI（https://www.gymbuddy.ai）：根据您当前的健身水平和目标创建个性化的锻炼计划。
- Lifesum（https://lifesum.com）：制定个人膳食计划，通过 AI 识别食物，确保碳水化合物、蛋白质和脂肪的正确摄入。
- MikeAI（https://www.mikeai.co）：由 AI 生成个性化的健身评估、锻炼计划和膳食计划。
- MyFit-AI（https://myfit-ai.com）：创建个性化的健身计划和膳食计划。
- MyFitnessPal（https://www.myfitnesspal.com）：是一个集健身、食物和卡路里跟踪于一体的全能应用。
- Noom（https://www.noom.com）：另一个集成了个性化膳食计划和跟踪膳食及锻炼的全能应用；提供统计数据和见解，帮助您长期保持锻炼的动力。
- Planfit（https://planfit.ai）：提供个性化的锻炼计划和个人 AI 教练访问权限。
- TempoFit（https://tempo.fit）：提供个性化体重训练计划，与智能手机摄像头配合工作，监控您的姿势和进展。

虽然部分应用是免费的，但大多数都提供了某种订阅机制，可以选择月付或年付。

11.2 巧用 AI 保障心理健康

除了帮助我们管理身体健康，AI 还能为我们的心理健康提供有力的支持。虽然 AI 无法取代专业的心理咨询，但它可以作为我们心理健康管理的辅助工具。通过 AI 提供的各种心理健康应用和服务，我们可以更好地了解自己的情绪，学会应对压力的技巧，从而提升整体的心理健康水平。

> **警告**　豆包、Kimi 等通用 AI 工具虽然能提供一些心理健康方面的建议，但它们无法取代专业的心理咨询。这些工具可能无法准确诊断心理健康问题，也无法提供个性化的治疗方案。在面对心理健康问题的同时，及时寻求专业帮助至关重要。

11.2.1 提供信息和资源

AI 帮助我们满足心理健康需求的第一种方式是提供有关心理健康障碍、应对策略和资源的信息。可以向任何一个通用 AI 工具提出以下问题：

- 抑郁症的症状有哪些？
- 导致双相情感障碍的原因是什么？
- 我该如何有效地应对焦虑？
- 有哪些资源可以帮助治疗饮食失调？

11.2.2 帮助写日记

现在的人不喜欢写日记，然而这是许多老一代人的"日常"。写日记的人之所以不多，原因是多方面的。首先，现代生活节奏快，人们的时间被各种各样的工作和娱乐活动占据，很难抽出时间来写日记。其次，数字化时代的到来，使得人们更习惯于通过社交媒体和即时通讯工具来记录生活和分享心情，而不是用笔和纸来书写。再者，隐私问题也是一个重要因素。很多人觉得写日记容易泄露隐私，因此选择不写。最后，写日记需要坚持和毅力，而很多人缺乏这种恒心和耐心。

但是，为了自己的身心健康，并记录偶尔得之的灵感。建议您还是恢复这个"传统"。更何况，有了 AI 的帮助，在电子设备上写日记已经成了一件非常简单的事情。AI 不仅可以提供写作建议和灵感，还能自动保存和整理内容，让日记更有条理。通过坚持写日记，不仅可以帮助我们整理思绪，缓解压力，还能在回顾过去的日记时发现自己的成长和变化。

改善心理健康的一种方法就是每天写日记，记录自己的感受、想法和经历。写日记可以帮助自己处理混乱的情绪，增进自我认知。

现在，任何通用 AI 工具都可以帮助我们开始写日记并坚持定期记录。只需要向 AI 工具提出类似于这样的请求：

你能帮我开始写心理健康日记吗？

一旦开始写日记，您可能发现自己很难把想法付诸于文字。这时，AI 可以再次为您提供帮助。只需告诉 AI 自己需要每天写日记，然后输入当天的感受或经历。可以这样开始：

> 通过问答方式来帮我创建一篇日记

图 11.3 展示了 Kimi 的回应。只需继续回答 AI 的问题，就可以完成这篇日记。瞧，是不是比在日记本上手写快多了？

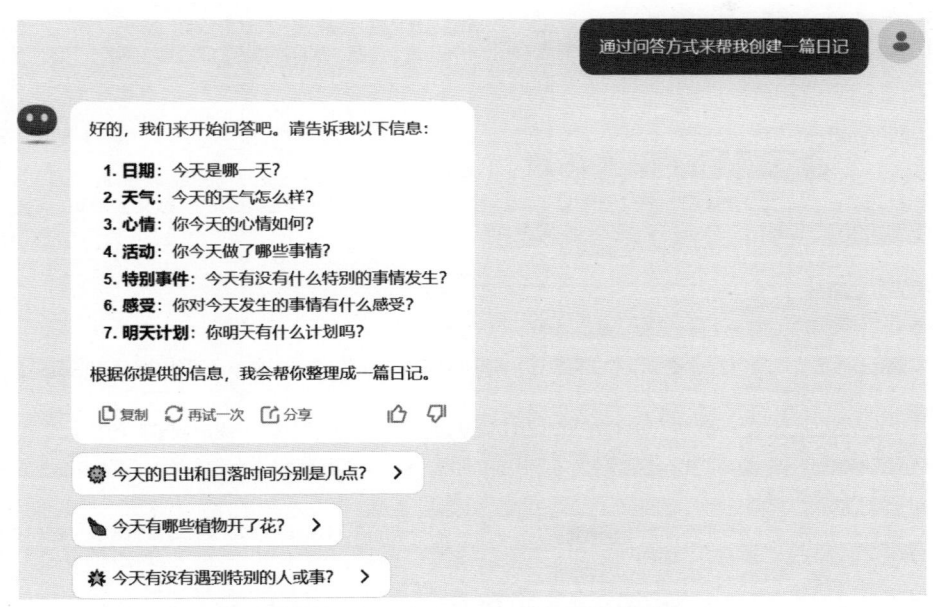

图 11.3 和 Kimi 聊天，以问答方式完成一篇日记

11.2.3 认知行为疗法练习指导

认知行为疗法（cognitive behavioral therapy，CBT）旨在进行心理干预，帮助您识别和应对可能引起压力并影响心理健康的负面思维模式。任何通用的 AI 工具都可以通过如下提示来引导自己进行 CBT 练习：

> 引导我进行一些 CBT 练习

图 11.4 展示了豆包是如何回应的。

> 引导我进行一些CBT练习

好呀,以下是一个简单的基于认知行为疗法(CBT)的练习示例,帮助你应对日常焦虑情绪,你可以跟着步骤来做。

情境设定

想一想最近让你感到有些焦虑的一个情境,比如即将到来的工作汇报、和陌生人的社交活动,或者是要学习一项新技能但担心学不好。花几分钟时间,在脑海里清晰地勾勒出这个情境,越具体越好,然后简单描述一下这个情境给你带来的感受。

识别自动思维

当你想到这个情境的时候,留意一下脑海中立刻浮现出来的想法或话语。这些想法往往是自动产生的,而且很可能是负面的。比如说,面对工作汇报,你心里可能想"我肯定会搞砸的""大家都会笑话我";面对社交活动,可能是"我太内向了,融入不了他们"等。把这些自动思维写下来。

挑战自动思维

现在,针对你写下的每一个自动思维,试着问自己以下几个问题:

1. 有什么证据支持这个想法?例如,你觉得自己会搞砸工作汇报,那有没有以往类似经历真的搞砸了的证据,还是只是你的担忧?
2. 又有什么证据反驳这个想法?也许你过去做过几次成功的小型汇报,这就是反驳"肯定会搞砸"的证据。
3. 有没有其他可能的解释?工作汇报没做好,不一定是你能力不行,有可能是准备时间不充裕,或者当天出现突发状况干扰了你。
4. 这个想法对我有什么帮助?如果一直抱着"肯定会……"的想法,只会让你更焦虑,降低做事的效率,毫无益处。

图 11.4 让豆包引导自己进行 CBT 练习

11.2.4 放松练习指导

　　放松练习旨在帮助个人减轻压力、放松身体和心灵。这些练习可以帮助缓解焦虑、提高情绪、促进睡眠和改善整体健康。常见的放松练习包括深呼吸、冥想和瑜伽等。

　　同样地,通用 AI 工具可以提供各种有助于改善心理健康的放松练习的指导。以下是一些示例提示:

> 引导我进行一些放松练习

或者：

> 帮我放松

图 11.5 展示了豆包提供的建议

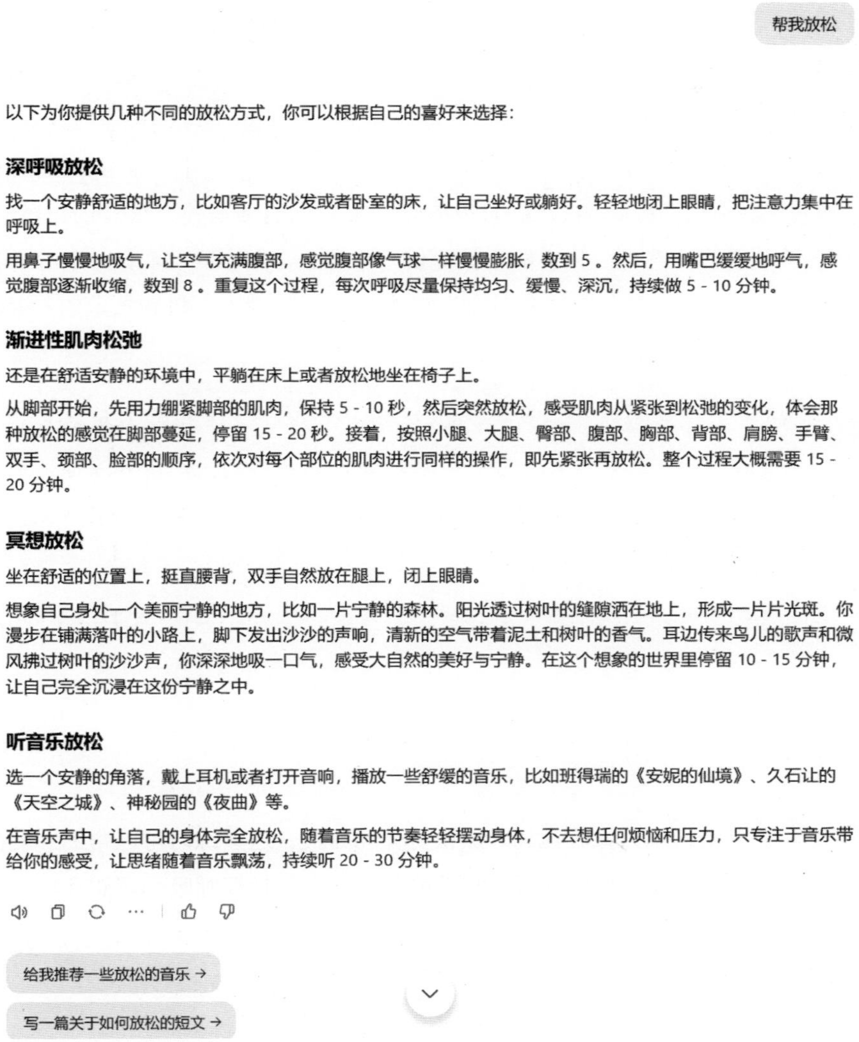

帮我放松

以下为你提供几种不同的放松方式，你可以根据自己的喜好来选择：

深呼吸放松

找一个安静舒适的地方，比如客厅的沙发或者卧室的床，让自己坐好或躺好。轻轻地闭上眼睛，把注意力集中在呼吸上。

用鼻子慢慢地吸气，让空气充满腹部，感觉腹部像气球一样慢慢膨胀，数到 5。然后，用嘴巴缓缓地呼气，感觉腹部逐渐收缩，数到 8。重复这个过程，每次呼吸尽量保持均匀、缓慢、深沉，持续做 5 - 10 分钟。

渐进性肌肉松弛

还是在舒适安静的环境中，平躺在床上或者放松地坐在椅子上。

从脚部开始，先用力绷紧脚部的肌肉，保持 5 - 10 秒，然后突然放松，感受肌肉从紧张到松弛的变化，体会那种放松的感觉在脚部蔓延，停留 15 - 20 秒。接着，按照小腿、大腿、臀部、腹部、胸部、背部、肩膀、手臂、双手、颈部、脸部的顺序，依次对每个部位的肌肉进行同样的操作，即先紧张再放松。整个过程大概需要 15 - 20 分钟。

冥想放松

坐在舒适的位置上，挺直腰背，双手自然放在腿上，闭上眼睛。

想象自己身处一个美丽宁静的地方，比如一片宁静的森林。阳光透过树叶的缝隙洒在地上，形成一片片光斑。你漫步在铺满落叶的小路上，脚下发出沙沙的声响，清新的空气带着泥土和树叶的香气。耳边传来鸟儿的歌声和微风拂过树叶的沙沙声，你深深地吸一口气，感受大自然的美好与宁静。在这个想象的世界里停留 10 - 15 分钟，让自己完全沉浸在这份宁静之中。

听音乐放松

选一个安静的角落，戴上耳机或者打开音响，播放一些舒缓的音乐，比如班得瑞的《安妮的仙境》、久石让的《天空之城》、神秘园的《夜曲》等。

在音乐声中，让自己的身体完全放松，随着音乐的节奏轻轻摆动身体，不去想任何烦恼和压力，只专注于音乐带给你的感受，让思绪随着音乐飘荡，持续听 20 - 30 分钟。

给我推荐一些放松的音乐 →

写一篇关于如何放松的短文 →

图 11.5 从豆包获得放松建议

11.2.5 把聊天机器人当作治疗师

虽然与 AI 聊天机器人的互动永远无法取代与人类咨询师或治疗师面对面的交流，但通过与 AI 讨论您的问题，仍然可以获得一定的帮助和支持。对于那些可能对看治疗师感到犹豫的人来说，许多 AI 聊天机器人可以成为通向面对面治疗的桥梁。更重要的是，一些年轻人可能更愿意和机器对话，而不是面对面与人交谈，这样的技术解决方案也许会让他们感到更为舒服和自在。

只需简单的一句话"我想聊聊我遇到的问题"，就可以随时随地与 AI 聊天机器人开启对话。就像和朋友聊天一样，您可以向它倾诉自己的烦恼并寻求建议。虽然 AI 无法完全替代专业的心理咨询，但它能为你提供一个安全、私密的空间，让您充分表达自己的情绪。图 11.6 展示了 AI 在提供基础心理支持方面的潜力。随着技术的不断发展，相信 AI 在心理健康领域将发挥越来越重要的作用。

> **说明** 如果觉得单纯的文字对话不够生动，不妨试试语音聊天机器人。像 ChatGPT 这样的工具，已经实现了语音交互功能，让您可以像与朋友聊天一样，与 AI 进行自然流畅的对话。这种更人性化的交互方式，能为你提供相当大的情绪价值。

> 我想聊聊我遇到的问题

当然可以,我很乐意听你倾诉。请告诉我你遇到了什么问题?

> 工作很努力,也帮公司赚了不少钱,但待遇越来越差,越来越挑我的错。

听起来你目前的处境确实很令人沮丧。在工作中遇到这样的问题,可能是因为多种原因。以下是一些建议,希望对你有所帮助:

分析原因

- **公司状况**:可能是公司整体经营状况不佳,导致分配给员工的资源减少,进而影响到你的待遇。也可能是公司内部管理出现问题,导致对员工的评价和激励机制不合理。
- **个人表现**:虽然你认为自己工作很努力且为公司赚了不少钱,但也许在某些方面还有提升空间。比如沟通协作、团队管理、创新思维等,这些都可能影响到你在公司中的整体表现评价。
- **同事关系**:同事之间的关系也可能影响到你的处境。如果同事对你有误解或不满,可能会在工作中给你制造障碍,甚至在背后说你坏话,影响到你的待遇和评价。
- **领导看法**:直接领导对你的看法和评价在很大程度上决定了你的待遇和晋升机会。如果领导对你的工作成果或工作方式不满意,或者认为你不够忠诚、可靠,可能会故意挑你的错,甚至降低你的待遇。

解决方案

- **沟通反馈**:首先,尝试与直接领导进行坦诚的沟通,了解他们对你工作的具体看法和期望。你可以表达自己对工作的热情和对公司做出的贡献,同时询问领导认为你哪些方面做得不够好,需要改进。通过沟通,可以消除误会,明确努力方向。
- **提升能力**:根据领导和同事的反馈,有针对性地提升自己的工作能力和综合素质。比如加强专业知识学习,提高工作效率和质量;改善沟通技巧,加强与同事的合作;培养创新思维,为公司提出更多有价值的建议等。
- **调整心态**:面对工作中的挫折和不公,保持积极乐观的心态非常重要。不要过于纠结于待遇和别人的评价,相信自己的努力和能力,专注于做好自己的工作,提升自己的价值。
- **寻求支持**:如果公司内部的问题无法解决,可以考虑寻求外部的支持和帮助。比如与行业内的朋友交流,了解其他公司的待遇和工作环境,为自己寻找更好的发展机会;或者咨询专业的职场顾问,获取更专业的建议和指导。

希望这些建议对你有所帮助,祝你早日解决工作中的问题,取得更好的发展。

> 如何与领导有效沟通我的感受和期望?
> 在公司遇到不公平待遇,我有哪些法律途径可以求助?

图 11.6 开始和 Kimi 进行一次"治疗"对话

11.2.6 专为心理健康设计的 AI 工具

除了通用 AI 工具，还有一些专为心理健康需求设计的 AI 应用，如下所示。[①]

- Calm（https://www.calm.com）：提供减压、呼吸和放松练习以及其他缓解焦虑的工具。
- Happify（https://www.happify.com）：提供情绪管理的练习、活动和游戏。
- MindDoc（https://https://minddoc.com）：支持实时情绪追踪和分析模式，提供对情绪健康有用的见解。
- Replika（https://replika.com）：一个 AI 聊天机器人，许多人用它来分享他们的想法和情感。
- Rootd（https://www.rootd.io）：旨在帮助个人应对恐慌发作。
- Youper（https://www.youper.ai）：使用 CBT（参见 11.2.3 节）和 AI 聊天机器人提供心理健康评估、监测和支持。

除了面向个人的 AI 心理健康应用，许多企业和医疗机构也为员工提供了类似的服务。这些服务通常集成在内部的健康管理平台中，员工可以随时随地进行访问。在使用这些服务时，我们需要注意保护个人隐私，并谨记 AI 工具是辅助心理健康管理的有力工具，但不能替代专业的心理咨询。

11.3 巧用 AI 理解健康和保健信息

在阅读健康和保健知识时，我们经常面临的一个挑战是对专业术语的理解。例如，症状、疾病、诊断、处方等方面的医学术语往往晦涩难懂，给人们带来理解上的障碍。幸好，AI 可以简化这些复杂术语，提供通俗的解释让我们更好地理解。

11.3.1 理解症状和诊断

感到身体不适时，在急匆匆地赶到医院之前，可以先向 AI 咨询。AI 可以根据您的描述来提供一些基本的健康建议，帮助您判断病情的严重程度，并指导您采取适当的措

[①] 译注：这里列出的都是国外的应用，国内目前还基本属于"空白"，有志加入这一赛道的小伙伴请加油！

施。这样一来，就可以更合理地安排就医时间，避免不必要的奔波。当然，AI 无法替代医生，对于严重的疾病，仍需及时就医。

在这种情况下，任何通用的 AI 工具都可以胜任。只需告诉 AI 您的症状，就可以获得可能导致问题的原因列表。例如，可以使用以下提示之一：

> 早上醒来时，我感到颈部和上背部疼痛。这可能是什么原因引起的？

或者：

> 我吃完辣东西后感到胃痉挛，恶心想吐。这可能是什么原因引起的？

图 11.7 展示了 Kimi 对后一个提示的回应。

图 11.7 Kimi 告诉您为什么吃太辣的东西会有副作用

AI 还可以帮助您了解更多关于特定病症的信息——病因、常见症状、严重性、治疗方法等，只需使用像下面这样的提示：

　　我想了解痛风

图 11.8 展示了豆包的回应。

> 我想了解痛风

以下是关于痛风的相关信息：

基本概念
痛风是体内单钠尿酸盐沉积所致的一种关节病，与嘌呤代谢紊乱及（或）尿酸排泄障碍所致的高尿酸血症直接相关。

病因
- **原发性痛风**：大部分患者是由于尿酸排泄障碍，约 10% 患者因尿酸生成过多导致，还有因嘌呤代谢相关酶缺陷而导致代谢障碍。
- **继发性痛风**：某些遗传性疾病可导致尿酸代谢异常；血液病及恶性肿瘤化疗或放疗后，尿酸生成过多；慢性肾脏病，因肾小管分泌尿酸减少而使尿酸增高；部分药物抑制尿酸排泄而导致高尿酸血症。

症状
- **无症状性高尿酸血症期**：仅有波动性或持续性高尿酸血症，但尚未发生痛风。从血尿酸增高至出现症状可达数年至数十年，有些可终身不出现症状。
- **急性发作期**：典型痛风发作常于夜间，起病急骤，疼痛进行性加剧，12 小时左右达高峰。疼痛呈撕裂样、刀割样或咬噬样，难以忍受。受累关节及周围软组织红肿，皮温升高，触痛明显。首次发作多为单关节受累，50% 以上发生于第一跖趾关节。部分严重的患者发作时可伴有全身症状，如发热、寒战、乏力、心悸等。
- **发作间歇期**：急性关节炎发作缓解后一般无明显后遗症状，偶有炎症区皮肤色素沉着。二次发作的间隔时间无定论，多数患者在初次发作后 1~2 年内复发，随着病情进展，发作频率逐渐增加，发作持续时间延长，无症状间隙期缩短。
- **慢性痛风石病变期**：皮下痛风石常见的发生部位为耳廓、反复发作关节的周围及鹰嘴、跟腱、髌骨滑囊等处，外观为皮下隆起的大小不一的黄白色赘生物，破溃后排出白色粉状或糊状物，不易愈合。慢性痛风石关节炎为关节内沉积大量尿酸盐晶体导致痛风石形成，表现为持续关节肿痛、压痛、畸形和功能障碍，可导致关节骨质的破坏、关节周围组织纤维化、继发退行性变等。

治疗
- **急性期治疗**：推荐及早（一般应在 24h 内）进行抗炎镇痛治疗，非甾体消炎药、秋水仙碱和糖皮质激素可有效抗炎镇痛。急性发作期不进行降酸治疗，但已服用降酸药物者不需停用。

图 11.8　通过豆包来了解特定病症

还可以询问 AI 如何治疗特定的病症。使用一些简单的提示即可，例如：

　　如何治疗灰指甲？

图 11.9 显示了 Kimi 的建议。

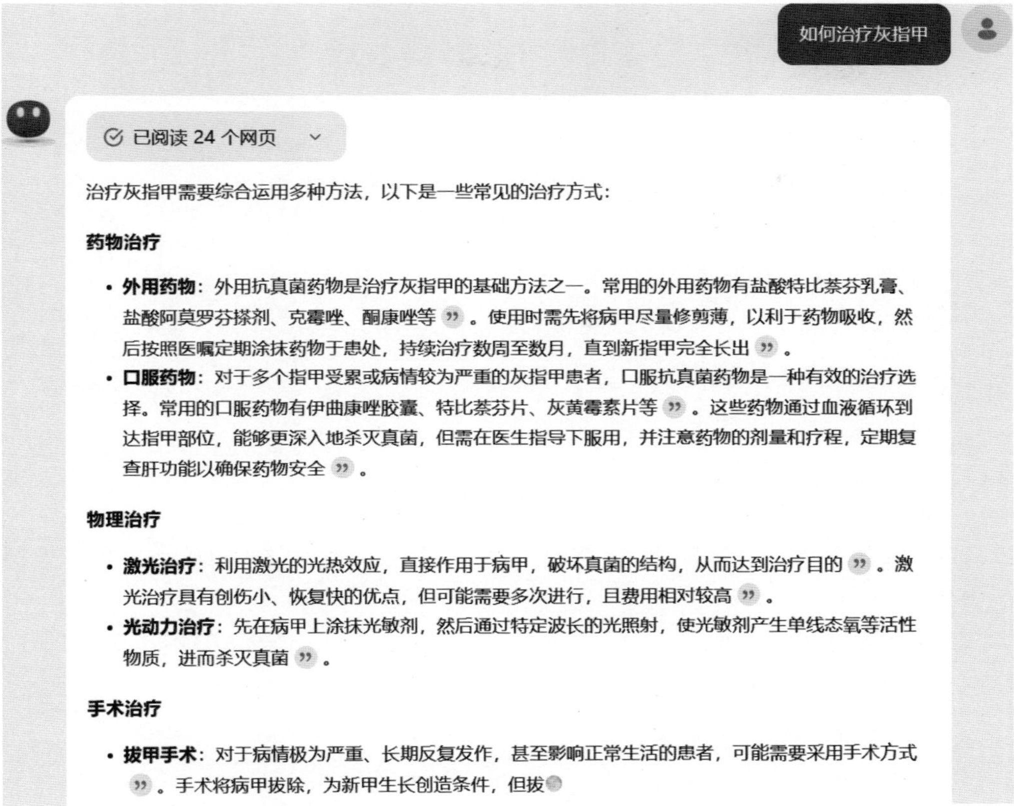

> 如何治疗灰指甲
>
> ✓ 已阅读 24 个网页
>
> 治疗灰指甲需要综合运用多种方法，以下是一些常见的治疗方式：
>
> **药物治疗**
> - **外用药物**：外用抗真菌药物是治疗灰指甲的基础方法之一。常用的外用药物有盐酸特比萘芬乳膏、盐酸阿莫罗芬搽剂、克霉唑、酮康唑等 ”。使用时需先将病甲尽量修剪薄，以利于药物吸收，然后按照医嘱定期涂抹药物于患处，持续治疗数周至数月，直到新指甲完全长出 ”。
> - **口服药物**：对于多个指甲受累或病情较为严重的灰指甲患者，口服抗真菌药物是一种有效的治疗选择。常用的口服药物有伊曲康唑胶囊、特比萘芬片、灰黄霉素片等 ”。这些药物通过血液循环到达指甲部位，能够更深入地杀灭真菌，但需在医生指导下服用，并注意药物的剂量和疗程，定期复查肝功能以确保药物安全 ”。
>
> **物理治疗**
> - **激光治疗**：利用激光的光热效应，直接作用于病甲，破坏真菌的结构，从而达到治疗目的 ”。激光治疗具有创伤小、恢复快的优点，但可能需要多次进行，且费用相对较高 ”。
> - **光动力治疗**：先在病甲上涂抹光敏剂，然后通过特定波长的光照射，使光敏剂产生单线态氧等活性物质，进而杀灭真菌 ”。
>
> **手术治疗**
> - **拔甲手术**：对于病情极为严重、长期反复发作，甚至影响正常生活的患者，可能需采用手术方式 ”。手术将病甲拔除，为新甲生长创造条件，但拔

图 11.9 Kimi 提供的治疗建议

谨慎使用 AI 医疗建议

在处理与 AI 相关的医疗建议时，我们必须保持谨慎。和其他网上研究一样，AI 有时可能罗列出所有潜在的可能性，而非只列出常见的那些。因此，如果 AI 提示了一些极端或罕见的疾病作为你症状的可能解释，请保持冷静——应当更加关注那些更为常见的原因，而不是过分担忧那些极低概率的事件。

> 为了确保从 AI 那里获得健康信息的准确性，进行验证是至关重要的。中文用户可以通过访问以下可信的健康网站来核实这些信息：丁香园（https://www.dxy.cn）、好大夫（https://www.haodf.com）以及微医（https://www.wedoctor.com）。英文用户可以访问 Healthline（https://www.healthline.com）、Mayo Clinic（https://www.mayoclinic.org）以及 WebMD（https://www.webmd.com）。这些资源将帮助您确认 AI 提供的健康建议的可靠性。
>
> 虽然 AI 可以提供有用的健康信息，但它无法取代专业的医疗建议。在面对健康问题时，及时咨询医生是至关重要的。请记住，AI 工具只是辅助，医生才是您的健康守护者。

11.3.2 了解药物

还可以使用 AI 来了解药物。如果想了解更多关于某种特定药物的信息，可以向 AI 提出这样的问题：

　　我想了解 [药物]

如果想知道某种药物的风险和副作用，那么可以使用这样的提示：

　　[药物] 有什么副作用？

图 11.10 展示了豆包对此类问题的回应。

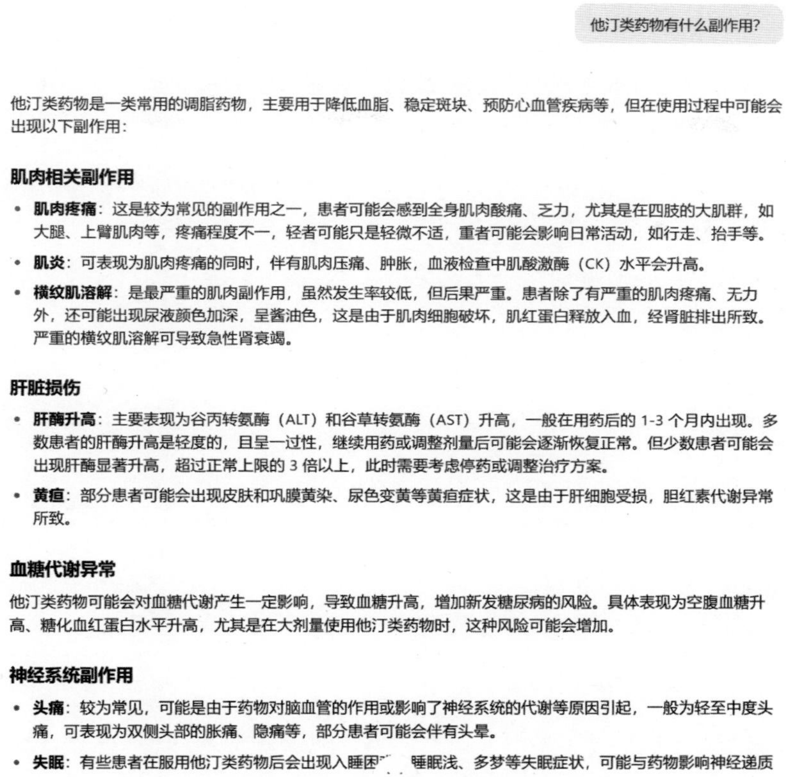

> 他汀类药物有什么副作用？

他汀类药物是一类常用的调脂药物，主要用于降低血脂、稳定斑块、预防心血管疾病等，但在使用过程中可能会出现以下副作用：

肌肉相关副作用
- **肌肉疼痛**：这是较为常见的副作用之一，患者可能会感到全身肌肉酸痛、乏力，尤其是在四肢的大肌群，如大腿、上臂肌肉等，疼痛程度不一，轻者可能只是轻微不适，重者可能会影响日常活动，如行走、抬手等。
- **肌炎**：可表现为肌肉疼痛的同时，伴有肌肉压痛、肿胀，血液检查中肌酸激酶（CK）水平会升高。
- **横纹肌溶解**：是最严重的肌肉副作用，虽然发生率较低，但后果严重。患者除了有严重的肌肉疼痛、无力外，还可能出现尿液颜色加深，呈酱油色，这是由于肌肉细胞破坏，肌红蛋白释放入血，经肾脏排出所致。严重的横纹肌溶解可导致急性肾衰竭。

肝脏损伤
- **肝酶升高**：主要表现为谷丙转氨酶（ALT）和谷草转氨酶（AST）升高，一般在用药后的 1-3 个月内出现。多数患者的肝酶升高是轻度的，且呈一过性，继续用药或调整剂量后可能会逐渐恢复正常。但少数患者可能会出现肝酶显著升高，超过正常上限的 3 倍以上，此时需要考虑停药或调整治疗方案。
- **黄疸**：部分患者可能会出现皮肤和巩膜黄染、尿色变黄等黄疸症状，这是由于肝细胞受损，胆红素代谢异常所致。

血糖代谢异常

他汀类药物可能会对血糖代谢产生一定影响，导致血糖升高，增加新发糖尿病的风险。具体表现为空腹血糖升高、糖化血红蛋白水平升高，尤其是在大剂量使用他汀类药物时，这种风险可能会增加。

神经系统副作用
- **头痛**：较为常见，可能是由于药物对脑血管的作用或影响了神经系统的代谢等原因引起，一般为轻至中度头痛，可表现为双侧头部的胀痛、隐痛等，部分患者可能会伴有头晕。
- **失眠**：有些患者在服用他汀类药物后会出现入睡困难、睡眠浅、多梦等失眠症状，可能与药物影响神经递质

图 11.10 使用豆包了解药物的副作用

还可以使用 AI 来了解药物之间的不良相互作用，例如以下提示：

可以同时服用 [药物 1] 和 [药物 2] 吗？

如果想找到一种药的替代品（可能是因为对其过敏或者医保没有覆盖），那么可以使用以下提示：

[药物] 的一些替代品是什么？

最后，如果只想知道用于治疗某种病症的药物有哪些，可以使用以下提示：

治疗 [病症] 的药物有哪些？

11.3.3 解读处方

当我们去看医生时或者在收到体检报告、处方或医疗账单时,一些专业术语往往会使我们一头雾水。这些复杂的医学术语和数字,往往让我们难以理解自己的健康状况。幸运的是,AI 为我们提供了解决方案,它可以帮助我们解读医学报告,理解专业术语,让我们更好地了解自己的身体状况。

为此,可以将自己不懂的术语输入 AI,并附上适当的提示,例如:

什么是 [医学术语] ?

AI 应该能够为您解释它,如图 11.11 所示。

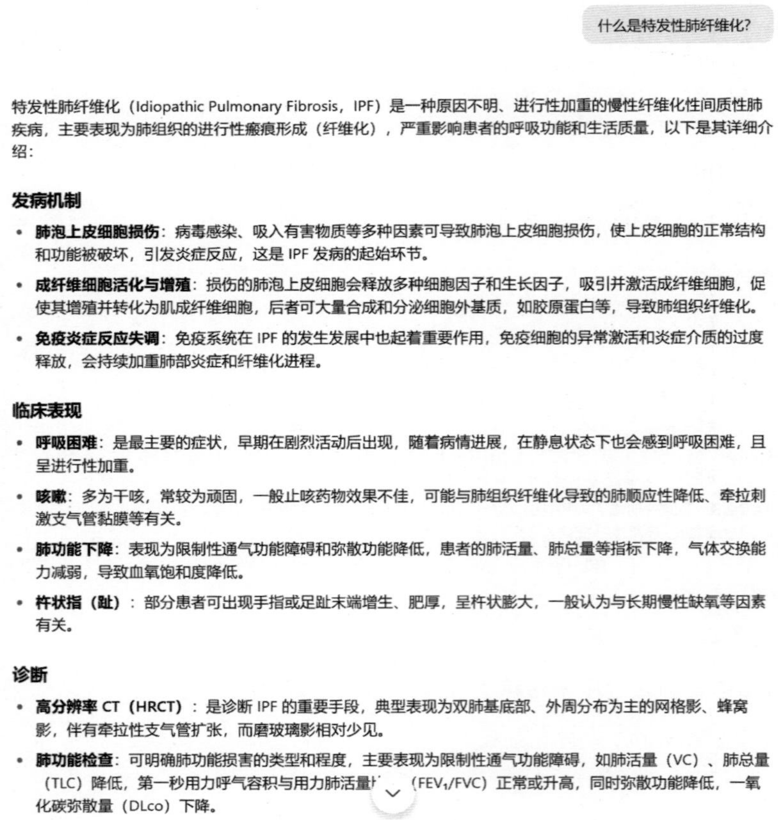

> 什么是特发性肺纤维化?

特发性肺纤维化(Idiopathic Pulmonary Fibrosis, IPF)是一种原因不明、进行性加重的慢性纤维化性间质性肺疾病,主要表现为肺组织的进行性瘢痕形成(纤维化),严重影响患者的呼吸功能和生活质量,以下是其详细介绍:

发病机制

- **肺泡上皮细胞损伤**:病毒感染、吸入有害物质等多种因素可导致肺泡上皮细胞损伤,使上皮细胞的正常结构和功能被破坏,引发炎症反应,这是 IPF 发病的起始环节。
- **成纤维细胞活化与增殖**:损伤的肺泡上皮细胞会释放多种细胞因子和生长因子,吸引并激活成纤维细胞,促使其增殖并转化为肌成纤维细胞,后者可大量合成和分泌细胞外基质,如胶原蛋白等,导致肺组织纤维化。
- **免疫炎症反应失调**:免疫系统在 IPF 的发生发展中也起着重要作用,免疫细胞的异常激活和炎症介质的过度释放,会持续加重肺部炎症和纤维化进程。

临床表现

- **呼吸困难**:是最主要的症状,早期在剧烈活动后出现,随着病情进展,在静息状态下也会感到呼吸困难,且呈进行性加重。
- **咳嗽**:多为干咳,常较为顽固,一般止咳药物效果不佳,可能与肺组织纤维化导致的肺顺应性降低、牵拉刺激支气管黏膜等有关。
- **肺功能下降**:表现为限制性通气功能障碍和弥散功能降低,患者的肺活量、肺总量等指标下降,气体交换能力减弱,导致血氧饱和度降低。
- **杵状指(趾)**:部分患者可出现手指或足趾末端增生、肥厚,呈杵状膨大,一般认为与长期慢性缺氧等因素有关。

诊断

- **高分辨率 CT(HRCT)**:是诊断 IPF 的重要手段,典型表现为双肺基底部、外周分布为主的网格影、蜂窝影,伴有牵拉性支气管扩张,而磨玻璃影相对少见。
- **肺功能检查**:可明确肺功能损害的类型和程度,主要表现为限制性通气功能障碍,如肺活量(VC)、肺总量(TLC)降低,第一秒用力呼气容积与用力肺活量比值(FEV_1/FVC)正常或升高,同时弥散功能降低,一氧化碳弥散量(DLco)下降。

图 11.11 豆包对复杂医学术语的解释

更好的是，可以要求 AI 用通俗易懂的语言解释医学术语或医嘱。例如：

> 用中学生听得懂的语言解释高血压

对于这个提示，豆包为我们提供了容易理解的描述，如图 11.12 所示。

> 用中学生听得懂的语言解释高血压

同学们，今天来给大家讲讲高血压。

什么是血压
大家可以把我们的血管想象成一条条输送血液的"小管道"，心脏就像一个"泵"，不停地把血液泵到这些"小管道"里。当血液在血管里流动的时候，会对血管壁产生一种压力，就好像水在水管里流动会对管壁有压力一样，这个压力就是血压。

什么是高血压
正常情况下，血压在一定的范围内波动是很正常的。但是，如果心脏泵血的力量太大，或者血管壁变得又硬又窄，血液流动就会变得不顺畅，对血管壁的压力就会持续升高，当这个压力超过了正常范围，就形成了高血压。一般来说，在安静状态下，成年人收缩压（高压）经常高于 140mmHg，或者舒张压（低压）经常高于 90mmHg，就可以认为是高血压了。

高血压的危害
- **损伤血管**：长期高血压就像一股很强的水流不停地冲击着水管，会使血管壁受到损伤。血管内皮会变得不光滑，这样就容易有一些像胆固醇之类的物质沉积在损伤处，时间长了，就会形成斑块，使血管变得更窄，影响血液的正常流动。像心脏的冠状动脉如果出了问题，就可能导致冠心病，大脑的血管出问题，可能引发脑梗死或脑出血等严重疾病。
- **损害心脏**：由于血管压力大，心脏就得用更大的力气把血液泵出去，时间久了，心脏肌肉就会变得肥厚，就像人经常锻炼肌肉会变强壮一样。但心脏肌肉过度肥厚会使心脏的功能下降，最后可能导致心力衰竭，心脏就没办法很好地为身体供血了。
- **影响肾脏**：肾脏里有很多细小的血管，高血压会损伤这些血管，影响肾脏过滤和排泄废物的功能。慢慢地，肾脏功能就会下降，严重的话可能发展成肾衰竭，那时候身体里的废物就没办法正常排出去了。

高血压的成因
- **饮食因素**：如果平时吃了太多的盐，就会让身体里钠离子增多，钠离子会让身体留住更多的水，这样血液的量就会增加，就像水管里的水变多了，压力自然就大了，血压也就升高了。

图 11.12 豆包如何向中学生解释高血压

11.3.4 与医生沟通

可以用好 AI 与医生进行更好的医患沟通。根据从 AI 了解到的信息，可以更好、更有针对性地向医生提问，并引导他们关注 AI 识别出的具体问题。

例如，如果医生告诉您需要减少碳水化合物的摄入，那么您可以像下面这样向 AI

寻求帮助，如下所示：

> 医生说我需要减少碳水化合物的摄入。这是什么意思，具体该怎么做？

图 11.13 展示了 ChatGPT 是如何回应的。

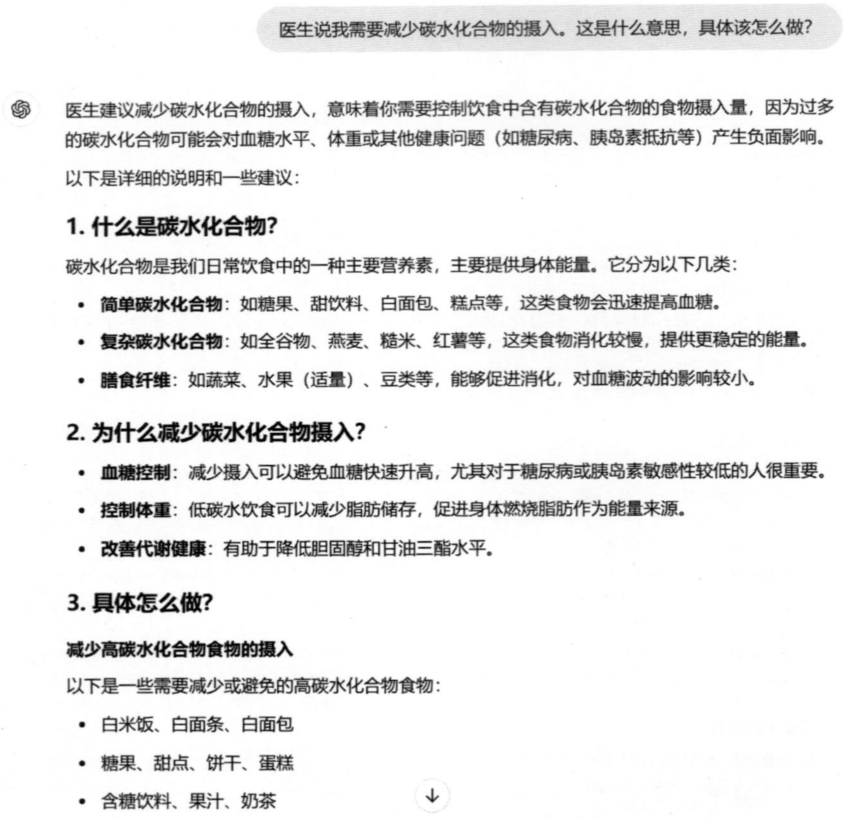

> 医生说我需要减少碳水化合物的摄入。这是什么意思，具体该怎么做？

医生建议减少碳水化合物的摄入，意味着你需要控制饮食中含有碳水化合物的食物摄入量，因为过多的碳水化合物可能会对血糖水平、体重或其他健康问题（如糖尿病、胰岛素抵抗等）产生负面影响。

以下是详细的说明和一些建议：

1. 什么是碳水化合物？

碳水化合物是我们日常饮食中的一种主要营养素，主要提供身体能量。它分为以下几类：

- **简单碳水化合物**：如糖果、甜饮料、白面包、糕点等，这类食物会迅速提高血糖。
- **复杂碳水化合物**：如全谷物、燕麦、糙米、红薯等，这类食物消化较慢，提供更稳定的能量。
- **膳食纤维**：如蔬菜、水果（适量）、豆类等，能够促进消化，对血糖波动的影响较小。

2. 为什么减少碳水化合物摄入？

- **血糖控制**：减少摄入可以避免血糖快速升高，尤其对于糖尿病或胰岛素敏感性较低的人很重要。
- **控制体重**：低碳水饮食可以减少脂肪储存，促进身体燃烧脂肪作为能量来源。
- **改善代谢健康**：有助于降低胆固醇和甘油三酯水平。

3. 具体怎么做？

减少高碳水化合物食物的摄入

以下是一些需要减少或避免的高碳水化合物食物：

- 白米饭、白面条、白面包
- 糖果、甜点、饼干、蛋糕
- 含糖饮料、果汁、奶茶

↓

图 11.13 ChatGPT 为您解释医嘱

同样地，如果即将进行一项外科手术并且有一些疑虑和问题，可以向 AI 寻求帮助：

> 我要做鼻窦手术，应该向医生问什么问题？

图 11.14 显示了 Kimi 的回答。

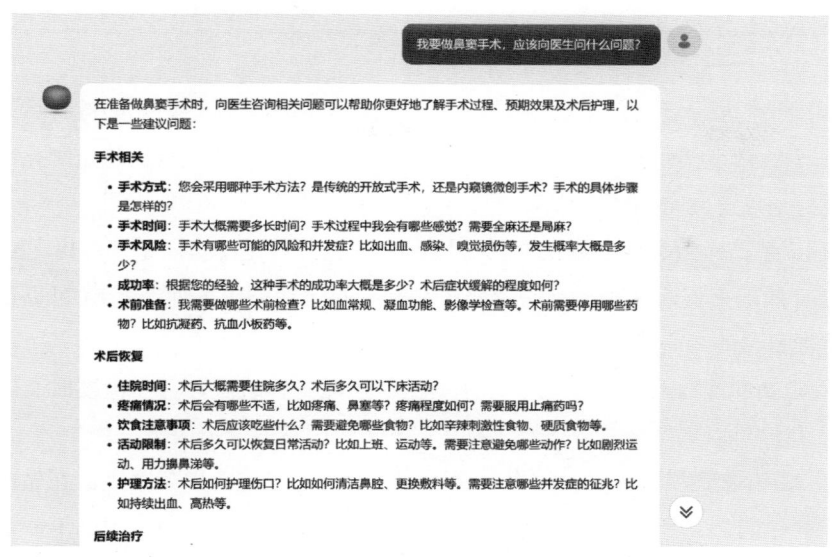

图 11.14 Kimi 帮您准备手术

医疗行业如何整合 AI

毫不意外，AI 正在逐渐渗透医疗行业的各个环节，为我们带来更便捷、高效的医疗服务。下次就医，您可能发现自己正在与 AI 进行互动。目前，医院已经开始将 AI 应用于以下领域：

- 智能预约，AI 可以优化预约流程，减少患者等待时间。
- 智能导诊，AI 辅助医生更高效地完成诊疗工作。
- 药物管理，AI 帮助医生更好地管理患者的用药情况。
- 远程医疗，AI 支持远程监测患者健康状况，及时发现潜在风险。
- 数据分析，AI 分析海量医疗数据，辅助医生进行诊断和治疗。
- 患者服务，AI 通过在线问答等方式，为患者提供即时支持。
- 行政管理，AI 自动化处理医疗机构的行政事务，提高工作效率。

AI 在医疗行业的未来可期。从预约挂号到诊后随访，AI 正在逐步改变我们的医疗体验，让我们享受到更智能、更便捷的医疗服务。

11.4 小结

本章向我们展示了 AI 用于加强健康管理的巨大潜力。从个性化的健身计划到心理健康管理，AI 都能提供有力的支持。我们学习了如何利用 AI 工具创建定制化的健康方案，并更好地理解复杂的医疗信息。

AI 有望革新医疗行业，为我们的健康保驾护航。通过自动化和智能化，AI 可以帮助医生更有效地工作，从而提升医疗服务质量。对于我们个人而言，AI 可以帮助我们更好地管理自己的身心健康，让我们更主动地参与到医疗过程中。

AI 可以提供个性化的健康建议，帮助我们监测身体状况，并在需要时及时就医。通过 AI，我们可以更好地了解自己的身体，做出更明智的健康决策。

虽然 AI 在健康领域展现出巨大的潜力，但它并不能完全取代医生。在做出重要的医疗决策时，仍然需要咨询专业的医疗建议。AI 可以作为医生的有力助手，帮助医生更准确地诊断疾病，制定更有效的治疗方案。

第 12 章
巧用 AI 帮助护理人员

第 11 章探讨了 AI 在个人健康管理方面的应用。事实上，AI 在家庭护理领域同样大有可为。无论是日常护理、健康监测，还是情感陪伴，AI 都能为护理人员[①]和被照护者提供有力支持。AI 可以根据被照护者的具体需求，制定个性化的护理计划，并通过智能对话、情感识别等方式提供陪伴。

12.1 巧用 AI 帮助护理人员完成健康任务

AI 可以为家庭护理人员提供真正的帮助。虽然护理工作"也许"能带来一些成就感，但对于许多家庭成员来说，这通常是一项全新且压力较大的任务，他们有很多关于应该做什么和不应该做什么的问题。AI 可以提供这些问题的答案。

如果您需要照护新人，并且有时不确定该如何行动，那么可以从豆包、Kimi 等通用 AI 工具那里获得帮助。本节展示了一些 AI 应用场景。

12.1.1 更好地理解医疗信息

如第 11 章所述，AI 可以成为我们进行健康管理的得力助手。无论遇到什么健康问题，都可以向 AI 寻求帮助。它就像一本随时待命的医学百科全书，能用通俗易懂的语言回答我们的问题和解释复杂的医学知识。

AI 的这种能力可以帮助护理人员更深入地了解被照护者的医疗状况，并提供个性化的护理方案。通过分析大量的医疗数据，AI 能够帮助护理人员做出更明智的决策，提高护理效率。

---

① 译注：这是说的是"护理人员"本身就是家人，他们陪护家里需要照护的人。他们不是从外面请的"护工"。

只要问对了问题，就可以从 AI 那里获取有用的医疗信息。例如，如果想了解更多关于某种特定病症的信息，那么可以使用以下提示：

> 告诉我更多关于 [病症] 的信息

如果对医生的护理指示感到困惑，那么可以使用以下提示：

> 请用小孩能理解的语言解释以下指示 [包含指示内容]

甚至可以向 AI 寻求在特定情况下该做什么的建议，例如当被照护者出现短暂失忆或者摔倒并撞伤了髋部时，可以使用以下提示：

> 我照护的人出现了 [具体情况]，怎么办？

警告 记住，AI 不能替代专业医疗人员的建议。向 AI 寻求帮助是个好的开始，但在所有重要的医疗问题上，都务必咨询医生。记住，AI 也会犯错。

12.1.2 与医生合作

如第 11 章所述，AI 还可以帮助您为被照护者准备就诊或住院。在陪同某人就诊之前，可以先用 AI 准备一份要向医生提问的问题列表，例如：

> 我照顾的人是 [描述患者的年龄、体重及其他生命体征]，并且最近出现了 [描述任何当前的健康问题或状况]。马上就要就诊了，应该向医生提出哪些问题？

此外，可以使用 AI 将医生所说的自己不理解的内容翻译成更容易理解的措辞。

12.1.3 提供个性化护理计划

AI 可以分析被照护者的数据，创建个性化的护理计划。该计划可能包括每日作息安排、药物管理、饮食指南和运动方案等。只需向 AI 工具提供被照护者的关键信息，并请求生成护理计划：

> 请为我照护的人创建一个个性化的护理计划。他们是 [描述患者的年龄、体重及其他生命体征]，并且有以下状况：[描述任何当前的健康问题或状况]。

他们的总体健康状况是 [优秀 / 良好 / 一般 / 较差]，需要 [持续 / 间歇] 护理。

请包含有关 [以下任意或全部内容：每日作息、药物管理、饮食和运动] 的信息。

再次提醒，谨慎分享个人信息，因为这些信息将进入 AI 的学习数据库。另外，AI 生成的结果也需要验证，因为它并不总是准确的。

12.1.4 监控健康状况并识别趋势和问题

AI 擅长分析数据、识别趋势并预测未来结果。这种能力对于监测被照护者健康状况的护理人员来说非常有用。

如果定期跟踪被照护者的生命体征（如体重、血压、血糖等），那么可以将这些信息输入到一个通用的 AI 工具中，帮助自己分析这些数据，找出其中的趋势，并提前预警潜在的健康问题。为此，可以使用以下提示（并准备好从其他应用程序中复制粘贴数据或手动输入）：

> 分析以下 [指标] 数据，针对一位 [输入被照顾者的年龄、体重及其他生命体征] 的个体，请识别任何趋势，并提醒我任何可能出现的风险：[具体数据]

注意，许多时候不需要手动跟踪这些信息。大多数智能手表（例如，小米 WATCH、华为 WATCH 和 Apple Watch 等）都可以监测心率、血氧水平及其他生命体征，并将结果反馈给护理人员或医疗专业人员。

此外，还有许多专为护理人员设计的吊坠、手环和其他安全设备。这些设备通常包括智能手表的大部分功能，并带有远程功能，使护理人员可以通过智能手机访问设备。其中一些设备还包括双向音频，以便护理人员与被照护者沟通。

下面这些公司提供个人安全设备：

- Alert 1（https://www.alert-1.com）
- Bay Alarm Medical（https://www.bayalarmmedical.com）
- LifeAlert（https://www.lifealert.com）
- Lifeline（https://www.lifeline.com）
- Medical Guardian（https://www.medicalguardian.com）
- MobileHelp（https://www.mobilehelp.com）

- Theora Care（https:// theoracare.com）
- UnaliWear（https://www.unaliwear.com）

> **说明** 其中一些设备需要付费订阅监控服务才能实现全部功能。许多健康应用可以在手机上跟踪个人的生命体征（一些应用是与智能手表或其他个人监控设备集成的），以获取关键信息。可以在手机的应用商店中查找这些应用。

最后介绍一下 Together 应用，如图 12.1 所示，它使用手机拍摄一个人的自拍视频来确定其生命体征，并将这些信息分享给护理人员或亲人。使用起来非常简单；只需让个体盯着手机摄像头约 60 秒，它就会使用 AI 技术确定他们的血压、脉搏率、心率变异性及呼吸频率，使用起来非常方便。欲知详情，请访问 https://www.togetherapp.com。

图 12.1 使用 Together 应用程序通过自拍来测量心率和呼吸频率

12.1.5 改善营养

如第 11 章所述，可以使用通用 AI 工具为被照护者提供营养建议或制定餐食计划。只需要向 AI 提供有关该个体的信息、任何饮食限制以及他们可能想要实现的健康目标。可以使用如下提示：

> 请为一位 [描述被照护者的年龄、体重及其他生命体征] 的 [男性 / 女性]，患有 [描述任何健康状况] 的人提供一个七天的餐食计划。此人需要限制碳水化合物的摄入，并对大豆过敏。他们希望在未来一个月内保持或增加几公斤体重。

12.2 巧用 AI 帮助护理人员处理财务和法律事务

AI 不仅可以帮助护理人员解决医疗问题，还可以为他们提供关于财务、法律、情感等方面的支持，帮助他们更好地应对家庭护理的挑战。

12.2.1 财务管理

家庭护理面临的最大挑战之一是财务负担，幸好 AI 可以帮忙。利用以下提示，AI 可以为我们解答与护理相关的财务问题。

- 为一位 [描述年龄和性别] 的独居老人制定一份护理费用预算。
- 有哪些可供护理人员申请的政府补助或慈善基金？
- 家庭护理如何申请医疗补助或其他政府援助？
- 我该如何在报税时抵扣护理费用？
- 如何为我 [输入年龄] 岁的母亲规划最合适的长期护理保险？
- 是否有可供员工使用的雇主福利或支持计划？
- 我应该准备多少紧急资金来应对突发护理费用？

12.2.2 长期护理中的法律问题

长期护理涉及许多法律问题。作为家庭护理人员，您可以使用任何通用 AI 工具来提出以下问题。

- 作为护理人员，我应该准备哪些法律文件？
- 关于我 [输入年龄] 的父母的遗产规划，我需要了解什么？
- 我的父母大约有 [输入金额] 的储蓄。我如何在每周的基础上以最好的方式管理他 / 她的财务？
- 我的预算固定，而我的母亲需要长期护理。我该如何应对这种情况？
- 如何为我的年迈父母获得授权书？
- 什么是医疗代理人，如何为我的父母指定一个？
- 什么是生前遗嘱，如何为我的父母创建一个？
- 什么是预立医疗指示 / 预先指示①，为什么它们在护理中很重要？
- 什么是监护权，护理人员在什么时候以及怎么获得这个权利？②
- 如何成为我年迈父母的合法监护人？
- 在负责任地管理父母的财务时，应采取哪些法律步骤？

> **警告** AI 的建议仅供参考，不能替代专业的法律或财务意见。请务必咨询专业人士，他们可以根据您的具体情况进行详细审查并提出建议。

12.2.3 获取有用的提示和个性化建议

可以向任何 AI 工具询问护理建议，例如以下提示：

> 你能给我一些家庭成员照护的有用建议吗？

输入被照护者的信息后，AI 可以提供个性化的护理建议，例如：

> 我作为妻子，现在需要照顾我的婆婆。她今年 [年龄] 岁，独自住在 [房子 / 公寓] 里。她现在走路有一些困难，肯定无法开车。她的思维仍然清晰，但记忆力开始衰退。她不喜欢别人照顾她，但又在很多事情上需要帮助。您能给我一些关于如何照顾她的建议吗？

---

① 译注：这是一种法律文件，允许个人在自己尚有决策能力时，事先表达对医疗护理的意愿，以便在他们失去决策能力时仍能按照自己的意愿接受或拒绝治疗。

② 译注：未成年人和无行为能力的老年人都需要照顾，因此护理人员需要合法获得他们的监护权。

还可以针对一些非常具体的情况请求个性化的建议。例如：

> 我是儿子。我妈妈有阿兹海默症，有时不清楚自己在哪里，有时甚至连我都不认识了，已经无法独自在她的房子里生活。但是，我又担心她进某些养老院会受到不公正的待遇。在这种情况下，我们有哪些选择？

12.2.4 发现其他资源

作为护理人员，你并不孤独。有许多资源都可以利用。根据您和被照顾者的具体需求，AI 可以查找并推荐本地资源、支持小组、专家等，只需像下面这样询问。

- 在 [输入你的位置] 地区，护理人员可以获得哪些资源？
- 我要照看患有阿兹海默症的父母，是否有任何本地的支持小组？
- 我 [输入年龄] 的父亲似乎有糖尿病足的问题，请推荐本地的专家。
- 你能推荐一位帮助我了解医保选项的人，以帮助我 [输入年龄] 的母亲吗？
- 我要照顾父母，同时又需要工作，我需要更多的帮助。你有什么推荐吗？

无论当前身在何处，都可以向 AI 工具询问您需要的任何信息。

12.3 巧用 AI 为护理人员提供情感支持

AI 聊天机器人可以为护理人员提供情感支持，帮助他们缓解工作压力。当护理人员感到疲惫、焦虑或沮丧时，可以随时向 AI 聊天机器人倾诉，获得安慰和鼓励。

大多数通用 AI 工具都提供了互动聊天功能。像 ChatGPT 这样的工具还支持语音聊天，因此可以直接与 AI 进行对话，而不是只能输入文本消息。有的时候，在经历了漫长且令人沮丧的护理日之后，向 AI 倾诉一下心中的苦闷，往往可以帮助自己理清思路，重新振作起来。

> **警告**
>
> 虽然 AI 聊天工具可以提供一定的陪伴和支持，但它们无法取代人与人之间的真实互动。如果护理工作让您感到身心俱疲，寻求专业的心理咨询或加入支持小组是非常有必要的。请访问 AARP 的网站（https://aarp.org/caregiving），进一步了解关于护理资源和支持的信息。

> **智能技术在护理中的应用**
>
> 智能家居设备可以极大地简化家庭护理，并为被照护者自动化某些任务。虽然目前大多数智能设备并不使用 AI（或者即便用了，也只是通过预测式 AI 来做一些初步的应用），但可以期待的是，企业未来会更全面地整合生成式 AI，从而更好地预测用户行为，并在设备之间整合信息，以增强远程护理能力。
>
> 下面列举了目前可以考虑的几种智能家居设备。
>
> - 智能照明：无需动手，就能通过语音或手机轻松控制家中照明，营造舒适的居家氛围。
> - 智能恒温器：根据个人喜好和室内外环境，智能调节室内温度，提高居住舒适度。
> - 智能门铃：增强家居安全，让被照护者能随时知晓访客身份，并远程控制门锁。
> - 智能门锁：控制谁能进入房屋或公寓，并在被照护者意外离开时通知护理人员。
> - 智能摄像头：远程监控被照护者的安全状况，及时发现异常情况。
>
> 这些智能设备可以通过预设的时间表、智能手机应用或者语音控制的智能音箱（例如，Amazon Echo 或 Google Nest）进行操作。智能手机操作允许护理人员远程控制这些设备，这在您无法亲自到场时非常有用。智能音箱还允许护理人员与被照护者沟通，并远程监听他们的状况。

12.4 巧用 AI 提供虚拟陪伴和帮助

AI 在护理领域的一个重要应用是提供虚拟陪伴。通过与 AI 聊天机器人进行交流，可以帮助缓解孤独感和无聊情绪。

如第 11 章所述，虚拟陪伴技术已经发展得相当成熟。只要被照护者能够使用电脑或智能手机，他们至少可以与 AI 进行文本聊天。此外，像 ChatGPT 这样的生成式 AI 还支持语音聊天，这使得对话更加自然流畅。特别是随着 AI 在识别和理解人的情绪与情感方面的能力不断提升，它能够以一种富有同理心和个性化的方式进行回应。

预计随着时间的推移，AI 驱动的聊天机器人将变得更加人性化，并且会被集成到更多不同的物理设备中。例如，ElliQ 的"AI 伙伴"（AI sidekick）是一种配备有平板显示器、扬声器和麦克风的设备，能够利用 AI 技术进行实时对话。可以将其视为专为老年市场打造的非常智能的 Amazon Echo Show。图 12.2 展示了 ElliQ 的实际应用场景。如需进一步了解 ElliQ，请访问其官方网站 https://elliq.com。

图 12.2 ElliQ 提供的 AI 伙伴

未来的智能语音助手，如小爱同学、Siri 等，将具备更强大的语言理解和生成能力。它们不仅能准确理解用户的指令，还能通过更自然、更人性化的对话方式，提供个性化的服务。例如，用户可以和它们进行开放式的对话，聊聊今天的天气或者分享你最近的心情。

12.5 其他护理专用 AI 工具

除了前面提到的各种 AI 应用和设备，还有许多专门为护理人员设计的 AI 工具，可以为家庭护理提供更全面的支持。

- Arti（https://www.caredaily.ai）：这个平台可以连接各种智能设备和医疗机构，为护理人员提供远程监控、健康预测等服务，帮助他们更好地照顾被照护者。
- CareFlick（https://www.careflick.com）：专为养老机构打造的 AI 管理平台，通过 AI 助手 Yana，为护理人员提供智能化的建议和支持。
- CarePredict（https://www.carepredict.com）：一款可穿戴设备，通过 AI 分析用户行为，提前预警潜在的健康问题。
- Medisafe（https:// www.medisafe.com/download-medisafe-app）：一款智能用药提醒应用，可以帮助患者按时服药，提高用药依从性。
- Vera[1]（https:// www.veramusic.com）：由音乐健康技术公司开发和推出的一款音乐治疗应用，通过定制化的音乐疗法，改善记忆护理患者的认知功能。

这些工具不仅可以帮助护理人员减轻工作负担，还能提高护理质量。虽然有些工具目前主要面向机构，但未来这些工具的功能可能会普及到个人护理领域。

AI 在护理领域的未来

AI 在护理领域具有巨大的潜力。通过将先进的 AI 模型集成到易于使用的设备中，我们可以实现更加智能、个性化的护理服务。

想象一下，未来的智能设备将不仅仅是简单的监测工具。借助生成式 AI，它们将能够分析大量数据，洞察健康趋势，并主动提出建议。例如，智能手表/手环不仅能监测心率，还能根据长期数据分析，预测潜在的健康问题。智能家居设备可以根据用户的习惯和偏好，自动调整环境，提供更舒适的生活体验。

---

[1] 译注：通过 2 万多小时的观察和严格的分析，再结合全球现代老龄化中心的研究，研究人员证实 Vera 对认知症行为和心理疾病有积极的影响。Vera 的全球客户超过 3 100 万人。

更重要的是，AI 可以为被照护者提供情感支持。未来的智能语音助手将具备更强的语言理解和生成能力，可以进行更自然、更深入的对话。被照护者可以随时与 AI 聊天，分享他们的感受和想法，获得情感上的慰藉。

当然，AI 并不能完全取代人类护理人员。但 AI 可以作为护理人员的有力助手，减轻他们的工作负担，提高工作效率。通过将 AI 技术与传统护理相结合，我们可以为被照护者提供更高质量、更个性化的护理服务。

12.6 小结

本章深入探讨了 AI 在护理领域的应用。我们了解到，AI 不仅可以帮助护理人员更好地理解复杂的医疗信息，还能为他们提供有力的工具，提高工作效率。

从医疗信息查询到情感陪伴，AI 都能为护理人员提供全方位的支持。例如，AI 聊天机器人可以为护理人员提供情感慰藉，缓解工作压力，AI 辅助工具可以帮助护理人员管理患者数据，制定个性化的护理计划。

虽然 AI 无法完全取代人类护理人员，但它可以作为护理人员的得力助手，提高护理服务的质量和效率。通过 AI，我们可以实现远程医疗、智能家居等创新应用，为被照护者提供更优质、更便捷的护理服务。

随着 AI 技术的不断发展，我们可以期待未来在护理领域出现更多令人兴奋的应用。AI 将帮助我们应对人口老龄化带来的挑战，为更多人提供高质量的护理服务。

第 13 章
AI 的未来

读到这里的您，想必已经对 AI 在日常生活中的应用有了更深入的了解。照此看来，AI 的未来会如何发展呢？

其实，我们现在所处的 AI 时代，就像 20 世纪 90 年代中期的互联网时代。在那个时候，我们并不知道互联网会导致网上购物的繁荣（以及实体店的衰落）、个性化新闻推送以及所有信息尽在指尖（包括一个新的虚假的信息宇宙），还有社交媒体的主导地位（常常以牺牲现实生活中的联系为代价）。

如今的 AI 也一样，我们虽然看到了它的潜力，但无法准确预测它未来的发展方向。但可以肯定的是，AI 将在未来几年甚至几十年里深刻地改变我们的生活。它将渗透到我们日常工作与生活的方方面面，从医疗健康到教育娱乐，从工作方式到社交互动。随着 AI 技术的不断成熟，我们将看到更多智能化、个性化的产品和服务涌现。

13.1 AI 技术的下一个阶段

如果我们在 1965 年就拥有预知未来的能力，那么当时以 1.5 美元每股的价格购买 IBM 的股票，就能在今天获得丰厚的回报。同样，如果我们能预见全球通信卫星、登月计划和互联网的兴起，就能提前布局，得获巨大的财富。

现在，如果我们有一颗能预测未来的水晶球并将其对准 AI 领域，会看到什么呢？

AI 技术正以前所未有的速度发展，我们很难准确预测它未来的走向。但可以肯定的是，AI 将在未来几年甚至几十年里深刻地改变我们的生活。

13.1.1 AI 变得更聪明、更快、更便宜

可以肯定的是，AI 技术将继续进步。也许不会像今天这样日新月异，但至少在可以预见的将来，仍将以较快的速度发展。

我们还可以预测，随着算力的增强、输入大语言模型的数据量和质量的提升，以及算法和技术的改进，AI 将变得更加智能和准确。AI 拥有的数据越多，它就越能提供有见地的信息——至少表面上看起来"更聪明"。

从实际应用的角度来看，这意味着 AI 在查询信息时可以提供更准确的答案。例如，由 AI 驱动的医疗保健应用可能会提供更加个性化的健康建议。电影和电视节目很可能会利用成本更低、更快且更好的特效，创造出美轮美奂的幻想元素。此外，AI 生成的照片无疑也会越来越真实。

未来，我们将能够像与朋友聊天一样，与 AI 进行自然对话。想象一下，您对智能音箱说："今天天气怎么样？"它不仅会告诉您天气情况，还会根据您的喜好推荐适合当天的穿搭。这种人机交互将变得更加智能、更加个性化。

还可以安全地预测，随着算力的不断提升，AI 处理任务的速度将越来越快。未来，生成一幅复杂的图像或完成复杂的数学计算，可能只需短短几秒钟。AI 将帮助我们更高效地处理信息，节省大量时间。

AI 的发展速度令人惊叹。我们很难准确预测一年后、两年后甚至更远的未来，AI 会达到怎样的水平。但可以肯定的是，AI 的进化速度将远超我们的想象，因为历史表明，技术最终总是会变得更快、更智能、更便宜。同样的情况也会发生在 AI 上。

13.1.2 从 AI 到超级 AI

今天的人工智能尚未发展到人类智能的水平。这是 AI 发展的下一步，即媲美并最终超越人类智能。专家们认为，今天的人工智能属于弱 AI，也有人称之为"**狭义人工智能**"（narrow artificial intelligence，ANI）。达到人类智能水平的 AI 称为"**强 AI 或通用人工智能**"（artificial general intelligence，AGI）。超出人类智能水平的 AI 则称为"超级 AI"或"超级人工智能"（artificial superintelligence，ASI）。[①]

---

① 译注：平时可以简单地将这三种 AI 称呼为狭义 AI、通用 AI 和超级 AI。

换言之，ANI 的典型特征是模仿人类行为的机器，通常一次只完成一项任务。AGI 涉及能够从经验中持续学习的机器，从而接近真正的人类智能。ASI 则在此基础上进一步发展，创造出在所有方面和所有智能指标上都显得比人类更聪明的机器。

我们今天使用的是 ANI，而 AGI 可能在不久的将来实现——有些人认为在未来几年内就能实现。然而，ASI 可能需要更长的时间才能实现，甚至可能永远无法实现。ASI 机器将具有巨大的能力，并且能够以指数级的方式学习和成长，最终达到一些人所说的技术奇点。本章稍后会进一步讨论奇点。

总之，在押注 AI 的未来时，接下来最有可能出现的就是 AGI——接近并匹配我们这些有血有肉的人类的智能系统。我们很可能在有生之年实现 AGI，但在那之后会发生什么呢？几乎无法预测。图 13.1 展示了 AI 未来可能的发展路径。

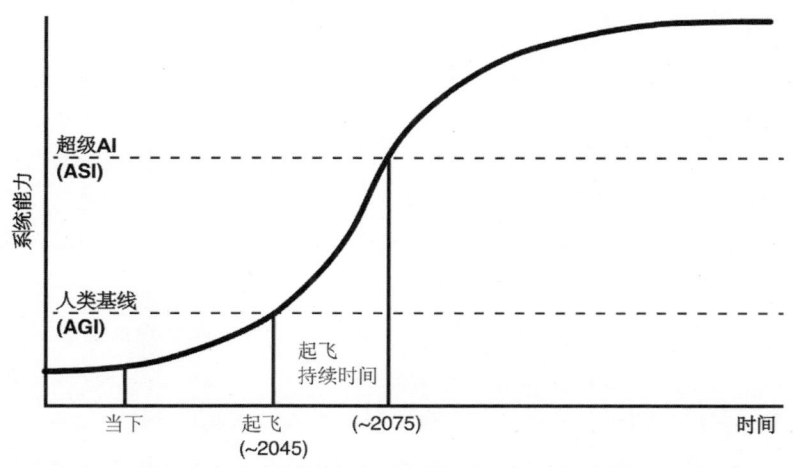

图 13.1 AGI 和 ASI 可能的时间线，本图基于尼克·博斯特罗姆的著作《超级智能：路径、危险、策略》。在尼克的原图中，未包含起飞和持续时间的估计

13.1.3 在设备中嵌入 AI

今天，我们大多数人都是通过网站或手机应用来使用 AI。未来，AI 将无缝融入我们的生活。无论是智能家居、智能穿戴设备还是各种智能终端，都将搭载 AI 技术，为我们提供更加个性化、智能化的服务。我们甚至可能意识不到自己是在与 AI 交互，而

是享受 AI 带来的便利。

以无人机送货为例，未来只需在手机上下单，一架无人机就会自动规划飞行路线，避开障碍物，将包裹精准地送到您的手中。得益于 AI 技术的不断发展，无人机将具备高度的自主飞行能力。

另一个例子是微软推出的新一代个人电脑，它们包含神经网络芯片和嵌入式 AI 功能。微软称之为 Copilot+ PC 的这种电脑能够增强视频通话中的照明和视觉效果，播放视频时提供实时字幕，回忆您在该设备上做过的所有事情。此外，还可以使用嵌入的 AI 生成任何你能想象到的文本或图像。

可以嵌入 AI 的其他设备还有智能手机、智能手表、健身手环、电视和流媒体播放器、智能家居设备以及自动驾驶汽车等。事实上，您能想到的任何设备都可以（是的，现在已经有 AI 烤面包机了。显然，它每次都能做出完美的面包。）

AI 与自动驾驶

AI 最受期待的应用之一就是自动驾驶。[①] 尽管今天的汽车已经提供了各种 AI 辅助功能（例如，自动巡航、车道保持和自动紧急制动等），但我们大多数人还没有准备好完全依赖自动驾驶的车辆——至少目前还没有。

L5 级自动驾驶是自动驾驶技术的最高级别，代表着车辆能够在任何情况下完全自主行驶，无需人类驾驶员的介入。但是，目前市面上的自动驾驶汽车大多处于 L2 或 L3 级，仍然要求驾驶员时刻准备干预。

一旦汽车行业开发出第一款实用的 L5 级自动驾驶车辆，预计其最初的用途将是车队车辆。例如，卡车运输行业很可能会被自动驾驶车辆颠覆，取代当前长途卡车司机的角色。共享出行行业也有可能用自动驾驶车辆替代人类驾驶员，对目前数百万的出租车和网约车司机产生重大影响。

实现真正的自动驾驶或无人驾驶是一项极其复杂的工程，目前的技术水

---

① 译注：2025 年 2 月 28 日，创新工场投资的文远知行已宣布在欧洲部署首个纯无人小巴商业运营项目。

平还无法完全满足 L5 级自动驾驶的要求。大多数专家预测，直到 2040 年或更晚，我们才会看到 L5 自动驾驶车辆的广泛应用。[1]

13.1.4 AI 技术与其他技术和服务融合

将 AI 技术嵌入独立设备只是 AI 应用的一个方面。更令人兴奋的是，AI 与机器人技术的结合将催生出更加智能化的机器人。这些机器人将不再仅仅是按照预设程序行动，并且要随时由人类操作员进行指引。相反，它们能够自主学习、适应环境并完成更加复杂的任务。

例如，宇树科技的 Unitree H1/H1-2 通用人型机器人（https://www.unitree.com/cn）是一种自主人形机器人（图 13.2），制造商称其为"世界上最先进的人形机器人"。这种机器人将 AI 与类似人类的身体结合，采用先进的动力系统，在速度、力量、机动性和灵活性等方面具备非常高的水平。

图 13.2 AI 驱动的宇树人形机器人

[1] 译注：目前，L3 级及以下驾驶辅助系统已经量产，L4 级在特定场景下的一些应用也逐步开发（例如目前国内正在试运营的萝卜快跑），然而针对 L5 级自动驾驶汽车的发展思路始终未明确，现有针对 L0 到 L4 级自动驾驶发展过程的研发方式主要基于任务驱动来进行特定场景下的功能开发，难以揭示高等级自动驾驶汽车所需解决问题的本质逻辑和物理机制，进而阻碍了迈向 L5 级自动驾驶的途径。

未来，像 Unitree H1/H1-2 这样的智能机器人将在零售和餐饮业得到广泛应用。它们不仅能担任迎宾员、导购员，还能提供个性化的服务。想象一下，您走进一家餐厅，机器人不仅能准确地叫出您的名字，还能根据您的喜好推荐当天菜品组合。随着 AI 技术的不断发展，我们可以期待，未来会有越来越多的智能机器人出现在我们的生活中，为我们提供更加便捷、智能的服务。

> **说明** 如第 12 章所述，具备 AI 功能的机器人未来也有望在护理领域发挥作用。

还有哪些技术可以从使用 AI 中受益？以下是一些例子。

- AI 与物联网（IoT）：带有传感器和软件的设备可以改进现有的智能家居技术。
- AI 与健康追踪器：可以检测关键的健康问题。
- AI 与数字助手：这目前已经实现，亚马逊计划发布 AI 驱动版本的 Alexa，谷歌也正在将其 Google Gemini AI 集成到 Google Assistant 技术中。
- AI 与虚拟现实（VR）：例如，当您佩戴 VR 眼镜时，AI 驱动的角色会出现在您的视野中，并与你互动。
- AI 与视频游戏技术：创建更逼真的角色，能够在游戏中与你更好地互动。NPC 现在有了"智能"，对话和行为不再是千篇一律。
- AI 与全息技术：为 AI 助手赋予一张脸、一具身体以及一种声音，并时刻与您沟通，就像房间里有一个真实的人一样。

AI 的应用前景远不止于此。它可以与各种技术和服务相结合，创造出更多可能。例如，AI 驱动的智能护理助手可以为患者提供个性化的护理服务；AI 驱动的智能家居可以为我们打造舒适便捷的生活环境。我们可以期待，未来 AI 将在更多领域发挥重要作用，为我们的生活带来更多的便利和惊喜。

13.1.5 AI 进一步个性化

展望未来，AI 的另一条发展路径是创造各种规模和形式的个性化体验。随着 AI 的进步，它将获取更多关于我们每个人的个人数据。虽然这引发了一些隐私问题，但也为创建符合个人喜好和需求的产品、服务和体验提供了潜力。

想象一下，有一个世界完全按照您的喜好量身打造。从您每天看到的新闻资讯，到您喜欢的电影音乐，再到您需要的商品服务，一切的一切都为你量身定制。这不再是一个千篇一律的信息世界，而是一个专属于你的个性化宇宙。

13.2 AI 如何影响我们的未来

AI 的发展将为我们的生活带来翻天覆地的变化。无论您是学生、职场人士还是退休人员，AI 都将产生或多或少的影响。关键在于，我们应该如何拥抱 AI，并利用 AI 为自己创造更美好的未来。

13.2.1 AI 与家庭生活

几年后的一天清晨，您被柔和的灯光和舒缓的音乐唤醒。AI 助手会根据您个人的喜好来定制一天的开始。它会告诉您今天的天气，推荐适合的穿搭，甚至帮您提前准备好早餐，等您洗完澡就可以享用，而浴室已经调整到适宜的温度。

AI 已经为您规划好了一整天的行程，无人驾驶汽车会带您去需要去的地方。每一刻都不会耽搁；所有事情都在您需要的那一刻准备好。即使遇到突发情况（例如，拼车失败，一个孩子需要提前从学校接回家），AI 也能迅速调整计划，确保您的一天井然有序。

也许在一天中的某个时候您感到不适。您告诉 AI 自己的症状，AI 助手会自动诊断。如果只是简单的感冒，AI 会告诉您如何治疗。如果更严重，AI 会安排一次与医生的虚拟会诊，并将诊断结果发送给医生办公室。医生使用 AI 工具确认诊断并开具适当的处方；如果需要处方药，处方会自动传输到药房，并通过 AI 驱动的无人机送到家中。

当您外出时，AI 会确保家里一切井然有序。AI 驱动的自动驾驶割草机正在完美地修剪草坪，房子根据每个房间的需要自动调节到合适的温度，AI 驱动的扫地机器人正在清洁家里的每一个角落。

晚上，在 AI 计划的晚餐（但仍由你准备）之后，您坐下来享受一些放松的娱乐活动。AI 知道您喜欢看什么，并将其显示在屏幕上。它知道在您看节目时不打扰你，但在合适的时间会温柔地提醒您该睡觉了，它会自动适应您的个人睡眠周期。

这就是在 AI 助力下的家庭生活。

13.2.2 AI 与工作

未来，许多传统的工作都可以由 AI 完成。如果您的工作包含大量重复性、耗时的任务，那么对您而言，AI 将是一个福音。

例如，如果现在需要整天坐在那里把数字输入电子表格，AI 可以为您完成这项枯燥的工作。如果经常需要坐在电脑屏幕前进行研究或检索信息，AI 可以更快地为您完成。如果您的大部分时间都在尝试提出新的营销或产品创意，AI 可以为您快速生成多个新的点子让你随便选。

人类所做的很多事情都将由 AI 系统指导。公司的日常事务基本上都交给 AI 完成，只有在必要时才需要人类介入。AI 会给您分配任务，因此请现在开始就确保您的工作是 AI 无法取代的。

AI 不仅能帮助您更快地完成工作，还能帮助您提高准确性。借助 AI 工具来完成工作，它会发现您可能犯的任何错误。它甚至会发现事实和逻辑上的不一致。虽然您永远无法达到完美，但 AI 会帮助您接近完美。

如果您出门在外，AI 会帮助规划一个完美的路线并做出所有必要的房间、门票和餐厅预订。然而，以后出差的机会恐怕也不多了，因为大多数会议都将是虚拟的。AI 会让会议看起来和听起来就像所有人都在同一个房间里，即使参会者实际上在不同的地方。最初，您会看到屏幕上有一个会议室，所有人都围坐在同一张虚拟桌子旁，随着技术发展，您的同事们将以 3D 全息图的形式出现在一起。

对于高层管理人员，AI 会实时监控关键指标，并确定何时需要采取某些行动。AI

会为 C 级高管（例如，CEO、CTO 等）提供正确的信息，以便他们能够做出更好的决策。事实上，AI 会推荐某些策略和行动计划，这些建议很可能会被采纳。AI 将在许多方面比管理层更了解业务。

最终结果是，随着 AI 技术的不断发展，那些重复枯燥的日常工作将逐渐被 AI 所取代。AI 将承担起数据分析和流程自动化等任务，帮助企业降本提效。与此同时，AI 也将为企业决策提供有力支持，助力企业实现智能化转型。这将带来更高的生产力和更高的利润。

另一方面，一些工人可能会在即将到来的 AI 革命中被甩在后面。他们的工作会逐渐被 AI 取代。如果 AI 能更好地完成您现在的工作并且成本更低，那么请尽快重新定位自己，积极参加培训和寻找新的工作——这也是 AI 可以帮助您做的事情。

所有的工作和没有娱乐会让 AI 变得枯燥，所以幸运的是，AI 将在你的业余生活中扮演重要角色。

13.2.3 AI 与娱乐

我一直认为自己没有什么艺术细胞。事实上，我连画一个完美的圆都做不到，而且我在涂色时很难保持在线内。但是，AI 彻底改变了我的看法。现在，我只需要描述一下我的想法，AI 就能为我生成各种风格的画作。这让我感受到艺术创作的乐趣，也让我对 AI 的潜力充满了期待。

AI 将让您以各种方式发挥创造力。想创作一幅挂在墙上的新画作吗？AI 可以做到。想写一篇短篇小说或者写自己家族的回忆录？AI 也可以做到。想谱写一首多年来一直在自己脑海中回荡的完美音乐作品吗？AI 同样能做到。

生成式 AI 可以让我们每个人成为潜在的创作者。无论是否具备艺术天赋，都可以通过 AI 工具，将自己的想法变成现实。AI 不仅降低了创作的门槛，还为我们提供了无限的创意空间。

不仅如此，AI 还可以成为您的私人教练。它能观察您的表现并提供针对性的建议，帮助您提高运动项目的水平。想改善打乒乓球时的挥拍动作吗？AI 会教您怎么做。想让孩子足球或篮球打得更好吗？AI 会帮助训练他们。有半小时的空闲时间想锻炼一下吗？AI 会当场为您制定完美的锻炼计划。

别忘了一些更被动的娱乐。如前所述，AI 知道您的观看和收听习惯，并会为您推荐新的电影、电视节目和音乐以供娱乐。您会得到个性化的播放列表和观看建议清单，并且会有很好的推荐。

13.2.4 AI 相伴每一天

展望未来，不用花太长的时间，AI 就会深刻地改变我们的生活。从工作到娱乐，从学习到社交，AI 无处不在。它将成为我们最贴心的助手，帮助我们更高效地工作，更便捷地生活，并为我们带来更多的乐趣。

13.3 未来有哪些风险

前面说了这么多，是不是有点像看科幻片的感觉？确实有点，而且要想实现这样的未来，无论技术还是监管都要跟上。AI 的未来或许并非全然一片坦途。它存在被恶意利用的可能，远非仅能施惠于世。众多专家都在忧心，失控的 AI 会给社会带来巨大的风险。

如今，已经有人利用 AI 生成的图像，对公众人物和普通个体进行嘲笑、挑衅、恶意丑化与调侃。AI 降低了侵犯他人隐私、利用偏见的门槛，也使得辨别真实与深度伪造的内容愈发困难。

诚然，AI 有望为日常生活和社会带来积极的变革，但不容忽视的是，技术飞速发展，监管与法律却难以同步跟进，这背后潜藏着巨大的风险。

13.3.1 失去监管

随着 AI 系统自主性不断增强，能够独立做出决策，我们正切实面临着失去对这一技术及其关联系统监督与掌控的现实风险。当我们放手让 AI 替我们做出过多决策时，极有可能过度依赖它，进而逐渐丧失自身的决策能力，以及与之相伴的责任感。

循着相同的逻辑，当我们把越来越多的事务交由 AI 管理，自身执行这些事务所需的技能便可能随之退化。这种退化可能表现为简单的如无法在脑海中进行四则运算（自手持计算器问世，此类问题便已初现端倪），也可能严重到像因与真实人类互动频次锐减而导致人际交往能力显著下滑这般令人忧心。设想一下，在多年不假思索地依赖GPS导航后，你是否还能熟练地看纸质地图？倘若此类情况发生，责任未必全然归咎于AI，很大程度上是我们自身的问题，毕竟是我们任由AI过度介入并接管了大部分生活。

13.3.2 AI 武器化

这是一个令人遗憾的事实：众多对社会而言至关重要的技术进步，要么诞生于战争期间，作为战争行动的一部分得以深度研发；要么在问世后被征用，用于支持战争。回顾历史，第一次世界大战中，机动车辆和飞机首次大规模投入使用；第二次世界大战催生了雷达技术，核武器也横空出世；冷战时期，间谍卫星成为大国博弈的重要工具。

有鉴于此，AI极有可能也被军方广泛应用于防御和进攻领域。不妨思考一下军队可能用AI来做什么。注意，其中一部分已经付诸实践：

- 运用群体智能技术，指挥数百架分散的无人机展开协同攻击，从而突破敌方的防御体系；
- 在战争中，利用AI进行目标选择决策；
- 将攻击决策的权力，从人类转移至致命性自主武器系统（lethal autonomous weaponssystems，lAWS）；
- 打造所谓的"杀手机器人"军团，使其在战场上能够自主作战。

或许最后一点听起来有些匪夷所思，但当你了解到美国海军陆战队已在战场上测试配备反坦克武器的自主实用机器人时，就不会这么认为了。

然而，AI潜在的武器化并不局限于各国军队。黑客同样能够利用AI（甚至可能已经在这么做）开发复杂的恶意软件，用于网络攻击。机器学习技术能够助力黑客更快地编写恶意代码，从而在与合法网络安全防护措施的对抗中占据上风。AI实现网络攻击的自动化，提升攻击的速度与规模。此外，它还能帮助恶意攻击者设计出更具针对性、更高效的钓鱼诈骗手段。

恶意行为者还可能利用 AI 操纵关键系统，以达成个人目的。试想一下，AI 被用于渗透并破坏一个国家的电网、供水系统等关键基础设施。但凡人类能够实施的恶意行径，AI 都有可能以更高效的方式完成。

13.3.3 终极 AI 风险：到达奇点

许多科学家与 AI 专家提出，鉴于算力的持续攀升以及 AI 模型的不断演进，在未来的某个时间节点，AI 不仅会追平人类智能水平，还将实现超越，甚至可能具备意识。AI 超越人类智能的这一关键节点被称作"奇点"，而这一前景，对于我们人类而言，或许暗藏危机。

尽管部分专家忧心，真正具备感知能力的 AI 可能会反抗其人类创造者，但也有其他专家持有不同观点，他们认为奇点的概念要么缺乏可信度，要么不太可能成为现实，亦或是其影响远没有他人预测的那般严重。为了消除您内心可能存在的担忧，需要了解到，反对奇点发生的论据与支持它的论据旗鼓相当。反对奇点发生的主要论点涵盖以下几个方面。

- **技术进步渐趋平缓**：随着时间的推进，技术发展通常会呈现出趋于平稳的态势。当前，AI 正处于迅猛增长的阶段，但这种增长势头在未来几年可能会逐渐减缓。这意味着，人工智能或许永远无法进化为超越人类的超级智能形态。

- **AI 与人类智慧本质有别**：AI 毕竟不是人类。现今的人工智能几乎完全依赖于几种特定形式的输入，主要是将文本、图像、音频和视频输入到大语言模型之中。与之形成鲜明对比的是，人类智慧的形成源自一系列丰富多样的感官输入，其中包含触觉、味觉、嗅觉等多种 AI 模型尚未具备的感官体验。计算机无法像人类那样感知和体验世界，所以也就难以拥有等同于人类的智慧。

- **资源受限的现实困境**：地球上的资源是有限的，其中也包括用于开发和驱动 AI 的各类资源。我们或许会面临构建足够强大服务器所需原材料的短缺，或是电力供应不足的问题，而这些因素都可能成为阻碍奇点到来的绊脚石。

- **通用人工超级智能实现难度大**：奇点事件的发生，依赖于一个功能强大且通用的 AI 模型。然而，更为可能的情况是，AI 会朝着多个小型化、针对特定任务或行业的模型方向发展，而非进化出一个试图满足所有人和所有需求的单一模型。再者，各个国家将本国 AI 模型与别国的模型进行连接的可能性微乎其微。

- **人类智能具备进化潜力**：有专家指出，人类智能的持续进步能够有效避免奇点的发生。生物工程、基因工程以及新型精神类药物的不断发展，或许会促使人类智力水平实现飞跃式提升，挖掘出大脑中此前未被利用或利用不充分的潜能。
- **掌控电力供应即可控制 AI**：部分人认为，对于一个可能妄图主宰世界的通用人工超级智能（ASI）模型，最简单有效的防御手段便是切断其电力供应——当然，前提是这一操作切实可行。一旦专家察觉到某个 ASI 模型有称霸世界的倾向，便能够切断其电源供应。毕竟 AI 运行离不开电力，一旦切断驱动 AI 的计算机电源，它便会停止运行，所谓的智能也就无从谈起。

综上所述，需要明确的是，该领域的众多专家对奇点的可能性及其对人类可能产生的影响高度关注。尽管奇点发生的概率或许较低，但这一潜在风险绝非可以轻视的小事。

13.4 小结

AI 的未来发展轨迹犹如迷雾中的未知航道，其确切走向难以精准预判。但可以确定的是，它将持续沿着智能化提升、运行速度加快、成本降低的方向大步迈进。从当下以特定任务为导向的弱 AI（ANI），逐步进化至具备类人能力的通用人工智能（AGI），乃至最终迈向超越人类智慧的超级人工智能（ASI），这一蜕变之路虽已初现端倪，然而其演进速度究竟如何，仍充满变数，有待时间的检验。

直至今日，我们对 AI 技术的探索不过是浅尝辄止，恰似在广袤的知识海洋中刚刚涉足浅滩。展望未来，那些全新的、超乎当下想象的 AI 应用场景，必将如满天星辰般涌现。正如任何蓬勃发展的技术一样，我们如今对 AI 的构想，与它未来在现实世界中的实际应用大概率会有天壤之别。

我们已然明晰，AI 能够实现重复性操作的自动化，极大地提高工作效率；它还能进行深度研究，为决策提供丰富且精准的信息支持；同时，它具备生成文本、图像、音频和视频的能力，成为激发创造力的源泉。

然而，AI 的潜力远不止于此，其尚未被发掘的功能以及创新应用方式，依旧隐匿在未知的深处。终有一天，我们会邂逅那些令人热血沸腾的全新 AI 应用，它们将如同神奇的魔法，为我们的生活带来翻天覆地的积极改变。只是此刻，这些宝藏般的应用还蒙着神秘的面纱，不为我们所知。不过，随着时间的流逝，经验的不断积累，我们对 AI 的认知边界也将持续拓展，那些隐藏的应用价值也将逐渐浮出水面。就像您在亲身体验中会发现的那样，对 AI 的使用越频繁，您脑海中涌现出的创新应用思路就会越多。

无论未来的蓝图如何绘制，AI 都将坚定不移地持续发展，不断向更高级的智能迈进。而它究竟能达到怎样的智慧高度，这不仅取决于我们人类自身的智慧与创造力，更取决于我们如何审慎抉择，充分挖掘并合理利用 AI 所蕴含的无限可能。

人工智能相关术语表

1. AGI：参见"通用人工智能"。
2. AI：参见"人工智能"。
3. AI 生成器（AI generator）：使用生成式 AI 来生成内容（文本、图像、视频、音频、代码或其他内容）的软件或服务。
4. AI 图像生成器（AI image generator）：一种专门设计用于从文本或其他形式的输入创建视觉图像的 AI 软件或服务。
5. ANI：参见"弱人工智能"。
6. ASI：参见"超级人工智能"。
7. GPT（generative pretrained transformer，生成式预训练模型）：一种经过预训练以回答问题和生成新内容的 AI 语言模型。
8. LLM：参见"大语言模型"。
9. ML：参见"机器学习"。
10. NLP（参见"自然语言处理"）：自然语言处理（natural language processing，NLP），指使计算机能够分析、理解和从人类语言中提取意义的 AI 子集。
11. STT：参见"语音转文本"
12. TTS：参见"文本转语音"。
13. 超级人工智能（artificial superintelligence，ASI）：一种假设的超过人类智能限制的 AI。这个概念过于"科幻"，不一定能实现。
14. 大语言模型（large language model，LLM）：基于大量数据训练而成的深度学习计算模型。
15. 对话式 AI（conversational AI）：一种使机器能够理解、处理并以对话形式生成人类语言的 AI。
16. 多模态 AI（multimodal AI）：可以处理和整合多种数据类型（如文本、声音和图像）信息的 AI 系统。
17. 个性化（personalization）：根据个人的需求或愿望来设计某种事物。

18. 幻觉（hallucination）：AI 针对提示而编造的一种错误响应。
19. 机器学习（machine learning，ML）：AI 的一个子集，使用算法自主学习过程而无需特定的人类编程。
20. 计算机视觉（computer vision）：一种教导计算机从图像中提取有意义信息的技术。
21. 技术奇点（technical singularity）：参见"奇点"。
22. 聊天机器人（chatbot）：一种模拟与人类用户对话的程序；AI 聊天机器人使用对话式 AI 与人类沟通。沟通可以是书面形式，也可以是语音形式。
23. 奇点（singularity）：一个假设的未来时间节点。在这个节点上，AI 获得超越人类的感知，并且技术增长变得无法控制和不可逆转，导致对人类文明的不可预见的改变。
24. 情感分析（sentiment analysis）：识别消息的情感语气是积极、消极还是中立的过程。
25. 人工智能（artificial intelligence，AI）：计算机或机器模仿人类智能的能力。
26. 弱 AI：参见"预测式 AI"。
27. 弱人工智能（artificial narrow intelligence，ANI）：为解决特定任务而设计但未达到人类能力水平的 AI 系统。
28. 深度伪造（deepfake）：未经许可，使用 AI 来伪造真人的肖像（包括声音、图像或声明）。
29. 深度学习（deep learning）：一种使用人工神经网络模拟人类思维的机器学习类型。
30. 神经网络（neural network）：一种类似于人脑运作方式的机器学习程序。
31. 生成式 AI（generative AI）：一种专门设计用于生成或创建新内容的 AI。
32. 数字助手（digital assistant）：一种通过回答简单问题和按需执行简单任务来协助用户的 App 或服务。
33. 算法（algorithm）：一组执行任务或解决问题的规则或指令，常被 AI 使用。
34. 提示（prompt）：向 AI 提供的文本或语音输入，目的是让 AI 生成特定的输出或响应。
35. 通用 AI 工具（all-purpose AI tool）：一种全能的 AI 生成器，旨在执行各种各样的任务。流行的通用 AI 工具包括豆包、通义千问、文心一言、Kimi、ChatGPT 和 Microsoft Copilot 等。
36. 通用人工智能（artificial general intelligence，AGI）：一种像人类一样工作，并在人类智能水平上运行的 AI 系统。
37. 文本转语音（text-to-speech，TTS）：将书面文本转换为语音的过程。

38. 训练数据集（data training set）：一种数据集，其中饮食了训练AI模型的信息以及其他输入内容。
39. 语音助手（voice assistant）：通过语音识别和自然语言处理与用户交互的一种数字助手。
40. 语音转文本（speech-to-text，STT）：将语音转录为书面文本的一种技术。
41. 预测式AI（predictive AI）：基于历史模式和特定算法来预测未来趋势的一种AI，是一种弱AI。预测式AI的历史比生成式AI悠久得多。
42. 智能家居（smart home）：配备了多个智能设备的家庭。
43. 智能设备（smart devices）：具有嵌入的处理器、传感器、存储器和通信能力等组件，能够感知环境、处理信息、进行交互并根据预设规则或学习算法自主做出决策和执行任务，以提供智能化服务和增强用户体验的设备。
44. 智能音箱（smart speaker）：一种智能语音交互设备，它集成了先进的虚拟助手系统，兼备音箱的音频播放功能与语音指令接收及执行能力，能够为用户提供便捷的互动操作体验，支持免提激活方式，让用户仅通过语音就能轻松操控设备。当今最流行的智能音箱包括小米的小爱音箱和阿里巴巴的天猫精灵等。
45. 自动化（automation）：使用特定的技术或流程，以最小的人工干预执行任务或活动。
46. 自动驾驶车辆（autonomous vehicle）：由AI技术支持的无人驾驶汽车或其他车辆，无需人类干预即可导航和操作。
47. 自然语言处理（natural language processing，NLP）：作为人工智能领域的重要分支，该技术专注于赋予计算机分析、理解人类语言并精准从中提取意义的能力。它致力于搭建起计算机与人类自然语言沟通的桥梁，让计算机能够像人类一样，流畅地处理和解析文本、语音等形式的自然语言信息，从而实现诸如文本分类、情感分析、机器翻译、智能问答等一系列丰富且实用的功能，极大地提升人机交互的效率与体验。